RECUEIL DE RAPPORTS

SUR

LES PROGRÈS DES LETTRES ET DES SCIENCES

EN FRANCE.

PARIS.

LIBRAIRIE DE L. HACHETTE ET Cie,

BOULEVARD SAINT-GERMAIN, N° 77.

RECUEIL DE RAPPORTS

SUR

LES PROGRÈS DES LETTRES ET DES SCIENCES EN FRANCE.

DE L'ÉLECTRICITÉ, DU MAGNÉTISME ET DE LA CAPILLARITÉ,

PAR M. QUET,

INSPECTEUR GÉNÉRAL DE L'INSTRUCTION PUBLIQUE.

PUBLICATION FAITE SOUS LES AUSPICES

DU MINISTÈRE DE L'INSTRUCTION PUBLIQUE.

PARIS.

IMPRIMÉ PAR AUTORISATION DE SON EXC. LE GARDE DES SCEAUX

A L'IMPRIMERIE IMPÉRIALE.

M DCCC LXVII.

1867

RAPPORT SUR LES PROGRÈS

RÉCEMMENT ACCOMPLIS EN FRANCE

DANS LES SCIENCES

DE L'ÉLECTRICITÉ ET DU MAGNÉTISME.

INTRODUCTION.

L'électricité en mouvement produit des attractions ou des répulsions entre les conducteurs qui la transmettent; elle fait dévier la boussole, aimante le fer et l'acier, excite des courants par influence; elle échauffe les corps qu'elle traverse, les fond, les volatilise ou les rend éblouissants de lumière; enfin elle les décompose en leurs éléments.

De nos jours, une activité nouvelle a circulé dans toutes les branches de la science et a suscité de grandes découvertes, de brillantes théories, d'utiles applications.

L'électro-dynamique a été créée, et de son sein est sortie l'invention de l'aimant électrique, qui a révélé la vraie nature du magnétisme et a donné la vie et la fécondité à la science des aimants. C'est alors qu'a surgi une foule d'applications ingénieuses, telles que les horloges électriques, les régulateurs, les interrupteurs, et ces appareils variés qui, dans les gares, sous les tunnels, sur les voies ferrées ou dans les wagons, servent à surveiller et à couvrir les convois, à serrer les freins au moment opportun, ou à réclamer les secours nécessaires. Mais les plus importantes de ces applications sont celles qui ont transformé la télégraphie électrique. Aujourd'hui l'électricité se fait la messagère de l'homme; elle traduit la pensée en caractères de convention, faciles à interpréter; elle l'imprime avec les types de l'alphabet; au besoin, elle retrace l'écriture qui en a été la première expression. Les distances ne sont rien pour elle; les profondeurs de l'Océan ne l'arrêtent pas; en un clin d'œil elle s'élance d'un continent à l'autre.

De nouveaux horizons se sont ouverts lorsque, par l'influence du courant électrique, on a pu exciter d'autres courants. Au commencement du siècle, qui aurait pensé que des flancs mêmes de l'aimant sortiraient des commotions foudroyantes ou des flots étincelants? Cependant aujourd'hui, pour les besoins de la science et de l'industrie, les grandes machines d'induction versent des torrents d'électricité, de chaleur et de lumière. Installés au bord de la mer, les foyers de ces magnifiques irradiations lancent au loin des feux qui rivalisent de puissance avec ceux des meilleurs phares.

La chaleur a été disciplinée à l'art de mettre l'électricité en mouvement dans les circuits métalliques. Cette découverte a fourni le premier exemple de la loi fondamentale qui règle le rendement des sources électriques: par l'assemblage de la pile thermo-électrique et du galvanomètre, elle a donné le précieux appareil qui a si prodigieusement étendu la science du calorique rayonnant.

Les décompositions voltaïques se soumettent à la grande loi d'équivalence qui préside aux opérations de la chimie; les métaux alcalins et terreux sont revivifiés par l'électricité; l'aluminium, extrait par la puissance de cet agent, présente des propriétés imprévues, qui lui assignent un rang parmi les métaux utiles à l'industrie.

Docile à la main de l'homme, l'électricité apprend à donner aux métaux la forme et la cohésion; elle recouvre d'or et d'argent des matières moins précieuses, et, en étendant ainsi l'usage des métaux inoxydables, elle fait pénétrer un luxe de bon aloi jusque dans les plus modestes demeures.

C'est elle qui a revêtu d'une couche de cuivre protectrice les candélabres de la ville de Paris et les grandes fontaines des places Louvois et de la Concorde.

L'électricité rivalise avec les ciseleurs les plus habiles par la délicatesse et le fini de ses ornements.

Elle copie avec une fidélité merveilleuse les gravures sur bois ou sur acier, et ses planches de cuivre, qui supportent jusqu'à quatre-vingt mille tirages, peuvent se renouveler pour ainsi dire indéfiniment, sans que le type primitif soit altéré.

De ses doigts invisibles l'électricité moule, pour la nouvelle salle d'Opéra, des chapiteaux et des statues dont le cuivre n'a pas connu le fourneau du fondeur.

Elle a fait les portes de l'église Saint-Augustin.

Elle a élevé la nouvelle colonne Trajane, dont les bas-reliefs de cuivre galvanique reproduisent avec une rare perfection le monument de l'art antique.

Les conquêtes que nous venons d'indiquer à grands traits sont l'œuvre collective des nations savantes de l'Europe et de l'Amérique; des physiciens distingués, éminents et même illustres, les ont préparées ou accomplies; et, sur le terrain scientifique, pas plus qu'ailleurs, les Français ne sont restés en arrière du mouvement.

Le but de ce rapport est de faire connaître quelle part légitime peut revendiquer la France dans le succès commun.

Les découvertes y seront exposées dans leur ordre naturel et classées d'après les propriétés générales des courants électriques. Rattachées à la science, les idées ne sont plus isolées ; elles s'appellent les unes les autres, et forment une chaîne dont les anneaux, harmonieusement unis, représentent tous les progrès.

PREMIÈRE PARTIE.

MÉCANIQUE ÉLECTRIQUE.

I

Il y a peu de temps encore, le magnétisme et l'électricité formaient des sciences distinctes, qui se résumaient dans deux instruments principaux, la boussole et la pile de Volta. Œrsted s'aperçut que la boussole déviait sous l'action du courant électrique. Mais quelle était la nature propre du magnétisme et par quel rapport mystérieux s'unissait-elle à l'essence même de l'électricité? Nul encore ne le voyait, lorsque Ampère créa la science des attractions et des répulsions des courants, inventa l'aimant électrique, révéla ainsi la nature électrique du magnétisme, fit disparaître de la science l'ancienne hypothèse des fluides magnétiques, et ouvrit une immense carrière aux applications.

C'est en 1820 qu'Ampère reconnut le fait fondamental, que les diverses parties des courants électriques s'attirent ou se repoussent. Si deux fils métalliques parallèles peuvent s'approcher ou s'éloigner l'un de l'autre, et qu'on introduise dans ces conducteurs le courant de la pile voltaïque, on verra les deux fils mobiles tantôt se rapprocher, tantôt s'écarter : ils s'attireront lorsque le courant électrique les parcourra dans le même sens, ils se repousseront dans le cas contraire.

Telle est l'expérience première d'où la brillante imagination d'Ampère a fait sortir de grandes découvertes; tel est le point de départ de nombreuses et importantes applications mécaniques.

Remplaçons les deux fils parallèles par d'autres circuits, et varions leur forme et leur position. En introduisant dans les conducteurs le courant de la pile, nous les ferons agir les uns sur les autres, et nous obtiendrons les phénomènes les plus divers d'équilibre et de mouvement. Voilà donc toute une nouvelle mécanique créée.

Si, dans chaque problème, il fallait avoir recours à l'expérience pour connaître le mouvement produit, les recherches seraient sans fin, et la science n'aurait pas toute sa portée. Ce n'est pas cette méthode que suivit Ampère, et c'est pour cela qu'il lui fut donné de parcourir presque en entier, et, pour ainsi dire, de fermer lui-même la carrière qu'il avait ouverte. De même que Newton avait ramené au calcul tous les problèmes de la pesanteur universelle, en démontrant que les parties très-petites des corps s'attiraient proportionnellement à leurs masses et en raison inverse du carré des distances; de même Ampère résolut d'un seul coup tous les problèmes d'électro-dynamique, c'est-à-dire les réduisit à des questions de calcul, en découvrant la loi élémentaire des attractions et des répulsions des courants électriques. C'est ainsi que la mécanique des courants se trouve établie sur une base aussi solide que la mécanique céleste; c'est par cette grande conception qu'Ampère s'est élevé à la hauteur du génie de Newton.

II

Ampère n'a été ni moins heureux, ni moins fécond dans les applications de la science qu'il avait fondée. Il découvrit d'abord ce fait important, que la terre agit sur les courants électriques.

Lorsqu'un courant vertical et ascendant peut se mouvoir autour d'un axe qui lui est parallèle, il se transporte de lui-même à l'ouest magnétique et s'y fixe dans une position d'équilibre stable; il se porterait à l'est s'il était descendant.

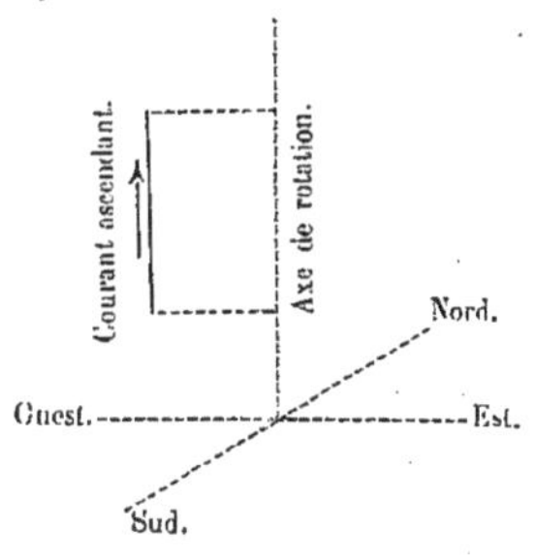

Par quelle force le plan vertical du courant et de son axe de rotation se place-t-il en croix sur la boussole?

La cause a son siége évidemment dans le globe terrestre, et il est naturel d'admettre que c'est la puissance magnétique de la terre qui dirige à la fois la boussole et le vertical mobile du conducteur électrique. Mais cette explication incontestable ne fait que reculer la difficulté. Déjà dans la science il s'est introduit un fait primitif, celui-là même qui sert de fondement à l'électro-dynamique. En effet, l'action réciproque des courants les uns sur les autres a été regardée comme un résultat de l'expérience, de la même manière que l'attraction des corps célestes avait été présentée par Newton comme un fait d'observation. Si, au lieu d'être ramenés au principe même de l'électro-dynamique, les nouveaux phénomènes sont simplement attribués au magnétisme du globe, ils constitueront un second fait primitif, sans liaison visible avec le premier. De cette manière, la science ne fera que se compliquer.

Mais agissons autrement : faisons abstraction de toute idée préconçue sur le magnétisme terrestre; supposons même, si l'on veut, que ce magnétisme nous soit inconnu, ou que la découverte de l'électro-dynamique ait précédé celle de la boussole. En nous plaçant à ce point de vue, nous serons naturellement porté à chercher si l'on ne pourrait pas imiter artificiellement, avec un courant électrique, l'action électro-dynamique de la terre.

Soustrayons d'abord le courant vertical et mobile à l'action du globe terrestre, ce qui est facile avec les appareils astatiques d'Ampère; faisons agir un courant fixe et horizontal que nous dirigeons, de l'est à l'ouest, perpendiculairement au méridien magnétique, et que nous plaçons au niveau inférieur du courant vertical ou au-dessous. Nous voyons alors le conducteur mobile se transporter à l'ouest s'il est ascendant, ou à l'est s'il est descendant.

L'action du globe terrestre est donc équivalente à celle d'un courant électrique perpendiculaire au méridien et dirigé, sous l'horizon, de l'est à l'ouest. Mais alors la cause de cette action est dévoilée. Comment en effet ne pas admettre que les phénomènes électro-dynamiques du globe sont dus à des courants électriques circulant dans son intérieur?

Désormais la science n'a plus deux faits primitifs distincts; elle repose entièrement sur l'action mutuelle des courants. Il est vrai qu'il reste encore les phénomènes du magnétisme proprement dit, c'est-à-dire ceux de la boussole : Ampère nous montrera qu'ils sont aussi d'origine électrique, et de la sorte un troisième fait primitif disparaîtra de la science.

Pour développer sa belle théorie, Ampère suit deux méthodes différentes. Dans l'une d'elles, il calcule directement l'effet extérieur d'un nombre quelconque de courants électriques, placés comme on voudra dans l'intérieur de la terre, et, par des démonstrations très-générales et des plus élégantes, il arrive à des propositions neuves et susceptibles d'être vérifiées par l'expérience. Comme l'observation et le calcul se trouvent constamment d'accord, il est naturel d'en conclure que la théorie est exacte. S'il était resté dans cette sphère élevée, Ampère aurait eu peut-être beaucoup de peine à vulgariser ses idées, mais il eut recours à un artifice ingénieux qui réussit complétement. Il imagina de substituer aux innombrables courants terrestres un seul courant rectiligne, indéfini et capable des mêmes effets qu'eux; l'esprit pouvait alors suivre avec facilité et les raisonnements et les expériences; la complication du calcul disparaissait et la théorie se présentait dans tout son éclat. C'est de cette manière qu'en physique et en mécanique on simplifie souvent l'étude des phénomènes, en substituant aux forces qui agissent une force fictive capable des mêmes effets que les forces naturelles, c'est-à-dire leur résultante.

III

Nous avons vu que l'action électro-dynamique du globe terrestre est équivalente à celle d'un courant perpendiculaire au méridien et dirigé, sous l'horizon, de l'est à l'ouest. La position de ce courant n'est pas arbitraire; nous savons, il est vrai, qu'il ne peut se trouver ni à l'est ni à l'ouest, ni sur aucun autre point de la rose des directions, si ce n'est sur le méridien magnétique; mais il pourrait être au nord ou au sud, ou même sous nos appareils. L'expérience que nous avons analysée ne suffit pas pour éclaircir le fait; combinée avec celle dont nous allons parler, elle fixera la position du courant terrestre vers le sud.

Supposons qu'un fil métallique puisse tourner autour de l'une de ses extrémités dans un plan horizontal, de la même manière qu'un rayon de cercle autour de son centre. Faisons passer un courant dans ce fil et abandonnons l'appareil à lui-même. Le fil se met à tourner d'un mouvement continu, tantôt dans un sens et tantôt en sens contraire. Lorsque l'électricité positive se porte de l'extrémité mobile vers le centre fixe, le rayon se meut en allant de l'est vers le midi, l'ouest et le nord; si l'électricité positive sort au contraire du centre de rotation pour se diriger vers l'extrémité mobile, le mouvement du rayon se fait en sens opposé.

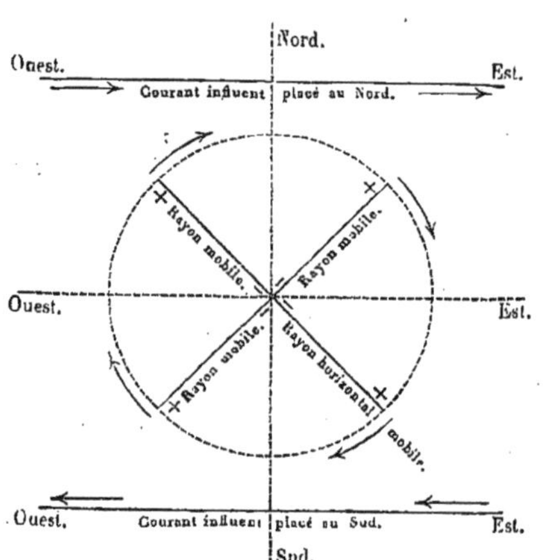

Ce phénomène, découvert par Ampère, est une nouvelle preuve de l'action électro-dynamique de la terre.

En l'examinant, on est immédiatement frappé de son caractère exceptionnel. On voit en effet un rayon mobile se mouvoir avec une vitesse qui croît jusqu'à un maximum et qui se maintient alors, malgré la résistance des milieux, tant que le courant conserve la même intensité. Ordinairement les corps qui tournent sous l'action des forces naturelles reprennent la même vitesse à chaque révolution, à moins que la résistance des milieux ne leur enlève peu à peu de la force vive; au contraire, dans l'expérience d'Ampère, il y a création continuelle de force vive, ce qui est un fait remarquable.

Plaçons-nous maintenant au même point de vue que pour notre première expérience, et cherchons à imiter le mouvement de rotation produit par la terre, en faisant agir sur le rayon mobile un courant horizontal. Veut-on obtenir le même sens de rotation qu'avec la terre, on n'a qu'à placer le courant fixe vers le sud et à le diriger de l'est à l'ouest. Cette expérience s'accorde avec l'effet de direction sur un courant vertical, pour indiquer que le courant terrestre est au sud des appareils. On peut obtenir, il est vrai, le même mouvement de rotation, en plaçant le courant fixe vers le nord, mais alors il faut diriger le courant de l'ouest à l'est, ce qui est le contraire de la direction que nous connaissons déjà au courant terrestre. Il n'est donc pas possible de supposer que ce dernier courant est au nord, encore moins qu'il se trouve sous l'appareil, puisque alors le rayon mobile ne tournerait pas, mais se dirigerait.

Ainsi le globe terrestre est intérieurement sillonné de courants électriques, et, sur les appareils électro-dynamiques qui sont dans un lieu déterminé de la terre, l'effet de tous ces courants est le même que celui d'un courant placé au sud de l'Europe, dirigé de l'est à l'ouest perpendiculairement au méridien magnétique du lieu considéré. Ce courant traverse la terre et se trouve par conséquent au-dessous de notre horizon. Il resterait à examiner de combien il est incliné; c'est ce que nous ferons bientôt, mais auparavant nous indiquerons une application importante du premier des deux phénomènes que nous venons d'étudier.

IV

La belle découverte d'Ampère sur l'action électro-dynamique du globe terrestre l'a conduit à la plus curieuse et la plus originale de ses inventions, celle de l'aimant électrique.

Considérons de nouveau le phénomène d'équilibre que présente un courant vertical sous l'action de la terre, et modifions ainsi l'expérience. Formons, avec un fil métallique, un cercle ou un rectangle, plaçons verticalement le plan de ce circuit, et, après avoir suspendu le fil de manière qu'il puisse tourner autour de la verticale de son centre, introduisons un courant électrique dans ce conducteur mobile. Nous voyons alors l'appareil tourner, la partie ascendante du courant se porter à l'ouest, la partie descendante se diriger, par un mouvement concordant, vers l'est, et l'équilibre s'établir lorsque le plan du circuit est perpendiculaire à la direction de la boussole. Cet appareil se place donc parallèlement au moyen courant terrestre, comme cela doit être d'après les lois de l'électro-dynamique.

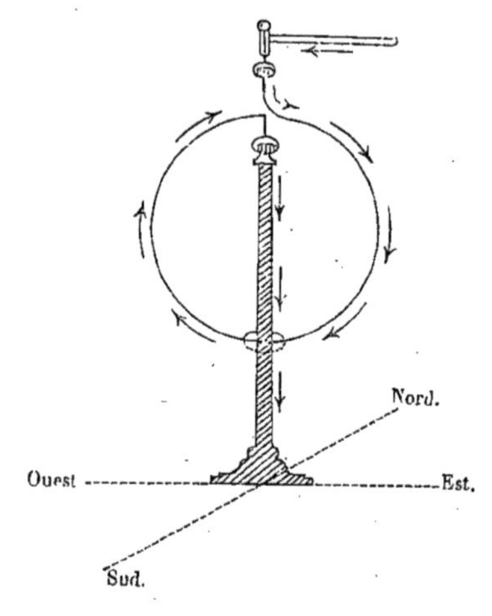

Il suit de là qu'un assemblage de courants circulaires, verticaux, parallèles, de même sens et montés sur un même axe horizontal, se dirigerait de la même manière que le circuit précédent, car chaque cercle tendrait à se placer parallèlement au courant terrestre. Cette conséquence est trop importante pour qu'on ne cherche pas à réaliser l'expérience qui doit la vérifier. On y arrive en pliant un fil en forme d'hélice et en le ramenant sur lui-même parallèlement à l'axe. Le courant électrique,

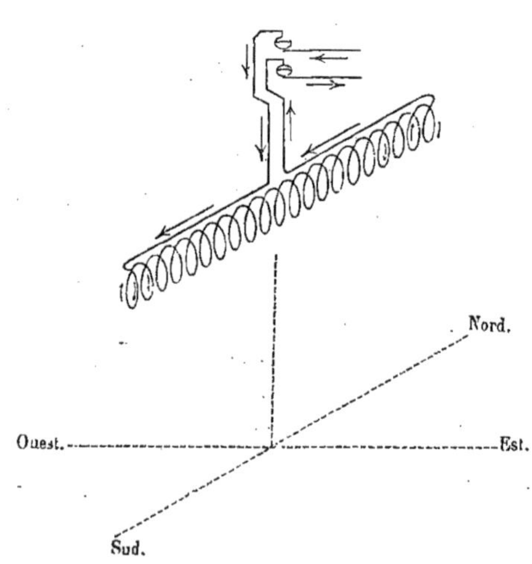

en revenant par le prolongement du fil, détruit l'effet de l'obliquité des spires, et, par cet artifice, on réalise un système équivalant à celui de courants circulaires égaux, parallèles, de même sens et montés sur un même axe. C'est toujours ainsi qu'il faut considérer les hélices électriques.

Lorsqu'une hélice électrique est suspendue et qu'elle peut tourner autour de son centre dans un plan horizontal, on la voit se porter vers une position d'équilibre stable et placer son équateur dans le plan d'est et d'ouest magnétiques, comme s'il n'y avait qu'un cercle mobile.

Au premier abord, cette expérience peut ne paraître qu'une simple répétition du phénomène fondamental que nous avons déjà examiné. Mais changeons le point de vue, et, au lieu de considérer la position que prend l'équateur de l'hélice, portons notre attention sur la direction même de son axe. Il est clair que cette ligne se dirige du sud au nord magnétique, comme le ferait un aimant. L'hélice se comporte donc comme une boussole. Ainsi voilà une boussole sans aimant! Une boussole purement électrique! Jusqu'à cette invention d'Ampère, nul n'avait pu imiter l'aimant; depuis elle, il n'en a pas été trouvé d'autre image.

Nous avons donc maintenant deux aimants. Est-il possible d'admettre qu'il y ait entre eux une différence de nature? Et comment ne pas supposer que le magnétisme est de même essence que l'électricité? Tout s'explique, si l'on regarde l'aimant ordinaire comme un assemblage de courants électriques qui circulent autour de chaque particule dans des plans à peu près perpendiculaires à la ligne des pôles, et qui forment ainsi un faisceau d'hélices électriques. Grâce à ce coup d'éclat de l'imagination d'Ampère, le mystère du magnétisme est dévoilé, et un nouveau fait primitif disparaît de la science.

Pour arriver à ces conclusions, nous avons évidemment admis, par anticipation, que l'hélice électrique possédait toutes les propriétés générales de l'aimant ordinaire. Il nous faut donc comparer les deux aimants sous tous les rapports. Mais auparavant nous ferons remarquer que l'aimant d'Ampère a son caractère spécial et jouit de propriétés particulières d'une grande importance. Par un simple jeu de communication avec les pôles de la pile, on peut faire circuler le courant dans l'hélice, le renverser ou l'arrêter. L'aimant électrique peut donc être créé ou détruit à volonté, instantanément et à toute distance. De tels effets étaient naguère inconnus dans la science du magnétisme; c'est une nouvelle richesse pour elle, et nous verrons bientôt quel parti on a su en tirer.

V

L'hélice d'Ampère n'est pas seulement une image de la boussole de déclinaison; elle peut imiter aussi la boussole d'inclinaison. L'expérience ne se fait pas avec l'hélice même, parce que le poids de l'appareil nuirait à sa mobilité, mais on réussit avec un élément d'hélice.

Lorsqu'un circuit rectangulaire est mobile autour d'un axe qui passe par son centre parallèlement à l'un des côtés du rectangle, si l'on dirige cet axe suivant la normale au méridien magnétique, et qu'on introduise un courant dans le circuit, on voit le cadre tourner autour de son axe, prendre une position d'équilibre stable inclinée sur l'horizon, et telle que le courant soit ascendant à l'ouest. Dans cette position, la perpendiculaire au plan du rectangle, qui représente l'axe de l'hélice, fait avec l'horizon un angle égal à l'inclinaison magnétique. A Paris, la partie de cet axe qui correspond au pôle austral de l'hélice se trouve sous l'horizon.

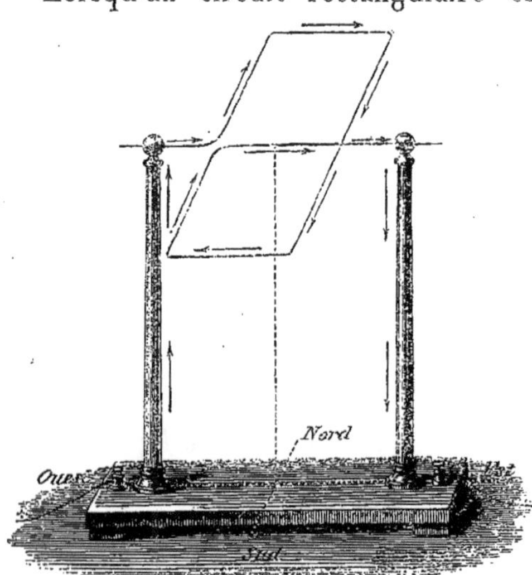

Cette image de la boussole est parfaite et nous confirme dans cette pensée que, si l'aimant s'incline, lui aussi, par rapport au plan horizontal, c'est qu'il est l'équivalent d'un faisceau d'hélices, et que ses courants particulaires s'inclinent comme ceux du rectangle dans l'expérience précédente.

On voit au reste facilement quelles sont les forces qui sollicitent le rectangle à tourner et à se diriger. Deux des côtés sont parallèles au courant terrestre et sont parcourus en sens contraire par l'électricité. Le courant terrestre attire vers lui le côté du rectangle que l'électricité traverse de l'est à l'ouest, et repousse l'autre. Comme sa distance est très-considérable par rapport aux dimensions de l'appareil, les deux forces sont égales, parallèles, dirigées en sens contraires, et dans le méridien magnétique. Le cadre mobile ne sera donc en équilibre stable que lorsqu'il contiendra les deux forces, et que le courant le plus rapproché du midi sera dirigé de l'est à l'ouest. C'est en effet ce qui arrive. Cette expérience nous montre comment il faut incliner le plan qui passe par le lieu d'observation et par le courant terrestre; elle complète les notions générales qu'on peut désirer sur ce sujet.

VI

L'hélice et l'aimant ordinaire s'équivalent au point de vue de l'action terrestre. Mais la ressemblance se maintient-elle sous le rapport de cette propriété caractéristique que possèdent les aimants de s'attirer par les pôles de noms contraires et de se repousser par les pôles de même nom?

Il est d'abord facile de constater que les hélices s'attirent ou se repoussent suivant la nature des pôles que l'on met en présence: il suffit en effet de faire agir une hélice que l'on tient à la main sur une autre hélice qui est suspendue et peut librement tourner autour d'un axe. On pourrait aussi le prévoir d'après les lois ordinaires de l'électro-dynamique.

Plaçons deux hélices à la suite l'une de l'autre, de manière que les pôles de noms contraires se regardent; sous le rapport de la circulation des courants, elles n'en font pour ainsi dire qu'une seule, car les courants parcourent dans le même sens toutes les spires; mais alors ces courants doivent s'attirer mutuellement, comme l'indique l'expérience. Maintenant, renversons l'une des hélices; les courants de celle-ci seront aussi renversés et circuleront en sens contraire des autres : il doit donc y avoir répulsion. Mais ce n'est pas seulement dans ces positions particulières que les pôles se repoussent ou s'attirent. Les phénomènes se produisent sous quelque obliquité que l'on mette les deux axes. Le calcul, qui peut aller au delà de ces aperçus généraux, montre en effet que l'action d'une hélice sur une autre se réduit à deux forces attractives qui passent par les extrémités ou pôles de noms contraires, et à deux forces répulsives qui passent par les pôles de même nom; il fait voir en outre que ces forces varient en raison inverse du carré des distances polaires. On sait que cette loi est également celle qui règle l'action réciproque de deux aimants.

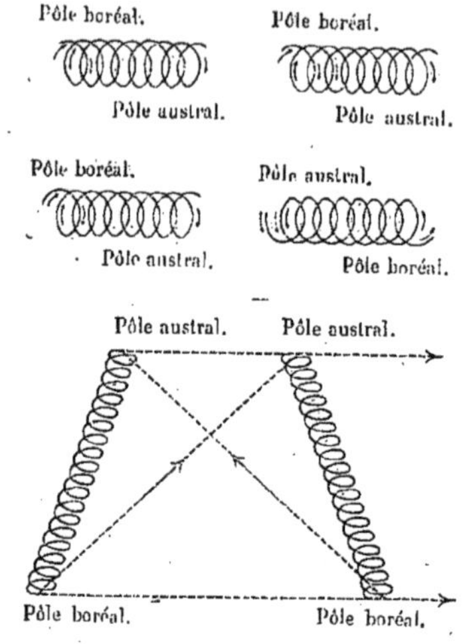

Mais voici une conséquence remarquable de la théorie d'Ampère. Si les aimants ne sont eux-mêmes que des faisceaux d'hélices, ils doivent agir sur les hélices électriques suivant les lois que nous venons d'indiquer. C'est en effet ce qui arrive : le pôle austral d'un aimant attire le pôle boréal d'une hélice et repousse son pôle austral; l'action est inverse pour le second pôle de l'aimant. Enfin les forces qui se développent ainsi varient en raison inverse du carré des distances, comme on peut le déduire des lois trouvées par Biot et Savart, et de calculs analogues à ceux d'Ampère sur les hélices.

VII

Nous avons jusqu'ici comparé l'aimant électrique d'Ampère et l'aimant ordinaire aux points de vue de l'action directrice de la terre et de la réaction que ces deux sortes d'aimants exercent l'un sur l'autre. Il nous faut voir maintenant si, comme l'aimant ordinaire, l'hélice a la propriété d'aimanter les corps magnétiques. Les expériences qui se rapportent à ce point particulier ont eu les plus heureuses conséquences pour la mécanique électrique et pour la science elle-même.

Arago découvrit que le courant électrique peut aimanter une aiguille d'acier. L'expérience s'exécutait en dirigeant le courant dans le sens de la longueur de l'aiguille, mais elle ne réussissait pas toujours nettement, et, lorsque l'aiguille s'aimantait, les pôles n'avaient pas une position constante par rapport à ceux de la pile. L'aimantation était due, d'après Ampère, à l'action des deux spirales suivant lesquelles les bouts du fil de la pile étaient enroulés aux extrémités de l'aiguille pour la soutenir. Les pôles magnétiques dépendaient ainsi du sens de ces petites hélices extrêmes et de leur accord, à tel point que, si l'on faisait passer le courant en ligne droite sur l'aiguille, on ne devait pas avoir d'aimantation sensible : ce qu'Arago vérifia. Ampère et Arago essayèrent d'aimanter l'aiguille d'acier en la plaçant dans une hélice électrique; Ampère pensait que l'expérience réussirait toujours, que l'aimantation serait plus forte, que les pôles magnétiques auraient une position constante par rapport à ceux de l'hélice, et que le pôle austral et le pôle boréal de l'aimant produit seraient en regard des pôles de même nom de l'hélice. L'expérience fut faite ainsi et eut un succès complet. C'est d'après cela qu'Arago parvint à créer autant de points conséquents qu'il voulut dans une aiguille d'acier, en la plaçant dans une spirale électrique dont le fil s'enroulait tour à tour dans des sens opposés.

A ce point de vue nouveau, l'hélice d'Ampère ressemble aux aimants ordinaires, car elle aimante comme eux les aiguilles d'acier.

Il est vrai que la position des pôles n'est pas la même dans les deux cas; mais cela tient seulement à la manière d'opérer. Lorsqu'on aimante avec un barreau, l'aiguille est placée au dehors et non au dedans, comme avec l'hélice; mais si l'aiguille est mise hors de l'hélice et parallèlement à son axe, les pôles en regard sont alors de noms contraires, comme avec les aimants ordinaires. Il est au reste facile de voir que les deux expériences, différentes en apparence, sont les mêmes au fond, car les courants électriques de l'hélice et de l'acier placé en dehors circulent en sens contraires dans ces deux appareils, et, par suite, sont de même sens sur les parties les plus voisines. Lorsque l'acier est dans l'hélice, pour que le sens de ses courants électriques soit le même que dans les parties les plus voisines de l'hélice enveloppante, il faut que les pôles de même nom soient en regard.

Nous allons constater un nouveau trait de ressemblance entre les deux aimants par leur action sur le fer doux.

VIII

Ampère et Arago firent sur l'aimantation du fer doux des expériences qui sont l'origine d'une foule de machines nouvelles, telles que les télégraphes imprimeurs, les moteurs électro-magnétiques, les régulateurs, les interrupteurs, les horloges électriques.

Arago découvrit le premier que le courant électrique agissait sur le fer doux. Il plongea dans la limaille de fer un conducteur traversé par un courant voltaïque, et il reconnut que ce fil se couvrait de brins de fer, leur donnait une direction transversale, les retenait tant que le courant passait, et les laissait tomber dès que le courant était intercepté. L'hélice électrique d'Ampère peut être employée avec avantage pour produire cette aimantation passagère; il suffit en effet de placer à son intérieur un barreau de fer. Dans le cas où l'on voudrait donner au barreau la forme de fer à cheval, il faudrait enrouler le fil en sens contraire autour des deux branches, afin que le sens de la spirale fût partout le même, si on concevait le barreau redressé en ligne droite. C'est souvent de cette manière que l'on construit les électro-aimants.

L'aimantation de l'aiguille d'acier consiste en ce que, sous l'influence de l'hélice, il s'établit autour de chaque particule un courant électrique de même sens que ceux de l'hélice, et à peu près perpendiculaire à la direction de l'aiguille. L'aimantation du fer doux produit le même effet sur les particules de ce corps; seulement les courants particulaires ne se manifestent plus par une action extérieure dès que l'influence cesse. Lorsqu'on voit l'aimantation du fer doux se produire et disparaître avec la plus grande facilité et autant de fois qu'on veut, en faisant circuler le courant électrique de la pile ou en l'interceptant, on est naturellement porté à supposer que les courants particulaires du fer doux ne sont pas créés par l'action de l'hélice extérieure, qu'ils préexistent à cette action et qu'ils sont simplement dirigés par elle. C'est l'hypothèse qu'Ampère adopta.

Dans l'acier, les courants particulaires devront être également supposés préexistants à l'action de l'hélice; seulement, lorsqu'ils sont dirigés par cette action, ils se maintiennent ensuite par la cause inconnue à laquelle on a donné le nom de *force coercitive*.

M. Müller a fait des expériences qui sont favorables à l'opinion d'Ampère sur la préexistence des courants particulaires. Dans cette hypothèse, les courants électriques ne sont pas créés, mais dirigés; et leur direction ne peut pas être rigoureusement perpendiculaire à l'aiguille, car deux courants situés sur une même tranche se repoussent dans leurs parties les plus voisines et tendent à se déplacer par rapport à l'axe. On conçoit que plus le courant de l'hélice sera énergique, plus le parallélisme des courants particulaires tendra à être parfait; cela revient à dire que l'intensité magnétique du barreau croîtra avec l'intensité du courant électrique, en s'approchant d'un maximum fini, pendant que la force du courant tendra vers l'infini.

M. Müller a trouvé, par expérience, qu'en effet la puissance du barreau de fer croissait moins rapidement que celle du courant et s'approchait de plus en plus d'une valeur maximum finie. Il est clair que, dans ces mêmes circonstances, les pôles du barreau doivent s'éloigner de plus en plus du centre et se rapprocher indéfiniment des extrémités.

IX

Les phénomènes ordinaires de l'électricité et ceux du magnétisme paraissent, au premier abord, si disparates, qu'il ne suffit pas de plusieurs analogies, quelque brillantes qu'elles soient, pour les regarder comme ramenés à une cause commune. Des comparaisons nettes et précises doivent être faites à tous les points de vue qui peuvent s'offrir; et, si la théorie s'appuie sur des calculs rigoureux, elle s'élèvera sur un fondement solide et pourra résister à l'épreuve de découvertes nouvelles.

Nous avons jusqu'à présent comparé l'aimant électrique à l'aimant ordinaire dans les propriétés générales dont l'ensemble formait l'ancienne science du magnétisme; ainsi nous avons étudié l'action du globe terrestre sur les deux aimants, leurs répulsions ou attractions polaires, enfin leurs effets d'aimantation sur le fer et l'acier. Mais, depuis la grande découverte d'Œrsted, la science du magnétisme s'est enrichie d'une branche nouvelle; il nous reste donc à examiner les deux aimants dans leurs rapports avec les courants électriques. Il est vrai que déjà nous avons considéré l'un de ces points de vue, puisque nous avons fait agir le système de courants qui constitue une hélice, soit sur l'aimant électrique, soit aussi sur l'aimant ordinaire. Mais il s'agit ici d'une comparaison plus générale.

Avant d'examiner l'action d'une hélice ou d'un aimant sur un courant électrique de forme quelconque, il convient d'étudier celle qu'ils exercent sur un courant rectiligne de longueur très-courte, c'est-à-dire sur un élément de courant, car de cette manière les effets seront d'abord considérés dans leur principe.

Il est aisé de voir, d'après la loi fondamentale de l'électro-dynamique, que l'action d'une hélice sur un élément de courant se réduit à deux forces qui se rapportent à chacun des deux pôles, et que ces forces sont perpendiculaires aux plans qui passent par l'élément de courant et successivement par les pôles de l'hélice.

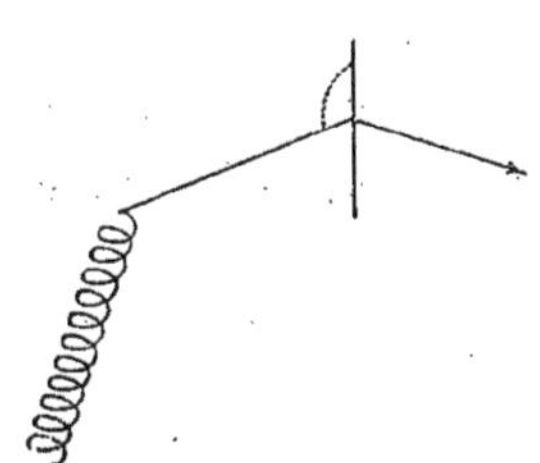

L'aimant ordinaire jouit de la même propriété. On peut s'en assurer expérimentalement, et c'est ce que nous allons faire dans un cas particulier qui offre en outre un grand intérêt par lui-même.

X

Lorsque les deux pôles d'une puissante pile sont unis à deux baguettes de charbon qui se touchent, il se produit un vif éclat aux points de contact, et, alors, si l'on éloigne peu à peu les deux charbons l'un de l'autre, on voit se former un trait de feu continu et éblouissant qui peut atteindre plus de 1 décimètre de longueur. C'est sur cette colonne de lumière que nous nous proposons de faire agir l'aimant.

Un feu qui obéit à l'aimant est quelque chose d'assez inattendu pour qu'il soit utile de constater directement une telle propriété par expérience. Ce phénomène présente d'ailleurs un intérêt tout particulier à cause de ses rapports avec l'aurore boréale. On sait que les arcs brillants des aurores polaires coupent symétriquement le méridien magnétique, et il est tout naturel de conclure de ce fait qu'il existe une liaison intime entre la production de ces arcs et le magnétisme terrestre. D'autres phénomènes conduisent à la même conséquence. Il a été prouvé par Arago que toutes les aurores boréales, même celles qui ne s'élèvent pas au-dessus de l'horizon de Paris, exercent une perturbation marquée sur les aiguilles de déclinaison et d'inclinaison, ainsi que sur l'intensité magnétique. Pendant le jour qui précède l'apparition nocturne d'une aurore boréale, la déclinaison vers l'ouest s'accroît plus que de coutume, et le changement peut s'élever jusqu'à 10, 20, 30 minutes et quelquefois davantage[1]. Ce caractère est si prononcé qu'Arago pouvait prédire les aurores boréales sans jamais se tromper. C'est de cette manière qu'il a pu reconnaître des aurores polaires de jour qui étaient directement étudiées par des observateurs convenablement placés.

La matière lumineuse des aurores boréales paraît donc agir sur l'aiguille aimantée. L'affirmative aurait un caractère complet de certitude et par conséquent pourrait être acceptée sans objection, s'il était possible de constater qu'il existe réellement des feux sensibles à l'aimant. Arago pensa que l'arc voltaïque devait jouir de cette propriété remarquable, et signala l'importance des expériences qui la démontreraient.

Davy, qui avait à sa disposition une pile voltaïque de 2000 couples, vérifia qu'en effet l'aimant exerçait une action sur l'arc électrique, et obtint des phénomènes d'attraction et de répulsion qui dépendaient de la nature des pôles de l'aimant et de la direction du courant électrique dans l'arc lumineux.

M. Quet examina plus tard si la direction des forces mises en jeu dans ce phénomène était celle que la théorie d'Ampère assignait. Il fit agir sur la colonne de lumière électrique un électro-aimant très-énergique de Ruhmkorff, et il parvint à la courber et à la transformer en un dard long et bruyant, semblable à celui du chalumeau. Les pointes de charbon étaient placées l'une au-dessus de l'autre et à égale distance des deux pôles de l'électro-aimant.

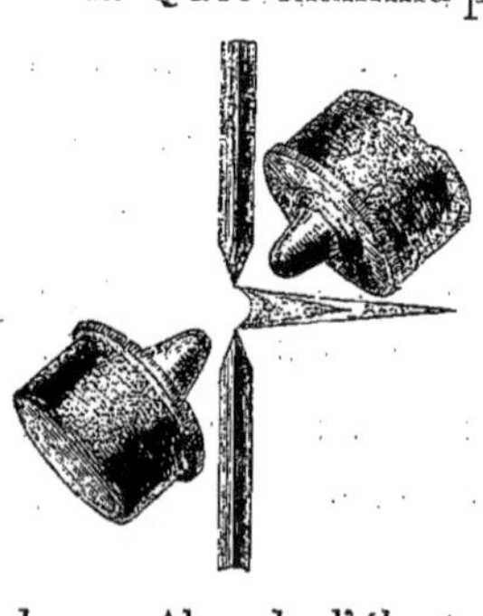

Lorsque la direction des deux charbons passait par le milieu de la

[1] Voir les observations de déclinaison et d'inclinaison qui ont été faites avec le plus grand soin à l'Observatoire impérial par MM. Paul Desains et Charault, ainsi que les tracés photographiques qu'ils ont obtenus et qui indiquent si bien la marche de la boussole et ses perturbations.

ligne des pôles, le dard ne se portait ni vers le pôle boréal, ni vers le pôle austral, mais se dirigeait horizontalement dans un sens perpendiculaire à la ligne des pôles. Le trait de lumière n'était donc ni attiré, ni repoussé par les pôles; il était soumis à une résultante perpendiculaire au plan mené par les pôles et par la ligne des charbons. C'est précisément ce qui devait avoir lieu d'après la règle d'Ampère que nous avons fait connaître, puisque la force relative à chaque pôle est perpendiculaire au plan qui passe par le pôle et par l'élément de courant.

Cette règle était confirmée par une autre expérience: si l'on portait les deux charbons vers la droite ou vers la gauche de la ligne des pôles, le dard lumineux conservait sa première direction. Dans le cas où le dard se dirigeait de gauche à droite, lorsque la ligne des charbons coupait celle des pôles, il restait dirigé du même côté et semblait fuir les pôles si les charbons étaient portés à droite; il persistait dans la même direction et s'approchait par conséquent des pôles si les charbons étaient portés à gauche. La direction que prenait le dard était toujours celle vers laquelle se serait porté un élément solide traversé par un courant. C'est ce qui résultait de la position relative des pôles et de la direction de l'électricité dans l'arc voltaïque; c'est aussi ce qu'indiquaient des parcelles de charbon arrachées par la force de l'aimant et lancées, comme de vives étincelles, dans le sens même du dard électrique.

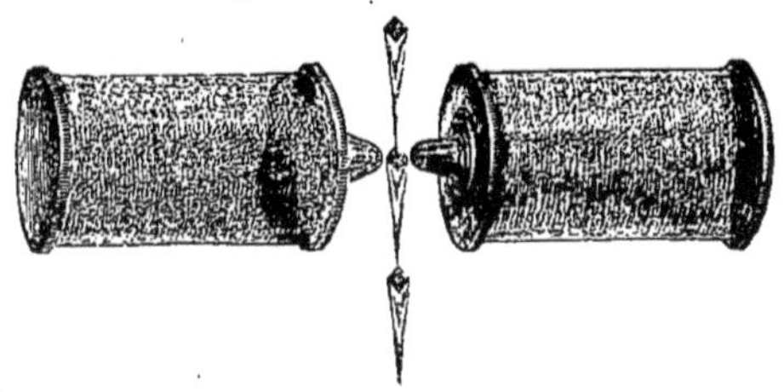

Lorsqu'on éloignait notablement les deux pôles de l'électro-aimant, afin d'affaiblir leur action, le dard voltaïque ne se formait plus; néanmoins la colonne lumineuse se courbait et se dirigeait perpendiculairement à la ligne des pôles, du côté vers lequel le dard se serait porté s'il avait pu se former. La courbure montre bien nettement que l'action des deux pôles produit une résultante perpendiculaire à leur ligne de jonction, au lieu d'une résultante dirigée d'un pôle à l'autre.

Dans le cas où le dard se forme, la longueur totale de la ligne lumineuse devient considérable. Les expériences étaient faites avec une pile voltaïque capable de donner un arc de 4 millimètres de longueur. Si les charbons étaient placés à plus de 1 millimètre de distance, la force de l'électro-aimant rompait l'arc avec un bruit sec. Il fallait rapprocher beaucoup les charbons pour que la lumière ne fût pas soufflée et éteinte par l'électro-aimant; mais alors le dard se formait, et la ligne lumineuse, au lieu d'avoir 4 millimètres de long, prenait une étendue neuf ou dix fois plus grande.

Ces expériences prouvent donc que l'aimant agit sur le feu électrique comme sur un conducteur solide. Or toute action est accompagnée d'une réaction égale et contraire : on peut donc aussi regarder comme établi que la colonne de lumière voltaïque réagit sur les pôles d'un aimant et produit des forces perpendiculaires aux plans qui passent par ces pôles et par la colonne lumineuse. Si la matière de l'aurore boréale est traversée par des courants électriques, elle doit agir sur les aiguilles aimantées, et l'observation montre que cette action existe : il est donc permis d'en conclure que le phénomène des aurores boréales est d'origine électrique.

M. Delarive a imaginé depuis une expérience curieuse, dans laquelle il a imité le phénomène principal des aurores boréales.

XI

On peut serrer davantage la comparaison des deux aimants et atteindre des lois mathématiques d'un ordre élevé.

Faisons agir de nouveau l'hélice sur un courant rectiligne de longueur très-petite. Pour plus de simplicité, supposons que, l'une des extrémités de l'hélice restant fixe, l'autre soit éloignée à l'infini. En partant des principes de l'électro-dynamique, il est facile de déterminer complétement l'action produite; le calcul montre que l'élément de courant est soumis à une force dont la grandeur varie en raison inverse du carré du rayon vecteur mené du pôle à l'élément, et en raison directe du sinus de l'angle que ce rayon vecteur fait avec l'élément. Dans le cas où l'hélice a une longueur finie, l'élément de courant est sollicité par deux forces analogues, relatives à chaque extrémité ou pôle de l'hélice.

L'aimant ordinaire, s'il est de même nature que l'aimant d'Ampère, ou s'il est constitué par un faisceau d'hélices, devra suivre les lois mathématiques que nous venons d'indiquer. Or ce sont précisément ces mêmes lois que, en dehors de toute idée préconçue et de toute théorie, Laplace avait déduites des expériences de Biot et Savart sur les aimants ordinaires.

XII

Au lieu d'un élément, considérons maintenant un courant rectiligne indéfini et faisons-le agir tour à tour sur l'hélice et sur l'aimant. Nous serons ainsi conduit à la grande découverte d'Œrsted par les principes mêmes de l'électro-dynamique.

Suspendons une hélice horizontale, et, après l'avoir soustraite à l'action directrice de la terre, plaçons au-dessous d'elle un conducteur rectiligne que parcourt un courant voltaïque. Il est évident que chaque cercle de l'hélice tend à se placer parallèlement au courant fixe; l'axe de l'hélice se mettra donc en croix sur le conducteur, mais les pôles ne se porteront pas indifféremment d'un côté ou de l'autre, et il est clair que, dans les parties les plus voisines du conducteur rectiligne, les courants de l'hélice devront être de même sens que le courant influent. Cela revient à dire que le pôle austral de l'hélice se place à la gauche du courant fixe.

Voilà un phénomène net et précis qui est la conséquence même des lois de l'électro-dynamique. Si l'aimant ordinaire n'est autre chose qu'un faisceau d'hélices, il faudra que, soumis à un courant rectiligne, il se dirige perpendiculairement à ce courant et porte son pôle austral à gauche. C'est ce que démontra l'expérience, et l'on sait quel étonnement cette belle découverte d'Œrsted produisit dans le monde scientifique, et dans quel embarras elle mit l'ancienne théorie du magnétisme; elle n'est aujourd'hui qu'une conséquence très-simple de la théorie d'Ampère.

XIII

Après avoir examiné l'action qu'exerce un élément de courant sur une hélice ou sur un aimant, il convient de chercher quel serait l'effet produit par un circuit fermé ou par une partie de circuit. Or l'action d'un circuit fermé provient de chaque élément : il est donc possible de la déterminer *à priori* par le calcul, et l'on trouve qu'elle se réduit à deux forces passant chacune par l'un des pôles de l'hélice. De là deux conséquences que l'on peut soumettre au contrôle de l'expérience.

Supposons d'abord que la ligne des pôles d'une hélice soit verticale et serve d'axe de rotation à un circuit électrique fermé et de forme quelconque. Il est clair que les forces auxquelles se réduit l'action de l'hélice sur le circuit fermé passent par l'axe de rotation; elles ne pourront donc pas faire tourner ce circuit autour de l'axe qui, par sa fixité, détruira l'effet des deux forces. Il n'en sera plus de même, au moins en général, si le circuit est ouvert, et le courant électrique tournera autour de l'hélice. L'expérience fait voir en effet que la rotation se produit dans ce dernier cas.

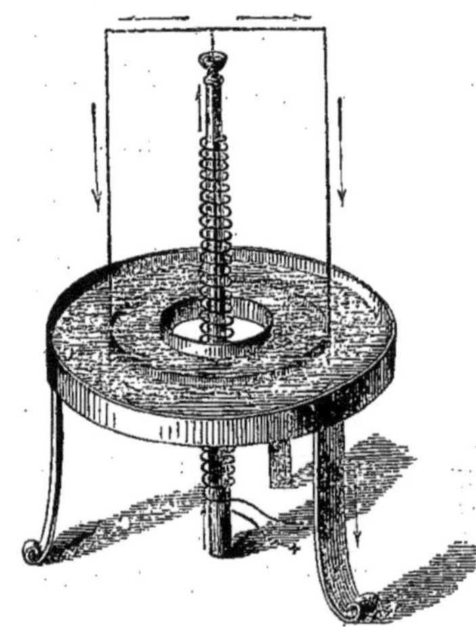

Le calcul montre aussi que, dans deux cas particuliers, l'hélice est incapable de faire tourner le circuit ouvert. Ces deux cas se présentent lorsque les extrémités de ce circuit aboutissent à l'axe de rotation, entre les pôles ou hors des pôles. L'expérience est encore ici d'accord avec le calcul.

Si l'aimant est l'équivalent d'une hélice ou d'un système d'hélices, en le substituant à l'hélice de l'expérience précédente, nous devons retrouver les mouvements caractéristiques de rotation que nous avons indiqués. Or c'est ce qui se vérifie de la manière la plus complète. Le mouvement révolutif produit par l'action des aimants avait été découvert par M. Faraday avant la théorie d'Ampère sur l'action des hélices.

Il est évident que la réaction d'un circuit électrique fermé sur une hélice ou sur un aimant doit se réduire à deux forces passant par les pôles, car toute action est égale et directement opposée à la réaction. On avait conclu de là que le circuit d'une pile ne pouvait pas faire tourner un aimant autour de son axe. Cependant Ampère parvint à produire le mouvement révolutif. Un aimant était lesté avec du platine de manière à pouvoir rester vertical au milieu d'une éprouvette presque pleine de mercure. Les deux extrémités libres des deux fils de la pile voltaïque étaient introduites, l'une dans le mercure de l'éprouvette à l'aide d'un anneau de métal, l'autre dans une coupe creusée à la partie supérieure de l'aimant et contenant du mercure. Aussitôt l'aimant se mettait à tourner autour de la ligne verticale de ses pôles. Le phénomène de rotation était donc réalisé malgré les prédictions contraires. Il restait à l'expliquer.

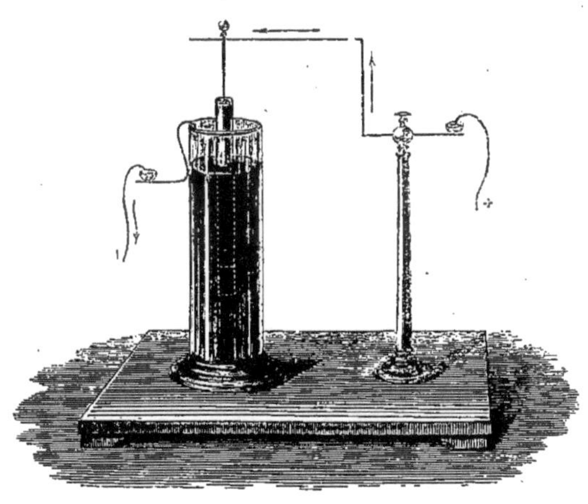

Le circuit fermé de la pile se compose de deux parties : celle qui traverse une certaine longueur de l'axe de l'aimant et sort par la surface de ce corps dans le mercure, et celle qui comprend le mercure de l'éprouvette, les fils conducteurs et la pile. Le calcul montre que l'action de tout le circuit se réduit à deux forces passant par les pôles de l'aimant. Mais il faut remarquer que la première partie du circuit se trouve dans des conditions telles qu'on peut en faire abstraction. En effet, si une partie quelconque du courant voltaïque engagé dans l'aimant agit sur cet aimant, réciproquement l'aimant réagit sur elle par des forces égales et directement opposées; l'action et la réaction s'exercent entre les parties pondérables de l'aimant qui sont invariablement liées entre elles comme appartenant à un corps solide elles se détruisent donc et l'on peut ne pas en tenir compte. Par suite, il n'y a plus à considérer que la seconde partie du circuit. Or cette partie n'est pas fermée et ses extrémités n'aboutissent pas toutes les deux à l'axe, soit en dehors, soit en dedans des pôles : son action sera donc efficace, le mouvement de rotation ne sera pas nul, et l'aimant tournera, comme l'expérience le montre.

D'autres mouvements produits par les courants sur les aimants ont été découverts par M. Faraday; mais ces phénomènes rentrent dans les considérations générales que nous avons indiquées, et il n'y a pas lieu d'insister ici sur ce sujet.

XIV

Nous venons d'étudier comparativement les propriétés générales de l'hélice électrique et de l'aimant ordinaire, et nous avons signalé des analogies nombreuses entre ces deux sortes d'aimants.

La conclusion est maintenant facile à tirer; néanmoins, pour la rendre plus évidente, supposons, pour un moment, que l'aimant ordinaire nous soit inconnu, et résumons ainsi les résultats de la comparaison.

Une hélice horizontale étant suspendue, plaçons dans son intérieur une aiguille d'acier parallèle à son axe. Dès que le courant électrique passe dans l'hélice, l'acier acquiert des propriétés nouvelles, il devient en quelque sorte une hélice électrique, comme si l'hélice extérieure s'était moulée à sa surface, ou plutôt il se conduit comme un faisceau d'hélices.

En effet, quand l'hélice mobile est déviée de sa direction, elle y revient avec plus d'énergie qu'avant l'introduction de l'acier, comme si l'appareil se composait de deux hélices.

Lorsqu'on fait agir sur ce système une seconde hélice électrique, les attractions et les répulsions se manifestent avec plus de force que sans l'acier.

L'aiguille ainsi modifiée, si elle est suspendue horizontalement, se dirige vers le nord comme l'hélice; si elle peut tourner autour d'un axe passant par son centre de gravité et perpendiculaire au méridien magnétique, elle incline son pôle austral de 23° sur l'horizon comme une hélice.

Si l'on présente l'aiguille à une hélice mobile, on voit les pôles de même nom se repousser et les pôles de noms contraires s'attirer; une seconde aiguille d'acier, préalablement modifiée comme elle, la repousse par les pôles de même nom et l'attire par les pôles de noms contraires.

L'aiguille d'acier a la propriété de modifier à son tour une seconde aiguille, de la même manière qu'elle l'a été par l'action de l'hélice, lorsque cette modification s'obtient en plaçant l'hélice et l'acier en dehors l'un de l'autre.

Cette aiguille exerce sur un élément de courant une action qui se réduit à deux forces perpendiculaires aux plans qui passent par l'élément et chacun des pôles. Ces forces sont en raison inverse du carré des rayons vecteurs menés des pôles à l'élément, et en raison directe du sinus de l'angle d'inclinaison de l'élément sur ces rayons, comme pour une hélice.

L'aiguille se met en croix sur un courant rectiligne qui agit sur elle et porte son pôle austral à la gauche du courant, de même qu'une hélice.

La même aiguille est incapable de faire tourner autour de la ligne de ses pôles un circuit électrique fermé, ou un circuit ouvert dont les extrémités aboutissent à l'axe, hors des pôles ou entre les pôles; elle produit un mouvement de rotation dans les autres cas et dans les mêmes conditions qu'une hélice.

Toutes ces analogies, nettes, précises, fondées même sur le calcul, conduisent à regarder l'aimant ordinaire comme l'équivalent d'une hélice électrique, ou plutôt comme étant lui-même un faisceau d'hélices formées par des courants particulaires dirigés à peu près perpendiculairement à la ligne des pôles.

Telle est la théorie d'Ampère sur les aimants, théorie que nous rencontrerons dans une foule de phénomènes, qui nous éclairera et nous servira de guide dans leur analyse.

XV

Avant la grande découverte de l'aimant électrique, on admettait, pour expliquer les phénomènes magnétiques, l'existence d'un fluide austral et d'un fluide boréal, et l'on supposait que les particules homologues de ces fluides se repoussaient en raison inverse du carré des distances, tandis que les particules différentes s'attiraient suivant la même loi. Cette théorie suffisait pour expliquer les phénomènes qui étaient connus avant la découverte d'Œrsted, à la condition toutefois de lui adjoindre deux nouvelles hypothèses.

On admettait que les fluides étaient confinés dans certaines parties du corps, et qu'un obstacle inconnu les empêchait d'en sortir pour circuler à la manière des fluides électriques. Sans cela, impossible d'expliquer pourquoi, lorsqu'on brisait un aimant en fragments très-petits, chaque parcelle était un aimant avec son pôle austral et son pôle boréal.

Il était aussi nécessaire de supposer que, dans des volumes égaux de fer et de nickel, les deux fluides ne pouvaient pas être séparés en un même nombre de parties correspondantes : il fallait en effet que les deux volumes n'eussent pas le même pouvoir magnétique, comme l'indique l'expérience.

Lorsque Œrsted découvrit que le courant électrique agissait sur l'aimant, la théorie avec ses deux hypothèses devint impuissante pour expliquer cette action nouvelle, et l'on fut obligé de regarder le fait comme primitif.

Tous les embarras disparaissent avec la théorie d'Ampère. Les courants électriques siégent nécessairement dans les particules, et dès lors chaque parcelle d'aimant est un aimant complet. L'action des courants particulaires doit naturellement varier d'un corps à l'autre, puisqu'elle dépend à la fois et de la force électromotrice et des dimensions des particules; la différence du fer et du nickel est donc une conséquence très-simple de la théorie. Enfin l'action de l'aimant sur les courants électriques est, dans cette théorie, un phénomène électro-dynamique que l'on peut calculer et prévoir, et non un fait primitif.

L'élégante théorie d'Ampère devait donc éliminer de la science l'ancienne hypothèse avec sa complication de deux fluides inutiles, de deux suppositions faites pour l'étayer, et d'un fait primitif qu'il fallait en outre accepter. Par elle, tout se coordonne, tout devient d'une clarté merveilleuse, tout est ramené au fait fondamental de l'action des courants les uns sur les autres; enfin le mystère du magnétisme est dévoilé.

XVI

La moisson que nous venons de cueillir est certainement très-belle, puisque, au milieu de ses plus brillantes gerbes, nous trouvons la création de l'électro-dynamique, la révélation de la nature électrique du magnétisme, et l'invention de l'aimant électrique. Mais, en dehors de la région où elles ont été faites, ces découvertes ont-elles influé sur la marche générale de la science et sur ses progrès? Ont-elles apporté quelque nouvelle richesse aux sciences d'application? Déjà, lorsque nous avons indiqué les propriétés spéciales de l'aimant électrique, nous avons fait pressentir que cette invention d'Ampère devait opérer une grande révolution dans la science du magnétisme et de l'électricité. Suivons maintenant les effets de cette révolution. Nous verrons d'abord l'invention du galvanomètre accompagnée de nombreuses applications et de la transformation de la télégraphie électrique; puis viendront l'électro-aimant et son splendide cortége de télégraphes imprimeurs et indicateurs, d'appareils variés de correspondance électrique pour le service des chemins de fer, de freins électriques, de régulateurs de la lumière électrique, d'interrupteurs de courant, d'horloges et de chronoscopes électriques, de moteurs électro-magnétiques, sans compter les découvertes suscitées dans la science générale du magnétisme et du diamagnétisme. Là ne se borneront pas les effets de la révolution produite par les idées d'Ampère, et, dans tout le cours de ce rapport, nous en retrouverons des marques éclatantes.

XVII

Le galvanomètre, dont la première idée vient d'Ampère, est un instrument formé par la réunion d'un aimant électrique et d'un aimant ordinaire. L'hélice peut être simple ou multiple; quelquefois elle est réduite à un seul tour de fil, ou même à une portion de tour; on la place horizontalement et on dirige son axe perpendiculairement au méridien magnétique. L'aimant, qui est mobile et suspendu à l'intérieur de l'hélice, se dirige naturellement dans le méridien. Si un courant vient à passer dans l'hélice, l'aimant sort du méridien magnétique et tend à se placer perpendiculairement à ce plan; il prendrait cette position sans la force directrice de la terre, car évidemment il ne pourrait être en équilibre stable que lorsque ses courants particulaires seraient parallèles au courant de l'hélice et de même sens que lui. On voit par là que l'aimant mobile ne se porte pas indifféremment d'un côté ou de l'autre du méridien, mais que son pôle austral, par exemple, se dirige toujours vers le pôle austral de l'hélice.

L'utilité de cet appareil tient aux propriétés caractéristiques et spéciales de l'aimant électrique, qui peut être créé ou détruit, et dont les pôles peuvent être renversés, pour ainsi dire, à volonté, instantanément et à toute distance. En effet, le mouvement de l'aiguille aimantée indique qu'un courant passe dans l'hélice; le sens de sa déviation fait connaître celui dans lequel le courant circule; enfin l'angle d'écart donne la force du courant. Lorsque Ampère inventa le galvanomètre, il en fit ressortir tous les précieux avantages, et il le proclama comme un instrument de recherches qui devait rendre à l'étude de l'électricité en mouvement les mêmes services que l'électroscope avait rendus à l'électricité statique. Son esprit pénétrant ne l'a pas trompé : entre les mains mêmes d'Ampère, le galvanomètre a opéré une véritable révolution dans la télégraphie électrique; avec cet instrument, Seebeck a découvert les courants thermo-électriques, Fourier et Œrsted ont reconnu l'importante loi du rendement des sources électriques. M. Pouillet s'est servi du galvanomètre pour établir, par des expériences variées et précises, la théorie des piles électriques; MM. Pouillet, Becquerel, Ed. Becquerel et d'autres physiciens l'ont employé pour l'étude de la conductibilité; enfin, par l'association du galvanomètre avec la pile thermo-électrique, Nobili a fait un instrument de recherches qui, dans les mains de Melloni, de MM. Laprévostaye et Desains, et de M. Tyndall, a prodigieusement étendu la science du calorique rayonnant.

XVIII

Dans le galvanomètre d'Ampère l'hélice était réduite à un simple tour de fil, que l'on plaçait dans le méridien magnétique. L'appareil était donc loin d'avoir la sensibilité que l'on sait obtenir aujourd'hui; mais l'idée vivifiante y était, et voici une des importantes applications qu'en fit Ampère :

En plaçant le galvanomètre très-loin de la pile électrique, Ampère fut frappé de la promptitude avec laquelle l'aiguille aimantée déviait, dès que les extrémités du fil conducteur touchaient les pôles de la pile. Aussitôt il imagina de mettre à profit, pour la télégraphie électrique, des indications aussi instantanées et aussi faciles à percevoir. C'est ainsi qu'après avoir vainement cherché sa voie pendant les deux tiers d'un siècle, la télégraphie électrique fut enfin placée sur son vrai terrain.

En 1746, lorsque la célèbre expérience de Leyde fut connue à Paris, l'abbé Nollet eut l'idée de transmettre le choc électrique sur l'étendue de 2 kilomètres, à travers une chaîne de personnes qui se tenaient soit par la main, soit avec des fils métalliques, soit avec des tubes pleins d'eau, ou qui se présentaient le bout des doigts. Lorsque l'explosion électrique avait lieu, toutes les personnes éprouvaient un tressaillement soudain et simultané, et des traits de feu éclataient dans l'eau des tubes, ou s'élançaient entre les doigts opposés et voisins.

Lemonnier, qui fit une expérience analogue sur une chaîne de 4 kilomètres, eut l'idée de vérifier si la transmission durait un temps appréciable. Deux fils de fer, de 2 kilomètres chacun, furent disposés tout autour du clos des Chartreux, à 7 mètres de distance l'un de l'autre; ils étaient portés sur des poteaux de bois et se rapprochaient à leurs extrémités. La personne qui tenait à la main un bout de chaque fil pouvait voir l'étincelle qu'on tirait sur les deux autres bouts avec une bouteille de Leyde. D'après Lemonnier, un retard d'un quart de seconde aurait été sensible, et cependant il n'y eut aucune différence appréciable entre l'instant où la commotion fut sentie et celui où l'on vit l'étincelle. L'électricité avait donc franchi la distance avec une vitesse excessive; elle ne s'était même pas notablement affaiblie, car le choc fut si violent qu'il porta jusqu'aux talons, et que la tête fut affectée comme par une chute d'un à deux mètres de hauteur.

Telles sont les expériences premières qui ont conduit à la télégraphie électrique. On y voit les fils de transmission, les poteaux de bois qui les isolent, le choc électrique communiqué à ces fils, son passage constaté à de grandes distances par des traits de feu ou par des commotions, la rapidité excessive du mouvement électrique reconnue : rien ne semble manquer, et cependant l'idée d'une application télégraphique ne s'y trouve pas. Mais cette idée ne peut pas tarder à surgir, car ces expériences sont répétées à l'envi en Europe et en Amérique. Bientôt en effet des essais télégraphiques se produisent, et il est intéressant de voir que, dès l'année 1787, un télégraphe électrique fut régulièrement établi par Bethancourt sur une distance de 44 kilomètres entre Madrid et Aranjuez.

Cette dernière expérience, faite sur une aussi grande échelle, est certainement importante. Néanmoins on peut dire que la télégraphie électrique n'avait pas encore trouvé sa véritable voie; de grandes difficultés étaient à surmonter, et il est aujourd'hui facile de les apprécier nettement, lorsqu'on examine ce qui se passe autour de nous. En 1864, en dehors du service de l'État, les télégraphes électriques ont été employés pour près de 2 millions de dépêches privées; on sait que chaque mot est transmis lettre par lettre, et que chaque lettre exige ordinairement plusieurs émissions de courant: il a fallu plus de 700 millions de signes distincts pour suffire au dernier de ces services. Comment aurait-on pu approcher de cette prodigieuse activité, si, pour chaque signe, il avait fallu charger la bouteille de Leyde avec la machine à plateau de verre? Comment, avec l'indication si fugitive de l'étincelle électrique ou des commotions, serait-on parvenu à constater, promptement et sans erreur, un tel nombre de signes? On conçoit, au reste, que de grands efforts aient été faits pour atteindre le but, car il s'agissait d'une œuvre importante pour l'État, l'administration et le public; les faits l'ont prouvé, puisqu'en 1864 les recettes se sont élevées à plus de 6,123,000 francs, y compris les 2,193,000 francs de la recette de Paris.

Ainsi deux grands obstacles s'opposaient au perfectionnement de la télégraphie électrique, d'abord la lenteur du chargement de la bouteille de Leyde, puis la difficulté de saisir au passage les signes électriques et de les interpréter rapidement et exactement. Pour vaincre, il ne suffisait pas de combiner d'une manière heureuse les procédés que la science possédait; il fallait que la science elle-même fit de nouveaux progrès. C'est Volta qui, par la découverte de la pile, a fait disparaître le premier obstacle, puisque la pile est en quelque sorte une bouteille de Leyde qui se charge instantanément elle-même; c'est Ampère qui a complété la solution du problème par l'invention du galvanomètre. Voyons comment Ampère a transformé la télégraphie électrique.

Il faut concevoir qu'à la station d'arrivée il y ait un galvanomètre affecté à une lettre de l'alphabet, et que la pile voltaïque de la station de départ puisse être reliée au galvanomètre par deux fils de ligne. L'un de ces fils communiquera d'une manière permanente avec l'un des pôles de la pile, l'autre ne communiquera avec le second pôle que lorsqu'on baissera une touche ou levier à ressort, qui porte la lettre du galvanomètre correspondant. D'après cette disposition, si l'on veut transmettre la lettre de l'alphabet qui est sur la touche, il suffit de baisser cette touche : à l'instant même, le courant de la pile s'élance dans le fil de ligne, le parcourt avec une rapidité excessive, passe dans le galvanomètre de la seconde station, et donne une impulsion à l'aiguille aimantée, ce qui fait connaître immédiatement qu'on a voulu transmettre la lettre même de ce galvanomètre. Maintenant plaçons, à la station d'arrivée, vingt-quatre galvanomètres analogues affectés chacun à une lettre de l'alphabet et correspondant à des touches qui portent les mêmes lettres; il est clair que, pour envoyer une dépêche quelconque, il suffira de baisser successivement à la station de départ les touches qui correspondent aux lettres consécutives de la dépêche; car, à la station d'arrivée, les mêmes lettres seront indiquées dans le même ordre par les mouvements des aiguilles aimantées.

Ampère remarquait que le jeu de ce télégraphe était très-rapide et qu'il n'y avait ni distance, ni obstacle naturel qui pussent l'entraver, puisqu'on pouvait prolonger les fils de communication et les faire passer à travers l'obstacle. Ses prévisions se sont réalisées; les fils de ligne, c'est-à-dire les chaînes métalliques de l'abbé Nollet et de Lemonnier, traversent aujourd'hui toutes les parties du monde; elles relient les continents entre eux et les îles aux continents. Dans l'Empire français, plus de 2,000 kilomètres de fil de fer sont destinés aux communications électro-sémaphoriques du littoral, et au moins 100,000 kilomètres (deux fois et demie plus qu'il n'en faudrait pour enceindre le globe terrestre) au service télégraphique de l'État; de nombreuses lignes appartiennent aux administrations des chemins de fer; enfin, des câbles sous-marins font communiquer la France avec l'Angleterre et l'Afrique.

C'est le 26 octobre 1850 que la France et l'Angleterre ouvrirent l'ère de la télégraphie sous-marine par le câble de Calais à Douvres. Le succès d'une si grande entreprise excita un vif enthousiasme et fit concevoir les plus belles espérances. Bientôt après un câble fut descendu dans les profondeurs de l'Océan, entre l'Irlande et Terre-Neuve, et, le 16 août 1857, des dépêches purent être échangées d'un continent à l'autre, comme si l'Atlantique avait disparu et que rien n'eût séparé l'Europe de l'Amérique. L'expérience est grandiose, audacieuse, digne de notre époque. Malheureusement, après vingt-trois jours de service, le câble ne fut plus isolé et le télégraphe de l'Océan cessa de parler. En février 1864, le *Great-Eastern* déroula dans l'Atlantique un nouveau câble, qui atteignit des profondeurs de 4,300 mètres. Cette longue chaîne avait 3,512 kilomètres et coûtait 17,500,000 francs. L'insuccès de l'entreprise ne découragea pourtant pas. L'œuvre est gigantesque; il faut que la terre soit un jour enserrée d'un fil électrique et que la pensée de l'homme circule autour du globe avec la rapidité de la foudre. La tentative du télégraphe atlantique vient d'être renouvelée, et, aujourd'hui, un magnifique succès couronne enfin de si grands et si nobles efforts.

Tel a été le sort brillant de l'invention d'Ampère et de la révolution qu'elle a opérée dans la télégraphie électrique.

Lorsqu'on a voulu soumettre le télégraphe électro-magnétique d'Ampère à un service d'exploitation, il a fallu diminuer le nombre des galvanomètres, afin que la dépense des fils de ligne ne devînt pas trop considérable. Il est facile de voir qu'un seul galvanomètre peut suffire, car, par des combinaisons de mouvements de l'aiguille aimantée, on peut lui faire représenter toutes les lettres de l'alphabet et même d'autres signes. Si on lance sur le fil de ligne et dans le même sens tour à tour les deux électricités de la pile, on fera dévier l'aiguille tantôt à droite, tantôt à gauche; les deux mouvements peuvent être affectés à deux lettres différentes. En employant jusqu'à deux mouvements de l'aiguille pour un seul signe, le galvanomètre pourra indiquer six lettres, suivant qu'elle exécutera un seul mouvement vers la droite ou vers la gauche, ou bien deux mouvements de même espèce qui se succéderont tous les deux vers la droite ou vers la gauche, ou bien encore deux mouvements d'espèces différentes. A l'aide de trois mouvements de l'aiguille, un seul galvanomètre peut représenter douze lettres, et, dans ces conditions, le télégraphe d'Ampère se réduit à deux galvanomètres. On pourrait même n'employer qu'un appareil, en faisant usage de quatre mouvements de l'aiguille aimantée. Tout revient donc à pouvoir lancer facilement et promptement dans le même sens tantôt l'électricité positive et tantôt l'électricité négative de la pile. Or Ampère avait imaginé pour d'autres expériences un commutateur propre à atteindre ce but. Concevons donc qu'au lieu de la touche ou levier à ressort, on se serve du commutateur d'Ampère convenablement modifié pour cette application; il est clair qu'on pourra lancer à volonté dans le galvanomètre des courants de sens contraires, ce qui fera dévier l'aiguille vers la gauche ou vers la droite, et permettra d'opérer la réduction de tous les galvanomètres à deux et même à un seul.

Il y a là, comme on voit, un perfectionnement réel apporté au télégraphe d'Ampère, perfectionnement d'autant plus considérable qu'il a permis d'en rendre l'établissement beaucoup moins coûteux. C'est principalement à M. Wheatstone que l'on doit ces heureuses combinaisons dont l'importance est extrême pour la pratique.

Le télégraphe d'Ampère, perfectionné par M. Wheatstone, est

d'un usage très-répandu en Angleterre; mais il n'est pas employé en France, parce que d'autres télégraphes, dont la découverte a été suscitée par une autre invention, œuvre commune d'Ampère et d'Arago, jouissent du grand avantage de laisser des traces imprimées. Nous allons examiner cette brillante partie de la télégraphie électrique.

XIX

L'aimantation produite par l'hélice d'Ampère nous a conduit à la construction d'un appareil fort simple qui a pris une importance considérable.

L'électro-aimant se compose d'un aimant d'Ampère et d'un barreau de fer doux placé à son intérieur; le barreau est ordinairement en forme de fer à cheval; il est enveloppé d'un fil métallique recouvert d'une substance isolante et enroulé dans un sens autour de l'une des branches et en sens contraire autour de l'autre. C'est dans cette spirale métallique qu'on fait passer le courant électrique, en reliant les deux bouts du fil aux pôles d'une pile; une pièce de fer doux, qui peut s'appliquer contre les pieds de l'électro-aimant, sert d'armature et permet de constater les effets d'aimantation.

Voilà l'appareil, voyons maintenant ses effets.

Il est d'abord évident que le fer doux, en s'aimantant par l'action de la spirale électrique, ajoute sa force attractive à celle de la spirale, et qu'on obtient ainsi plus de puissance avec un courant d'intensité déterminée. Mais il importe surtout de remarquer que cet aimant double jouit des propriétés caractéristiques de l'aimant d'Ampère, c'est-à-dire qu'il peut être créé ou détruit, instantanément, à volonté et à toute distance.

Dès que le circuit de la pile est fermé, le courant voltaïque parcourt la spirale qui aimante le barreau de fer doux; alors l'armature est attirée. Si l'on ouvre le circuit, le courant voltaïque est intercepté, le fer doux perd son aimantation et l'armature cesse d'être attirée.

Lorsqu'on attache à l'armature un poids plus ou moins grand, ce poids peut être soulevé pour retomber ensuite.

Animé par un courant énergique, l'électro-aimant saisit et soulève, instantanément, des poids de 100, 500, 1,000 kilogrammes, que, instantanément aussi, il laisse retomber. Cet appareil est, en quelque sorte, une main puissante qui obéit à la volonté de l'homme, et qui, à son commandement, appréhende ou relâche les corps.

Cette main magnétique peut être placée à telle distance qu'on désire, puisqu'il suffit de prolonger les fils de la pile. Avec elle on agira sur tous les points du globe, à travers les bras de mer, au delà de l'Océan.

L'imagination naïve et ardente des premiers hommes avait créé Briarée aux cent bras; mais elle n'aurait pas osé donner à ces bras de géant le pouvoir d'atteindre les extrémités de la terre. Ampère et Arago ont doté l'homme de bras plus merveilleux, puisque, avec la main magnétique, il affirme sa puissance en cent endroits divers et aux distances les plus grandes.

Voilà donc une force nouvelle introduite dans la science, force qui a pour caractère propre de pouvoir être créée ou détruite à l'instant qu'on veut, et de fonctionner à toute distance de l'opérateur. Appliquée aux machines, elle produira des mouvements ou des pressions.

Pour obtenir un mouvement de va-et-vient, on n'a qu'à faire porter l'armature par un levier dont le second bras est tiré, à l'aide d'un ressort, en sens contraire du mouvement que l'électro-aimant tend à donner. Lorsque l'électro-aimant s'anime, il attire l'armature, qui s'approche de lui malgré l'action contraire du ressort; dès que le courant est intercepté, le ressort ramène le levier à sa première position. Une succession de courants lancés dans la spirale suffira donc pour faire osciller le levier.

Si l'on veut produire un mouvement de rotation continu, on n'a qu'à faire agir la main magnétique sur des pièces de fer disposées autour d'une roue mobile. Supposons que le contour de cette roue porte des armatures de fer équidistantes, et qu'on place hors de la roue et très-près de sa circonférence une série d'électro-aimants fixes, disposés comme les barres mobiles, et de manière à pouvoir les attirer. Dès que les électro-aimants s'animeront, chacun d'eux attirera l'armature la plus voisine et agira comme une main qui ferait tourner la roue. Pour que la rotation puisse être continue, il suffira que le courant cesse de passer au moment où les armatures sont en face des électro-aimants, et qu'il circule de nouveau lorsque chaque armature s'est assez rapprochée de l'électro-aimant suivant.

Ainsi l'électro-aimant d'Ampère et d'Arago permet de produire des mouvements oscillatoires ou des mouvements circulaires continus, que l'on pourra transformer ensuite, à l'aide des procédés ordinaires et selon le but qu'on veut atteindre. Ici l'horizon s'élargit, et le terrain vaste et fécond de la mécanique appliquée s'ouvre devant nous.

Nous allons examiner les principales applications, en commençant par celles qui sont relatives à la télégraphie électrique.

XX

S'il s'agissait de manier, sans quitter Paris, une plume ou un style qui serait placé au loin, par exemple à Marseille, et de lui faire écrire instantanément ce qu'on veut, le problème paraîtrait, au premier abord d'une difficulté insurmontable. C'est cependant ce qu'on peut faire aisément avec la main magnétique d'Ampère et d'Arago.

Dans le télégraphe de Morse, cette main magnétique fait osciller un levier à ressort qui porte un style, pendant qu'une bande de papier se déroule continuellement au-dessus, en s'appuyant sur une roulette à légère rainure. Lorsque l'électro-aimant attire l'armature, le style monte, s'appuie contre le papier et imprime sur lui, par gaufrage, un point ou un trait, suivant la durée du courant électrique. On peut donc obtenir une série de points et de traits qui, par une convention très-simple, représenteront les lettres successives d'une dépêche.

Dans le télégraphe des frères Digney, la main magnétique fait osciller de la même manière un petit marteau qui, en montant, soulève une bande de papier continuellement déroulée, l'appuie contre une molette couverte d'encre, et l'y laisse en contact pendant le temps nécessaire pour produire un point ou un trait rectiligne.

Dans le télégraphe de Hughes, la main magnétique, par l'entremise de son levier à ressort, soulève ou abaisse alternativement une bande de papier placée au-dessous d'une roue verticale qui porte à sa circonférence les types successifs de l'alphabet et qui tourne d'un mouvement uniforme; elle applique le papier contre la roue au moment même où le type à imprimer passe au-dessus de lui, et immédiatement après elle laisse retomber le châssis qui porte la bande et qui la fait alors avancer de la quantité nécessaire pour l'impression d'un second caractère.

Dans le télégraphe de Bréguet, la main magnétique règle l'action du ressort qui mène l'aiguille d'un cadran à lettres, fait ainsi marcher cette aiguille de l'intervalle des lettres consécutives, pour chaque oscillation du levier à ressort, et l'arrête un instant sur le signe que l'on veut faire enregistrer.

Par l'invention du galvanomètre, Ampère avait placé la télégraphie électrique sur le terrain de l'électro-magnétisme; par l'invention de l'électro-aimant, Ampère et Arago ont rendu à cette science un nouveau et très-grand service.

XXI

Lorsqu'on veut que le style du télégraphe de Morse presse le papier sur la rainure de la roulette, il faut envoyer à la station d'arrivée un courant électrique qui anime l'électro-aimant; alors l'armature est attirée et s'abaisse; l'autre extrémité du levier s'élève et appuie le style contre la bande de papier qui se déroule. Si le courant est assez énergique, le style produira un gaufrage visible sur le papier, et le trait imprimé sera un point ou une ligne suivant la durée que l'on donnera au courant. Il faut donc qu'à la station de départ, on puisse fermer et ouvrir le circuit de la pile, de manière à faire produire, à la seconde station, des lignes ou des points se succédant suivant certaines conventions pour représenter les lettres de l'alphabet. C'est à l'aide d'un levier à ressort que le circuit de la pile est ouvert ou fermé. L'un des pôles est en communication permanente avec le sol; l'autre pôle communique avec le levier, que l'on peut baisser aisément par la pression du doigt. Lorsqu'il s'abaisse, le levier touche un buttoir métallique qui communique avec le fil de ligne, et alors l'électricité de la pile s'élance sur ce fil, arrive à la seconde station, parcourt les circonvolutions de l'hélice multiple de l'électro-aimant, et s'écoule dans le sol. Tant que le levier reste baissé, le style du télégraphe trace un trait de gaufrage qui s'allonge de plus en plus; dès que la pression du doigt cesse, le levier se relève, la communication avec la pile est interrompue, et, à la seconde station, le style s'abaisse et la ligne gaufrée se termine. C'est par un exercice convenable que l'on apprend à faire jouer le levier avec le doigt de manière à produire des lignes ou des points, à les espacer également ou inégalement, suivant certaines conventions. La manœuvre du levier est assez simple pour que l'on parvienne facilement à faire écrire au style de douze à quinze mots par minute, qui correspondent en moyenne à soixante et douze oscillations du levier ou du style.

Le même levier à ressort et les mêmes conventions pour les signes employés se retrouvent dans l'appareil des frères Digney. Seulement les points et les lignes, étant imprimés à l'encre et non par gaufrage, donnent une écriture plus facile à lire. Ce télégraphe a aussi l'avantage de ne pas exiger que le courant électrique soit aussi intense que pour l'impression par gaufrage, car le trait d'encre se produit sous la plus faible pression; c'est pour cela qu'on peut s'en servir sur de très-longues lignes, sans l'entremise de relais.

Supposons qu'il s'agisse d'envoyer directement une dépêche de Paris à Marseille, à l'aide du télégraphe de Morse; si on n'augmente pas suffisamment la puissance de la pile de Paris, le courant, en arrivant à Marseille, sera trop affaibli pour que le style puisse exercer une pression suffisante contre le papier. On évite cet inconvénient, sans changer la force ordinaire de la pile de Paris, en employant un relais placé à Lyon. Le courant parti de Paris ne va que jusqu'à cette dernière ville; là il anime un électro-aimant et fait osciller son levier, comme s'il s'agissait d'un appareil télégraphique; mais le levier, au lieu de porter un style pour écrire la dépêche, est employé à ouvrir ou à fermer le circuit d'une pile locale propre à fournir un courant qui se dirige sur Marseille et conserve une intensité suffisante pour la manœuvre d'un télégraphe de Morse, qui s'y trouve placé. Le jeu du relais se produit aux mêmes intervalles de temps que si le levier de ce relais était appliqué à écrire une dépêche; aussi les courants qu'il lance sur l'appareil de Marseille produisent l'écriture que l'on veut obtenir, et que la trop grande faiblesse du courant venu directement de Paris n'aurait pu donner. L'emploi des relais n'est pas nécessaire avec le télégraphe des frères Digney.

XXII

Le télégraphe de Hughes a l'avantage d'imprimer lui-même les dépêches en caractères romains. L'impression se fait lettre par lettre sur une bande de papier, et n'exige qu'une émission de courant pour chaque lettre. Dans un service régulièrement établi on peut imprimer de trente à quarante mots par minute, tandis qu'on n'en obtient que douze à quinze avec le télégraphe de Morse.

Il faut concevoir qu'il y ait aux deux stations une roue verticale portant sur son contour les vingt-cinq types de l'alphabet dans leur ordre naturel, et un intervalle vide ou blanc qui sert de point de repère. Les deux roues sont d'abord disposées de manière que l'intervalle blanc soit au-dessus de la bande de papier qui doit recevoir l'impression, et elles peuvent tourner avec la même vitesse angulaire, dès qu'on déclanche le mouvement d'horlogerie destiné à produire la rotation.

Un courant lancé sur le fil de ligne anime d'abord l'électro-aimant de la première station, ce qui fait mouvoir son levier, et, par lui, déclanche le mécanisme d'horlogerie et soulève la bande de papier. La roue des types se met donc à tourner, et le papier vient toucher l'intervalle blanc pour retomber et avancer d'un intervalle de lettre d'impression. Cependant le courant passe sur le fil de ligne, arrive à la seconde station, anime son électro-aimant et s'écoule dans le sol. En même temps cet électro-aimant fait mouvoir son levier; le mouvement d'horlogerie est déclanché, la roue des types se met à tourner, le papier se soulève, touche l'intervalle blanc de la roue des types, et s'abaisse en avançant de l'intervalle d'une lettre.

Maintenant les roues des types continuent à tourner avec la même vitesse aux deux stations. Pour imprimer une lettre telle que P, on lance de Paris un nouveau courant, au moment même où la lettre P de la roue des types passe au-dessus du papier; il anime d'abord l'électro-aimant de la station de départ, ce qui fait soulever le papier et lui fait toucher la lettre P qui se présente; puis il se dirige sur le fil de ligne, arrive à la seconde station, et anime l'électro-aimant de celle-ci. Aussitôt le papier se soulève et vient toucher la lettre P, qui évidemment passe en ce moment au-dessus de lui, puisque les deux roues sont supposées tourner avec une égale vitesse.

Si l'on veut imprimer le mot *Paris*, il faudra lancer des courants aux moments précis où le blanc et les types P, A, R, I, S, passent au-dessus du papier, ce qui détermine l'impression de ce mot à la première et puis à la seconde station, presque au même instant.

Toute la difficulté revient donc à lancer des courants électriques lorsque les types qui portent les lettres de la dépêche passent successivement au-dessus du papier, à la station de départ. Cela se fait au moyen d'un interrupteur à clavier et à plateau tournant.

A côté de la roue des types se trouve un arbre vertical qui tourne avec la même vitesse qu'elle, parce qu'il communique avec l'arbre horizontal de la roue des types, au moyen de deux roues d'angle qui ont le même nombre de dents. Cet arbre vertical emporte dans son mouvement une lame métallique horizontale qui décrit un cercle au-dessus d'un plateau percé de vingt-six trous équidistants et disposés circulairement sous la plaque tournante. Vingt-six petites tiges métalliques, qui communiquent avec l'un des pôles de la pile, sont disposées dans ces trous et peuvent s'élever au moyen de vingt-six touches d'un clavier. Les touches portent successivement le signe blanc et les vingt-cinq lettres de l'alphabet; les tiges correspondantes et les trous par lesquels elles peuvent passer se trouvent ainsi régulièrement affectés à ces divers caractères.

Supposons que le second pôle de la pile communique avec le sol; il est clair que les vingt-six tiges métalliques sont alors en état de communiquer l'électricité du premier pôle à l'arbre tournant et de là au fil de ligne qui est relié à cet arbre : il suffira de les soulever et de les mettre en contact avec la plaque tournante. Abaissons la touche du signe blanc; la tige métallique correspondante fera saillie au-dessus du plateau et sera touchée par la plaque à son passage; le courant électrique s'élancera donc sur l'arbre de rotation, dans le fil de l'électro-aimant, dans le fil de ligne, dans l'électro-aimant de la seconde station, et s'écoulera dans le sol : ce mouvement de l'électricité produira le contact des deux papiers sur les blancs des roues des types. Abaissons ensuite la touche P, puis la touche A, puis la touche R, et ainsi de suite; la lame tournante atteindra successivement les tiges P, A, R... au moment même où la roue voisine présentera ces lettres au papier, qui se soulève et en prend l'impression; il est évident que les lettres s'imprimeront aussi dans le même ordre à la seconde station.

Pour le succès de ce télégraphe, il faut que les deux mouvements d'horlogerie marchent parfaitement d'accord. On se sert pour les régler d'une lame vibrante chargée d'un poids qu'on peut soulever plus ou moins pour faire varier la durée des vibrations et obtenir la même vitesse de rotation. Mais cette vitesse, une fois obtenue, ne se conserverait pas la même pendant tout le temps que dure l'impression de la dépêche, en sorte que bientôt les deux appareils seraient en désaccord et la confusion s'établirait. Pour obvier à cet inconvénient, l'appareil remet lui-même l'accord entre les deux mouvements, dès qu'il y a une légère différence. L'arbre de la roue des types porte une roue à vingt-six dents équidistantes qui est liée à la première roue et tourne avec elle. Chaque fois que le papier se soulève pour l'impression d'une lettre, le châssis qui le porte engage une came entre les dents de la roue dentée; cette came pousse la dent sur la partie postérieure, s'il y a retard, ou arrête la dent sur sa partie antérieure, dans le cas contraire. De cette manière l'accord est rétabli à chaque impression de lettre. Aussi, lorsque l'impression est suspendue, on a soin de baisser la touche qui correspond au blanc, afin qu'à chaque tour de la roue des types la correction se produise.

XXIII

Avec le télégraphe Caselli, on transmet le *fac-simile* de l'écriture, des dessins et des portraits.

Le dessin qu'on veut transmettre est tracé à l'encre grasse sur une feuille de papier métallisée; il est reproduit sur un papier préalablement imprégné de cyanure jaune de potassium et de fer. Ces papiers sont portés sur des plaques de cuivre qui sont en relation avec le sol.

Deux styles de fer communiquent avec le fil de ligne et se meuvent avec la même vitesse sur les feuilles de papier; ils tracent ainsi chacun une série de hachures égales qui se succèdent à des intervalles fort rapprochés et équidistants, parce que, lorsqu'une hachure est tracée, les papiers glissent sous les styles et avancent par exemple d'un intervalle de $\frac{1}{3}$ de millimètre.

Le style de la station de départ communique non-seulement avec le fil de ligne, mais aussi avec le pôle positif d'une pile dont le pôle négatif est en rapport permanent avec le sol. Lorsqu'il est sur un trait d'encre, il transmet le courant de la pile au fil de ligne, au second style, au papier cyanuré et enfin au sol; le courant, en traversant le papier cyanuré, décompose le sel et produit du bleu de Prusse sous la pointe du style correspondant. Si le premier style est sur la partie métallique du papier, au lieu de transmettre l'électricité au sol par le fil de ligne, qui est très-long et oppose une grande résistance, il la fait écouler dans le sol par le plus court chemin; alors le style de la seconde station ne produit pas de trait bleu sur le papier cyanuré.

Il suit de là que les deux hachures correspondantes tracées par les styles auront le même nombre de traits en encre grasse ou bleue, et que ces traits seront de même longueur et espacés de la même manière. Lorsque les feuilles auront été entièrement parcourues par les styles, elles présenteront la même disposition de traits; en sorte que la figure produite sur le papier cyanuré sera le *fac-simile* de celle qu'on a voulu transmettre.

Pour que les traits soient semblablement espacés sur les hachures correspondantes, il faut que, malgré la distance, les deux styles soient animés de la même vitesse. On peut leur donner approximativement une vitesse égale, en les menant au moyen de pendules de même longueur; on n'aura plus ensuite qu'à forcer ces pendules à se mouvoir exactement de la même manière.

Chaque papier est porté sur une plaque de cuivre dont la forme est légèrement cylindrique. L'axe du cylindre sert d'axe de rotation à un levier à peu près vertical, qui porte le style par sa partie supérieure, et qui est mis en mouvement oscillatoire par un pendule de deux mètres, auquel il est attaché à l'aide d'une tige articulée.

L'égalité des pendules aux deux stations entraînerait l'égalité des vitesses des deux styles, s'il n'y avait pas des causes inégales de perturbation. C'est à cet inconvénient qu'il s'agit de remédier.

L'artifice qu'on emploie consiste à ramener le pendule au même écart dans chaque oscillation, et cela s'obtient par l'action de deux électro-aimants, qu'on fait agir à propos sur une masse de fer portée par le pendule. Aux deux extrémités de l'arc que doit parcourir cette masse de fer, on place, dans la direction même de l'arc, un fort électro-aimant cylindrique, et l'on dispose un commutateur de manière à faire arriver dans l'hélice de l'électro-aimant un courant dérivé pris sur le courant principal de la pile. Un bras qui est articulé à frottement dur sur la tige du pendule ferme le commutateur, lorsque l'armature de fer du pendule s'approche de l'électro-aimant. Alors celui-ci s'anime, attire l'armature, qui finit par le toucher; et un second pendule, appartenant à une horloge bien réglée et exécutant des oscillations très-régulières, interrompt le courant dérivé, à chaque oscillation double, en écartant un petit ressort; l'électro-aimant perd à l'instant même sa force, et le pendule de deux mètres commence une nouvelle oscillation. C'est ainsi que l'électro-aimant cesse d'être animé à des intervalles de temps toujours égaux, que le fer doux se détache à des époques équidistantes, et que les arcs parcourus sont les mêmes et présentent la même succession de vitesses.

D'après cela, si les pendules d'horloge sont bien réglés aux deux stations, les longs pendules oscilleront de la même manière, et les deux styles qu'ils mènent fourniront leurs traits successifs dans les mêmes conditions, ce qui est le but final qu'on voulait atteindre.

L'expérience montre que les oscillations de même sens qui sont identiques entre elles ne présentent pas cependant la même succession de vitesses que les oscillations de sens différents. Aussi réserve-t-on les oscillations de même sens pour une dépêche; le style se relève et ne produit aucun tracé pendant les autres oscillations. Afin de ne pas perdre le temps de ces dernières oscillations, on s'en sert pour transmettre une seconde dépêche au moyen d'un second appareil écrivant.

Les longs pendules du télégraphe Caselli accomplissent ordinairement quarante oscillations par minute, et les styles tracent quarante hachures espacées de $\frac{1}{3}$ de millimètre. En une minute les hachures extrêmes parcourues par les styles sont donc éloignées l'une de l'autre de 13 millimètres, et, en vingt minutes, de 260 millimètres. Comme on donne aux hachures une longueur de 11 centimètres, il s'ensuit qu'en vingt minutes l'appareil Caselli fournit le *fac-simile* de l'écriture, des portraits ou des dessins qui sont tracés sur une feuille métallisée de 11 centimètres de large sur 26 centimètres de haut.

La netteté de la reproduction exige que l'écriture primitive soit très-lisible et en gros caractères; elle exige aussi que l'on évite, par un artifice convenable, un inconvénient dont nous allons parler.

Nous ferons remarquer auparavant que le principe du télégraphe Caselli peut recevoir des applications diverses, et qu'il est utilisé d'une manière ingénieuse dans une machine à guillocher que l'on emploie journellement dans les ateliers de M. Christofle.

XXIV

Des expériences faites sur les longues lignes télégraphiques ont mis en évidence un fait de la propagation des courants que l'on avait prévu, mais qu'il était utile de constater.

Lorsque l'électricité de la pile est portée sur un fil télégraphique, le courant qui se propage et arrive à la seconde station, n'atteint pas immédiatement toute son intensité; il est d'abord très-faible, croît peu à peu, et s'élève bientôt à un maximum, qu'il conserve si la pile ne subit aucune modification. L'état variable du courant qui précède l'état définitif est naturellement fort court, et on ne pourrait pas le reconnaître, si le fil de ligne supposé aérien n'était pas suffisamment long; mais il devient sensible, lorsqu'il s'agit d'une distance de 500 kilomètres par exemple : la durée s'accroît à mesure que la distance parcourue est plus considérable.

Pour constater d'une manière certaine ce phénomène important, on fait aboutir le fil de ligne à un style de fer dont la pointe touche une bande de papier qui se déroule sous lui et qui est soutenue par un cylindre de cuivre relié à la terre. Le papier a été préparé pour cette expérience, et il est imprégné de cyanure jaune de potassium et de fer. Lorsque le courant lancé à la station de départ arrive au style de fer, il passe à travers le papier, qui est bon conducteur, et se rend à la terre par le cylindre de cuivre. Mais, dans son passage, il décompose le cyanure jaune de potassium et de fer, et, comme nous supposons que l'électricité positive a été communiquée par la pile au fil de transmission, le sel jaune de potassium se transforme en bleu de Prusse sous la pointe même du style. De cette manière, on reconnaît l'instant précis où le courant arrive à la seconde station et y acquiert une certaine intensité, car alors la pointe de fer produit un trait bleu visible.

Or on remarque que le trait bleu prend une teinte de plus en plus foncée et finit par devenir uniforme; d'où l'on conclut que le courant est devenu de plus en plus fort pendant cet état variable du trait bleu. La conclusion est légitime, car, si l'on opposait que la teinte graduellement croissante provient de ce que le bleu de Prusse ne se forme pas tout à coup dès que le courant passe, et qu'il y a de ce côté une certaine inertie à vaincre, l'objection tomberait bien vite devant cette simple observation, que, si l'on fait l'expérience sur une ligne télégraphique beaucoup plus longue que la première, le trait bleu à teinte croissante acquiert d'autant plus de longueur que la ligne est elle-même plus longue. Ainsi le courant commence en chaque lieu par un état variable dont la durée est appréciable sur les longues lignes et augmente avec la longueur des lignes.

Le même mode d'expérience sert à constater ce qui se passe lorsque le courant cesse. Si l'on interrompt la communication de la pile, le trait bleu que donnait le style de fer sur la bande de papier ne se termine pas brusquement avec toute sa teinte; mais son intensité diminue sur une certaine longueur, qui s'accroît lorsque la ligne devient elle-même plus longue.

M. Guillemin a fait des expériences diverses pour mesurer les durées de l'état variable, soit initial, soit final, en opérant sur une ligne de 500 kilomètres. On n'a pas trouvé pour durée de l'état variable initial la même valeur dans les déterminations successives, parce qu'il n'était pas possible de rendre identiques toutes les conditions des expériences comparées; l'isolement du fil de ligne, par exemple, ne peut pas rester constant, car il dépend de l'état de l'atmosphère. Néanmoins les nombres obtenus ont par eux-mêmes un certain intérêt. Les durées de l'état variable initial, dans les expériences de M. Guillemin, ont oscillé entre $0^m,015$ et $0^m,030$. L'état variable final s'est aussi présenté avec des durées diverses; mais ces durées ont été toujours plus grandes que celles de l'état variable initial, et elles ont paru en être à peu près le double.

La cause de l'état variable a été signalée depuis fort longtemps, puisque Ampère en parlait dès 1820; mais les lois de cet état ont été cherchées pour la première fois par Ohm. Ce savant assimilait la propagation de l'électricité dans les conducteurs à celle de la chaleur, et il pouvait ainsi appliquer à l'électricité les formules générales de Fourier. Des expériences faites avec des conducteurs imparfaits, tels que des colonnes d'huile, ou de longs fils de coton, ont permis à M. Gaugain de vérifier les conséquences générales de la théorie d'Ohm.

Quoi qu'il en soit, le phénomène en lui-même est fort remarquable, et il importe d'en tenir compte dans les applications à la télégraphie électrique. C'est ce que nous allons montrer au sujet du télégraphe Caselli.

Il est facile de concevoir quelle influence l'état variable des courants doit exercer sur la netteté du *fac-simile* que l'on obtient avec le télégraphe Caselli. Au moment où le style de la station de départ est sur un trait d'encre grasse, un courant est lancé sur la ligne et arrive à la seconde station pour tracer, à l'aide du style, un trait en bleu de Prusse. Ce trait commencera donc par être très-faible, deviendra de plus en plus accentué, puis, après avoir conservé son intensité maximum, s'il y a lieu, diminuera progressivement de force. Les traits, au lieu d'être nets, seront donc accompagnés de bavures; grave inconvénient, qui devra être écarté par quelque artifice. Pour cela M. Caselli a imaginé de maintenir le fil de ligne chargé d'électricité positive, pendant que le style de la station de départ est sur la partie métallisée du papier, afin que, lorsque ce style arrive sur l'encre grasse, le courant qui s'établit sur la ligne n'ait pas à acquérir un maximum d'intensité en passant par un état variable de durée plus ou moins longue. De même, lorsque le courant cesse d'être lancé, M. Caselli décharge immédiatement le style du récepteur avec de l'électricité négative qu'il lui fournit. Dans ces opérations, il fait usage de deux piles supplémentaires, qui sont interposées entre la ligne et les appareils à style et qui regardent la ligne par le côté de leur pôle positif. Ces piles ont pour effet évident de maintenir chargé d'électricité positive le fil de ligne pendant que le courant n'est pas lancé. Lorsque le style de la station de départ est sur un trait d'encre grasse, le courant de la pile principale placée à cette station lance son électricité positive à travers la pile supplémentaire voisine et rencontre la ligne chargée d'électricité positive, ce qui fait que le courant arrive à la seconde station avec une énergie suffisante pour donner immédiatement au trait bleu toute sa puissance, et cela malgré le fluide négatif que fournit en même temps la seconde pile supplémentaire. L'expérience montre que cet artifice suffit, car les traits commencent nettement. Lorsque le courant cesse, la deuxième pile supplémentaire, qui continue à donner du fluide négatif au style du récepteur, décharge immédiatement ce récepteur, et l'on reconnaît que les traits se terminent d'une manière non moins nette.

XXV

Les télégraphes de Morse, des frères Digney, de Hughes et de Caselli sont les seuls dont on se sert en France pour le service public des dépêches. Il en est d'autres toutefois qu'il convient de citer, notamment ceux de Froment, de MM. Bréguet, Sortais, Guillot et Gatyet, Joly, etc.

Le télégraphe de Bréguet est adopté presque exclusivement par les administrations des chemins de fer, parce que toute personne est en état de s'en servir sans connaître les détails de construction et pour ainsi dire sans exercice préalable. C'est pour cette raison qu'il peut être employé, même dans les gares les moins importantes, sans augmentation notable du personnel : il ne devait donc pas manquer de se répandre beaucoup.

Imaginons une sorte d'horloge à ressort dont l'aiguille se meut sur un cadran qui, au lieu des heures et des minutes, porte les vingt-cinq lettres de l'alphabet et une croix de repère. Les rouages intérieurs sont disposés de manière que, pour chaque oscillation du balancier, l'aiguille se meuve d'une division, c'est-à-dire se porte d'une lettre à la suivante. Si l'aiguille est placée sur la croix, et que l'on suppose le balancier mené avec la main, on pourra faire passer l'aiguille successivement sur les diverses lettres et l'arrêter un instant sur celles que l'on veut signaler et qui seront les lettres mêmes d'une dépêche à transmettre.

Au lieu d'être mû avec la main, le balancier oscille sous l'influence d'un ressort qui le tire dans un sens, et d'un électro-aimant qui tend à le faire mouvoir en sens opposé. Le mouvement de l'aiguille sur les lettres et ses arrêts peuvent donc s'obtenir en lançant d'une station éloignée une série convenable de courants instantanés. Le balancier de cet appareil n'est autre chose qu'un de ces leviers magnétiques dont nous avons si souvent indiqué l'emploi; il est formé d'une tige métallique verticale, qui porte une plaque de fer doux à sa partie inférieure et en face des pieds d'un électro-aimant horizontal, et dont la partie supérieure est tirée horizontalement par un ressort. A l'aide d'une fourchette verticale qui lui est adaptée, ce balancier mène l'arbre horizontal d'une pièce d'échappement qui arrête et délivre le rouage à chaque oscillation, et qui, par conséquent, suspend ou laisse libre l'action du grand ressort du rouage.

Voyons maintenant comment, à la station de départ, il est possible de lancer une série de courants qui mettent l'aiguille de l'appareil en mouvement et l'arrêtent un instant sur les lettres à signaler. Cela s'obtient à l'aide d'une manivelle qu'on peut faire tourner avec la main sur un cercle vertical muni des vingt-cinq lettres de l'alphabet et de la croix de repère. Supposons que cette manivelle soit placée sur la croix, et qu'il en soit de même pour l'aiguille du télégraphe à la station d'arrivée. Dans ces conditions, aucun courant n'est lancé, l'électro-aimant est inactif et l'aiguille reste en place, parce que le ressort du balancier retient ce levier, et, par lui, arrête l'effet du grand ressort du rouage. Portons la manivelle sur la lettre A; d'après la construction même du manipulateur, le circuit voltaïque se ferme, le courant s'élance de la station de départ, arrive à l'électro-aimant, l'anime et s'écoule dans le sol. La palette de fer du balancier est attirée par l'électro-aimant; le balancier exécute donc une oscillation et délivre un moment le rouage qui fait marcher l'aiguille d'un cran et la place sur la lettre A.

Si l'on porte maintenant la manivelle du manipulateur sur la lettre B, on ouvre, par ce fait même, le circuit voltaïque; l'électro-aimant du récepteur cesse d'être animé, et le ressort du levier magnétique fait exécuter au balancier une deuxième oscillation, ce qui délivre un instant le rouage et met l'aiguille sur la lettre B.

La manivelle étant amenée sur la lettre C, le circuit voltaïque se ferme de nouveau, et l'aiguille du récepteur s'avance sur la lettre C, et ainsi de suite.

Nous voyons par là que, lorsque la manivelle du manipulateur tourne, l'aiguille du récepteur se meut aussi, et que les mêmes lettres sont indiquées en même temps par la manivelle et par l'aiguille. La transmission de la dépêche est donc facile par ce mode d'opération.

Il reste à voir comment la manivelle, en passant successivement sur les diverses lettres de son cadran, ferme et ouvre le circuit de la pile. L'arbre de cette manivelle porte une roue qui tourne comme elle; cette roue est creusée, sur sa partie plate, d'une rainure régulière qui a treize rentrants et treize saillants. Dans cette rainure peut glisser une goupille qui est attachée à l'extrémité supérieure d'un levier dont la partie inférieure se meut entre deux buttoirs. La manivelle entraîne la goupille et fait exécuter au levier vingt-six oscillations entre les deux buttoirs pendant une révolution de la roue. On peut donc se servir de ce levier pour ouvrir et fermer alternativement le circuit voltaïque.

La pile qui est à la station d'arrivée communique d'une manière permanente avec la terre par l'un de ses pôles, et avec l'un des buttoirs par l'autre pôle. Le levier qui oscille entre les deux buttoirs communique avec le fil de ligne, et ce fil avec l'un des bouts de l'hélice de l'électro-aimant, par suite avec la terre qui est en rapport avec le second bout de l'hélice. Le circuit voltaïque sera donc fermé quand le levier mobile touchera le buttoir électrisé, et il sera ouvert dès que le contact cessera. On voit donc comment, à l'aide de la manivelle du récepteur, on peut ouvrir et fermer le circuit voltaïque, et, par suite, faire marcher le récepteur de la station d'arrivée.

XXVI

L'électro-aimant d'Ampère et d'Arago a été appliqué à des machines moins complexes que les télégraphes, et qui rendent toutefois de grands services : l'une des plus simples est la sonnerie à trembleur de Froment.

Elle consiste en un électro-aimant ordinaire, muni d'une armature oscillante et disposée de manière à frapper sur un timbre. L'électro-aimant, qui est en forme de fer à cheval, a ses deux branches horizontales et au-dessus l'une de l'autre. Son armature est un cylindre de fer creux, à peu près vertical, et porté par un ressort qui le détache du contact de l'électro-aimant, l'appuie contre un ressort fixe et le met ainsi en communication avec la terre. Le fil conducteur de l'électro-aimant est, par l'un de ses bouts, en rapport avec le fil de ligne, et, par l'autre, avec le pied de l'armature.

Lorsqu'un courant passe par le fil de ligne et anime l'électro-aimant, il s'écoule dans le sol par l'armature et le ressort contre lequel elle est ordinairement appuyée. Mais la communication avec le sol est bientôt interrompue par l'attraction que l'électro-aimant exerce sur son armature et qui la détache de l'appui; alors le courant, ne pouvant plus s'écouler dans le sol, cesse d'animer l'électro-aimant, et l'armature, qui n'est plus attirée, vient se reposer contre son appui ordinaire, ce qui rétablit la communication avec le sol, anime de nouveau l'électro-aimant, détache l'armature, et ainsi de suite. Un petit marteau, que porte l'armature à sa partie supérieure, frappe sur un timbre chaque fois que l'électro-aimant s'anime.

Ce genre de sonnerie est celui qui est ordinairement employé dans les bureaux télégraphiques, parce que le bruit n'est pas incommode et que le mécanisme ne se dérange pas facilement. Dans les bureaux de chemins de fer, on préfère une sonnerie plus énergique pour qu'elle soit aisément entendue des agents; là on se sert d'un timbre à rouages d'horlogerie, qui est déclanché par un électro-aimant, dès que ce dernier appareil est animé par un courant électrique.

XXVII

Indépendamment des usages ordinaires auxquels on applique les sonneries, on peut employer ce genre d'appareil électrique, soit pour mettre les agents d'un train en communication les uns avec les autres, soit pour réclamer du secours, soit aussi pour reconnaître une rupture d'attelage.

Le système de M. Prudhomme fournit un moyen simple d'obtenir ces divers résultats. L'administration du chemin de fer du Nord l'emploie dans tous les trains de voyageurs, et dès aujourd'hui on s'occupe d'en étendre l'usage sur les autres grands réseaux. On sait que M. le Ministre des travaux publics a prescrit à toutes les Compagnies d'adopter des mesures propres à atteindre le principal but que nous avons indiqué.

Dans le système Prudhomme, les deux fourgons extrêmes qui encadrent les diverses voitures d'un train contiennent une pile composée de six éléments Marié-Davy, et une sonnerie électrique. Un fil conducteur isolé parcourt les fourgons et toutes les voitures, et il est en communication permanente avec les pôles de même nom des deux piles. Un second fil métallique, qui aboutit aux essieux des roues, met en rapport avec la terre les deux autres pôles des piles.

Si le fil isolé est mis en communication avec la terre sur un point quelconque de son parcours, il livre immédiatement passage au courant électrique, qui traverse les sonneries, les fait jouer, avertit ainsi les agents du train, et même, par des conventions faciles à imaginer, leur transmet diverses indications. Près de chaque pile et dans chaque fourgon, un support communique avec la terre, le fil isolé passe au-dessus de lui et peut s'y appliquer à l'aide d'une pression exercée sur un bouton. Ce contact fait jouer les sonneries. Les voyageurs qui veulent réclamer du secours n'ont qu'à presser un bouton placé dans la voiture; à l'instant, le fil isolé touche un support qui communique avec le sol, et le jeu des sonneries se produit. Dans ce cas, l'action exercée sur le bouton fait sortir de chaque côté de la voiture deux ailettes blanches qui indiquent aux agents dans quel compartiment le secours est réclamé.

Le fil isolé passe d'une voiture à l'autre au moyen d'un fort crochet porté par chaque voiture et relevé par un anneau de métal qui est relié à la voiture suivante à l'aide d'une corde à âme métallique. S'il y a rupture d'attelage, le crochet et l'anneau se séparent; le crochet retombe alors sur un bouton métallique qui communique avec la terre, le fil isolé se trouve ainsi relié au sol, et les sonneries, se mettant à jouer, avertissent de la rupture les agents du train et toutes les personnes intéressées.

Dans la pratique, les communications de voiture à voiture s'établissent d'une manière très-simple : les sonneries ne cessent de jouer pendant l'organisation du train, et ne s'arrêtent que lorsqu'elle est complète; chacun peut donc s'apercevoir d'un oubli commis, s'il y a lieu.

XXVIII

On a beaucoup utilisé dans les chemins de fer les sonneries à électro-aimant. Par exemple, lorsqu'on veut couvrir une gare qui est occupée par une manœuvre ou par un train qui y stationne accidentellement, on se sert d'un grand disque blanc et rouge qui est porté par un mât à 1,500 ou 1,800 mètres de la gare, et qui peut tourner autour d'un axe vertical. Le disque placé perpendiculairement à la voie annonce que la gare n'est pas libre; s'il est parallèle à la voie, c'est que la gare n'est plus occupée. Cette manœuvre du disque est très-simple et s'obtient à l'aide d'un fil de fer qui exerce une traction propre à le faire tourner. La traction se produit au moyen d'un levier placé près de la gare. Or il arrive souvent que le disque ne peut pas être vu de la gare à cause de la courbure de la voie; il est utile cependant de pouvoir contrôler la direction, et l'on y arrive à l'aide d'une sonnerie électrique. La pile placée dans la gare a l'un de ses pôles en communication permanente avec la terre et l'autre avec un fil isolé, porté par les poteaux télégraphiques et aboutissant au support de l'arbre du disque; de là ce fil se rend à une lame d'acier horizontale et flexible, qui se termine par un contact de platine ou d'argent. La sonnerie tintera dès que la lame d'acier sera mise en rapport avec la terre. Or l'arbre qui porte le disque indicateur est muni d'une tige de fer qui communique avec le sol. Cette tige est horizontale et terminée par un contact de platine ou d'argent. Sa direction est presque perpendiculaire à celle de la lame d'acier, lorsque le disque indicateur est parallèle à la voie. Si ce disque est mis perpendiculairement à la voie, la tige de fer vient s'appuyer contre le ressort d'acier et le met ainsi en relation avec la terre, ce qui fait jouer la sonnerie de la gare et avertit les agents que la gare est couverte.

A peu de distance de l'une des gares du chemin de fer du Bourbonnais, il y a cinq passages à niveau qui ont leurs gardes-barrière respectifs; chacun de ces derniers a chez lui une pile à sonnerie; les pôles de même nom sont à la terre et les autres en communication avec un fil isolé qui aboutit à la gare. Si dans la gare on met à la terre le fil qui est isolé, on fait jouer toutes les sonneries à la fois, et l'on prévient les gardes de l'arrivée d'un train ou de l'exécution de diverses manœuvres touchant à la circulation.

Les sonneries électriques sont aussi employées pour signaler le passage des trains dans les tunnels qui ont plus de 600 mètres en ligne courbe et plus de 1,000 mètres en ligne droite. Afin que deux trains ne s'engagent pas simultanément dans la même direction, il faut couvrir le tunnel dès qu'un train s'est engagé. A l'entrée du tunnel, on met deux fois à la terre le fil isolé qui aboutit à la sonnerie de la sortie du tunnel, pour indiquer l'entrée d'un train ou d'une machine; le garde de l'autre extrémité répond, par un coup de timbre, qu'il a reçu l'avis, puis il fait savoir par trois coups de timbre que le train est sorti.

XXIX

Jusqu'ici nous avons vu l'électro-aimant employé pour obtenir un mouvement de va-et-vient dans un levier qui portait à l'une de ses extrémités une armature de fer doux, et dont le second bras était sollicité d'une manière permanente par un ressort. On peut réaliser avec l'électro-aimant un mouvement du même genre par une autre méthode, qui a été appliquée sur les chemins de fer de la Compagnie de Paris à la Méditerranée. Concevons un électro-aimant droit et horizontal, dont le fil aboutit, d'une part, soit au pôle positif, soit au pôle négatif d'une pile, à l'aide d'un commutateur qui met en même temps le second pôle à la terre; et, d'autre part, à une sonnerie électrique qui communique avec le sol. L'une des extrémités de l'électro-aimant agit sur l'un des bouts d'une aiguille de fer doux, qui peut tourner autour de l'axe de l'électro-aimant, dans un plan vertical et perpendiculaire à cet axe. On place l'extrémité libre de l'aiguille entre les pieds d'un aimant ordinaire en forme de fer à cheval, dont les branches sont dans un plan horizontal et dont l'axe est au-dessous de l'axe de l'électro-aimant. Il est clair qu'en faisant passer un courant tantôt *positif*, tantôt *négatif*, on communiquera à l'extrémité libre de l'aiguille, successivement, un pôle *boréal* et un pôle *austral*, si le fil de l'électro-aimant est enroulé dans un sens convenable : alors cette aiguille se portera sur le pôle *austral* de l'aimant ou sur son pôle *boréal*. Le mouvement de va-et-vient de l'aiguille n'exige ni ressorts, ni rouages à remonter; l'appareil est dans les meilleures conditions pour ne pas subir de dérangements. Si l'on met au-dessous du pôle *austral* de l'aimant fixe les mots : *voie libre*, et au-dessous du pôle *boréal* les mots : *voie occupée*, l'aiguille se portera sur la première ou la seconde de ces indications, suivant que le courant sera *positif* ou *négatif*, et elle s'y maintiendra jusqu'à ce qu'un courant contraire soit lancé.

Entre Darcey et Dijon, sur les longues et fortes rampes qui servent à franchir la ligne de faîte entre les bassins de la Seine et du Rhône, on a disposé, de 4 kilomètres en 4 kilomètres, des appareils analogues à ceux que nous venons de décrire. De cette manière, les trains peuvent se suivre à 4 kilomètres de distance, sans qu'il y ait possibilité de collision, car, dès qu'un train passe à l'une des stations, on avertit la station suivante; celle-ci fait connaître qu'elle a reçu l'avertissement en lançant un courant qui met les aiguilles sur les mots : *voie occupée*. On avertit aussi la station qui précède en lançant vers elle un courant qui met les aiguilles sur les mots : *voie libre*. Ce mode de signaux est pratiqué, entre Paris et Moret, sur la voie commune aux lignes de la Méditerranée et du Bourbonnais, où la circulation extrêmement active, soit pour les trains de grande ligne, soit pour les nombreux trains de banlieue, exige que deux trains ne se trouvent jamais engagés en même temps dans la même direction entre deux stations ou gares voisines; ce qui est obtenu facilement avec l'appareil indicateur de Tyer.

C'est aussi avec cet appareil qu'on assure une complète sécurité aux trains qui passent dans les tunnels de Blaizy, de Saint-Irénée, du Credo et de la Nerthe.

XXX

Les télégraphes imprimeurs et les divers appareils que nous venons de voir employés sur les chemins de fer sont d'heureuses applications de l'électro-aimant; mais il est une foule d'autres appareils non moins ingénieux qui tirent leur efficacité de la même puissance : tels sont les régulateurs de la lumière électrique, les interrupteurs de courant, les horloges électriques, les moteurs électro-magnétiques, l'électro-trieur et le frein électrique. Nous allons les indiquer, afin que l'on puisse se former une idée complète des ressources que la mécanique appliquée trouve dans l'invention de l'électro-aimant.

Lorsque le courant électrique fournit une vive lumière par son passage entre deux charbons en contact, ces charbons brûlent en plein air et s'usent; d'ailleurs il se produit un transport de charbon enlevé au pôle positif et déposé sur le pôle négatif. Si la distance des deux crayons ne devient pas trop grande, le courant continue à passer et forme entre eux une colonne de lumière éblouissante; mais l'éclat de cette lumière diminue en même temps que la force du courant, à mesure que l'écart des charbons devient plus considérable. D'un autre côté, malgré les précautions employées pour maintenir constante la source d'électricité, il peut se produire des variations accidentelles qui augmentent la vivacité de la lumière ou la diminuent. Afin de maintenir la lumière constante, ce qui est indispensable dans les applications, il faut qu'on puisse rapprocher les charbons dans une juste proportion, lorsque le courant perd de sa puissance.

Un électro-aimant animé par le courant même qui donne la lumière subit, dans sa force, des variations analogues à celles de ce courant; il agit donc sur son armature et sur le levier qui la porte avec une énergie variable, et l'on peut se servir du mouvement de ce levier pour approcher ou écarter les charbons de la quantité nécessaire. Le système intermédiaire, qui est propre à établir la communication du mouvement du levier magnétique aux charbons, n'est pas le même dans les divers appareils et atteint le but avec plus ou moins d'exactitude; c'est par lui que diffèrent les divers régulateurs électriques.

En France on s'est longtemps servi du régulateur de M. Duboscq dans les expériences de physique sur la lumière électrique. Pour les applications industrielles de cette lumière, on emploie aujourd'hui les régulateurs de M. Serrin et de M. Foucault.

XXXI

Dans le régulateur de M. Serrin, l'électro-aimant à levier magnétique soulève son armature jusqu'à ce que, par le mouvement du second bras de levier, une lame d'embrayage qui s'abaisse vienne arrêter un système de rouages; alors les deux charbons sont à la place normale que l'on veut conserver, ou plutôt constamment rétablir, dès que les charbons se seront un peu trop écartés.

Comme, dans leur position normale, les charbons s'usent, et que leurs extrémités s'éloignent, l'intensité du courant s'affaiblit, l'électro-aimant perd de sa force, l'armature est moins attirée et s'abaisse, la lame d'embrayage se soulève et finit par délivrer le rouage. Alors ce rouage, mis en mouvement, rapproche les charbons, et, à mesure que ces derniers reprennent leur position normale, le courant augmente d'énergie, l'électro-aimant devient plus fort, l'armature se soulève, la lame d'embrayage descend et finit par arrêter le rouage dès que les charbons sont au point. On voit que par ce jeu la diminution d'éclat dans la lumière électrique est constamment corrigée.

Quant à la manière dont le rouage fait mouvoir les charbons, on la concevra aisément si l'on remarque qu'un treuil horizontal et faisant partie du rouage communique avec les deux tiges verticales qui portent les deux charbons l'un au-dessus de l'autre. Ce treuil, en tournant librement, fait descendre le charbon supérieur, qui sert de pôle positif, et fait monter le charbon inférieur, qui est un pôle négatif. Ces deux mouvements contraires s'obtiennent par la rotation du treuil, lorsque l'une des tiges verticales est menée par la roue et l'autre par le cylindre. Si le rayon de la roue est double de celui du cylindre, le charbon qui lui correspond fera deux fois plus de chemin que l'autre; les deux rayons sont les mêmes quand l'électricité est fournie par une machine d'induction, parce qu'alors les charbons s'usent également. La communication de la roue se fait par l'engrenage des dents de cette roue avec la crémaillère verticale qui porte la tige du charbon positif. La communication du cylindre s'obtient par l'entremise d'une corde enroulée sur lui, passant sur une poulie de renvoi, et aboutissant à la pièce horizontale qui sert de support mobile à la tige du charbon négatif.

XXXII

Dans le régulateur de M. Foucault, les deux charbons sont menés en sens contraire par deux roues dentées, qui sont montées sur un même arbre et qui engrènent avec les crémaillères des tiges à charbon. Si les roues ont le même nombre de dents, les deux charbons s'écartent ou s'éloignent l'un de l'autre avec la même vitesse; lorsque l'une des roues a deux fois plus de dents que l'autre, le charbon correspondant se meut deux fois plus vite.

Pour faire tourner le cylindre de ces roues dentées dans l'un ou l'autre sens, on fait agir sur lui deux mouvements d'horlogerie différents; l'action des deux systèmes de rouages est arrêtée quand les charbons se trouvent à la distance voulue pour une bonne émission de la lumière électrique. Une tige à détente, qui est portée par le levier magnétique d'un électro-aimant, engage alors ses deux ancres dans les pignons extrêmes et suspend le mouvement que les deux ressorts tendent à produire. Lorsque le courant s'affaiblit convenablement, le levier magnétique fait pencher d'un côté la tige à détente et délivre le mouvement d'horlogerie qui tend à rapprocher les charbons; si le courant vient à prendre accidentellement plus de force, le levier magnétique incline en sens contraire la tige à détente, finit par délivrer le second système de rouages et fait écarter ainsi les deux charbons.

Par l'interposition d'une roue satellite, on évite que les deux rouages se contrarient dans leur action sur le cylindre des crémaillères. Le mouvement produit par le ressort le plus faible est transmis à une partie des rouages de son système, à l'aide d'un pignon qui, au lieu d'être monté sur l'axe de la roue satellite, est placé près de son bord. De la sorte on peut faire tourner cette roue en sens contraire de son premier mouvement, quand le reste des rouages est arrêté par l'ancre de la tige à détente. Il faut pour cela lui appliquer une force supérieure à celle qui provient du premier ressort; alors le cylindre qui contient ce ressort est obligé de tourner en sens contraire de sa rotation naturelle, ce qui permet de donner aux charbons un mouvement inverse. C'est avec la puissance du second système de rouages que l'on produit ce mouvement opposé. Il suffit que cette puissance soit convenablement énergique, et qu'elle communique avec la roue satellite par une roue dentée excentrique, dont l'axe est le même que celui du pignon excentrique placé de l'autre côté. Il est évident que cette roue excentrique ne contrarie pas le premier mouvement de la roue satellite lorsque le second système de rouages est arrêté par l'ancre de la tige à détente.

Le levier magnétique de l'électro-aimant est modifié d'une

manière importante; il est composé de deux leviers. Le premier porte, à l'un de ses bras, l'armature de fer doux et la tige à détente, et il reçoit sur son autre bras la pression d'un second levier, qui s'appuie sur lui par une surface courbe : c'est à l'extrémité de ce dernier levier qu'on applique le ressort. L'appareil est disposé de façon que, lorsque le courant a sa force normale, le levier magnétique soit horizontal; alors la tige à détente est verticale, et les deux ancres retiennent les deux systèmes de rouages. Si le courant s'affaiblit un peu, l'armature s'élève, son levier s'incline; en même temps le point d'application de la pression qu'éprouve son second bras se rapproche du centre de rotation, ce qui affaiblit l'effet du ressort et rend possible l'équilibre du levier dans une position peu différente de la première. Si le courant s'affaiblit davantage, il se produit une nouvelle position d'équilibre du levier, et ainsi de suite, jusqu'à ce que l'affaiblissement du courant soit tel que, dans la position actuelle du levier, la tige à détente délivre le rouage qui fait rapprocher les charbons. L'effet inverse se produirait si la force du courant s'élevait au-dessus de l'intensité normale; et, lorsque son accroissement serait suffisant, l'inclinaison du levier permettrait à la tige des ancres de délivrer le système de rouages qui fait écarter les charbons. On conçoit d'après cela qu'on peut régler les inclinaisons extrêmes du levier de manière que la force du courant ne puisse osciller que dans des limites déterminées autour de sa valeur normale, ce qui est la solution la plus satisfaisante de ce genre de problèmes. Si l'on ne se servait pas d'un levier à résistance variable, l'un ou l'autre des deux rouages serait désembrayé pour peu que la force du courant variât, et il s'établirait dans les rouages un mouvement continuel, résultat fâcheux en lui-même et sans utilité réelle pour le but qu'on veut atteindre. C'est à M. Robert Houdin qu'on doit le premier emploi du levier à résistance variable appelé *répartiteur*.

Le régulateur de M. Foucault a l'avantage de pouvoir être incliné par rapport à l'horizon, ce qui permet de l'installer sur les vaisseaux.

XXXIII

M. Foucault a imaginé d'employer le mouvement oscillatoire du levier magnétique d'un électro-aimant pour ouvrir et fermer, très-rapidement et avec une grande régularité, le circuit d'une pile voltaïque.

C'est principalement aux grandes machines d'induction que cet appareil est appliqué, et nous verrons, à leur occasion, les avantages qui le distinguent.

Ampère a eu le premier l'idée d'ouvrir et de fermer le circuit de la pile au moyen d'un appareil spécial, qu'on appelle *interrupteur* quand il n'a pas d'autre effet à produire, et qu'on désigne sous le nom de *commutateur* quand il sert, non-seulement à interrompre et à rétablir le courant, mais aussi à le renverser. Cette petite machine a reçu des applications si nombreuses et si variées, qu'elle a naturellement subi des modifications diverses et qu'elle a été considérablement perfectionnée. Nous avons indiqué des interrupteurs de diverses formes dans les appareils télégraphiques; nous avons aussi fait connaître un interrupteur à électro-aimant en parlant des relais, puisque dans ce genre d'appareils le levier magnétique d'un électro-aimant, au lieu d'écrire les dépêches, a pour fonction d'ouvrir et de fermer le circuit d'une pile locale dont le courant doit transmettre la dépêche dans un lieu plus éloigné. Il est clair que le levier magnétique servant ainsi à ouvrir et à fermer le circuit d'une pile peut être également employé à ouvrir et à fermer le circuit même dont l'électro-aimant fait partie : c'est ce qui a lieu dans la plupart des machines électro-magnétiques du même genre que celle de Ruhmkorff. Toutefois un inconvénient se présente dans ces applications, inconvénient qui se produit surtout avec les puissantes machines : les étincelles d'induction altèrent les surfaces par lesquelles s'opère le contact, même lorsque ces surfaces sont en platine; de là une irrégularité dans le mouvement oscillatoire du levier et une diminution de puissance dans les appareils. D'ailleurs la construction du levier elle-même n'assure pas toujours l'isochronisme des oscillations.

L'interrupteur de M. Foucault fait disparaître ces inconvénients. Supposons que le levier magnétique d'un électro-aimant soit construit avec toutes les précautions nécessaires pour que les oscillations soient très-régulières; il sera facile de s'en servir pour fermer et ouvrir régulièrement le circuit d'une pile voltaïque. Il suffira de le faire communiquer avec l'un des pôles de la pile, et de mettre le second pôle en communication avec un corps bon conducteur que le levier viendra toucher dans ses oscillations successives : à chaque contact, le circuit sera fermé. Pour établir ce contact, le levier de l'appareil de M. Foucault porte une pointe métallique qui vient toucher la surface d'une petite masse de mercure mise en communication avec la pile, et s'y introduit à peine. Le mercure est surmonté d'une couche d'alcool; de cette manière l'étincelle qui se produit au moment où la pointe sort du bain métallique ne brûle pas la surface du métal, et les communications successives se font toujours dans des conditions équivalentes. Ainsi se trouve éliminée l'action que l'étincelle exerce sur les surfaces de contact. Il est clair qu'on agira de même pour l'ouverture et la fermeture du circuit spécial dont l'électro-aimant fait partie. Il y aura aussi pour lui un vase à mercure et à alcool, et une pointe métallique portée sur le levier de l'électro-aimant.

Il reste à donner à ce levier des oscillations régulières. M. Foucault a mis à profit les vibrations isochrones des verges vibrantes. Le levier magnétique est porté, à peu près horizontalement, par une lame à ressort, qui est verticale et se trouve encastrée à sa partie inférieure. La durée des vibrations de la lame est augmentée ou diminuée au moyen d'une masse métallique qu'on peut élever plus ou moins sur le ressort. Inclinons le levier et faisons pénétrer la pointe métallique dans le mercure qui communique avec l'un des pôles de l'élément voltaïque; alors le circuit de cet élément sera fermé, puisque le second pôle communique avec le levier, et l'électro-aimant qui fait partie du circuit s'animera; l'armature du levier sera donc attirée. Ainsi, pendant que l'élasticité de la lame tend à ouvrir le circuit, cette lame reçoit une impulsion par l'action de l'électro-aimant sur l'armature. Il résulte de là que les oscillations successives de la lame seront de même amplitude et de même durée, et que, pour chacune d'elles, la fermeture et l'ouverture du circuit se renouvelleront dans des conditions constantes.

Avec cet appareil on peut obtenir soixante oscillations par seconde, et reconnaître par l'ouïe leur régularité.

XXXIV

L'électro-aimant a été appliqué d'une manière fort heureuse à la mesure du temps, soit pour faire marcher d'accord une série d'appareils indiquant les heures et les minutes, soit pour construire une horloge électrique type destinée à donner elle-même le mouvement aux autres appareils, soit pour régler, d'heure en heure par exemple, la marche d'une horloge ordinaire; soit enfin pour mesurer de très-courts intervalles de temps, tels que la durée du mouvement d'un projectile. Les premiers appareils de cette nature ont été imaginés par M. Bain et par M. Wheatstone.

Supposons que le circuit d'une pile se trouve tour à tour fermé et ouvert, et que les fermetures se succèdent régulièrement de seconde en seconde; un électro-aimant placé dans ce circuit s'animera dans les mêmes intervalles de temps, attirera son armature mobile, et, par le bout libre du levier qui la porte, il pourra exercer une pression. Si le levier agit sur une roue de soixante dents, il lui fera décrire un tour complet en une minute; l'aiguille de la roue marquera donc les secondes. On conçoit que, par des rouages convenables, on parvienne ainsi à obtenir les diverses divisions du temps.

Le même circuit peut animer un nombre plus ou moins grand d'électro-aimants, et, par suite, d'appareils indicateurs des heures. Une seule pile suffira, et il n'y aura qu'à fermer régulièrement son circuit de seconde en seconde. Au lieu de faire passer le circuit principal de la pile par les divers appareils indicateurs du temps, il vaut mieux établir sur ce circuit une dérivation pour chaque horloge. De cette manière, les appareils ne sont pas solidaires, et l'un d'eux peut être arrêté sans que les autres cessent de fonctionner. Quant à la fermeture régulière du circuit principal, elle s'obtient avec une horloge type.

XXXV

Dans le système de M. Garnier, l'horloge type est une horloge ordinaire, à laquelle on adapte un rouage propre à ouvrir et à fermer régulièrement le circuit de la pile. Ce rouage, dont le mouvement est réglé au moyen de la roue d'échappement, se termine par un moulinet à quatre ailes, qui viennent successivement presser et soulever un levier. Celui-ci communique avec l'un des pôles de la pile, et peut s'appuyer contre un autre levier, qui est en rapport avec le second pôle : il le touche en effet, lorsque l'aile du moulinet le soulève; c'est au moment du contact que le circuit de la pile se ferme.

XXXVI

Froment imagina une horloge type dont la marche est réglée par l'électricité elle-même. Cette horloge se compose d'un balancier ordinaire, suspendu par un ressort à une pièce fixe. Le circuit de la pile, qui comprend un électro-aimant vertical, aboutit, d'une part, au balancier, et, d'autre part, à une pièce mobile, laquelle soutient une petite masse métallique qui peut être emportée par le pendule. Pendant que cette masse se meut, le circuit de la pile reste fermé. Dans l'oscillation descendante, la masse s'arrête au moment où elle atteint un certain niveau inférieur à celui du point de départ, et alors elle se sépare du balancier. De cette manière, une impulsion est communiquée au pendule, et se renouvelle toujours la même à chaque oscillation, ce qui donne aux oscillations une amplitude et une durée constantes. C'est le levier magnétique de l'électro-aimant qui est chargé de limiter rigoureusement les oscillations de la masse mobile. A cet effet, il se meut entre deux buttoirs à vis que l'on règle convenablement. Lorsque l'électro-aimant est inactif, l'extrémité libre du levier soutient la masse additionnelle dans la position de départ; lorsqu'il s'anime, il attire l'armature du levier, qui abaisse sa seconde extrémité au point même où il doit recevoir la masse mobile pour la relever et la placer à son premier niveau, dès que l'action de l'électro-aimant cesse.

Supposons maintenant que le balancier oscille. Lorsque sa tige se porte du côté de la masse mobile, elle soulève cette masse au moyen d'une vis latérale, et l'entraîne. Alors l'électro-aimant s'anime, soulève l'armature, et fait abaisser l'extrémité libre du levier, qui se place dans une seconde position fixe et réglée d'avance. Lorsque le balancier redescend, il emporte la masse mobile sur la vis latérale qui la soutient, ne l'abandonne pas au moment où cette masse revient à sa position de départ, puisque le levier s'est abaissé; il continue donc à être poussé par elle, jusqu'à ce que la masse se détache, ce qui arrive lorsqu'elle atteint le levier. Dans cette course entre son point de départ et son point d'arrivée, la masse communique au balancier une vitesse qui dépend de la différence des niveaux de ces deux points, et qui se reproduit la même à chaque oscillation complète. Dès que la masse abandonne le pendule, le circuit de la pile s'ouvre, l'électro-aimant devient inactif, le levier magnétique n'est plus attiré, se relève du côté de la masse mobile et vient reprendre sa première position. On voit par là que le balancier fait des oscillations isochrones. En réglant l'étendue de l'excursion de la masse mobile, on peut accélérer plus ou moins le mouvement du balancier, et, par suite, lui faire battre rigoureusement la seconde, ou tel autre intervalle de temps qu'on veut.

Lorsque le balancier bat la seconde, il ferme le circuit de la pile dans le même intervalle. Cela permet de faire marcher régulièrement et simultanément une série d'appareils indicateurs du temps.

Froment construisit aussi des appareils indicateurs, et il leur appliqua des perfectionnements notables, surtout par l'emploi d'un levier propre à éviter, autant que possible, les chocs sur les roues dentées.

XXXVII

On emploie encore l'électro-aimant à régler, d'heure en heure par exemple, une série d'horloges sur une horloge type.

L'horloge type sert à fermer, exactement à chaque heure, le circuit d'une pile voltaïque destiné à animer un électro-aimant placé dans chaque horloge à régler. L'électro-aimant soulève son armature, qui porte une tige verticale à fourchette. En s'élevant, la fourchette prend une cheville horizontale qui est implantée sur l'aiguille des minutes, et force cette aiguille à se placer juste à l'heure, qu'elle soit en retard ou en avance, peu importe. La durée du courant est très-courte, en sorte que l'aiguille des minutes, après avoir été placée au point, se trouve immédiatement délivrée de la fourchette, qui s'abaisse aussitôt que l'électro-aimant cesse d'agir sur l'armature.

XXXVIII

L'électro-aimant a été appliqué à divers appareils propres à mesurer des intervalles de temps très-courts, l'intervalle, par exemple, qui sépare le moment où un projectile quitte l'arme à feu et celui où il atteint la cible. L'application à ce cas spécial, que M. Wheatstone a faite le premier, peut être réalisée par la méthode suivante, due à M. Bréguet.

Deux électro-aimants, munis de leurs armatures, que portent deux leviers à ressort du premier genre, sont animés par le courant d'une pile dont le circuit se divise en deux parties : l'une passe devant l'ouverture de la bouche à feu, au moyen d'un fil très-fin qui est tendu près de l'orifice; l'autre passe par la cible et se trouve interrompue dès que celle-ci éprouve un déplacement. Lorsqu'on lance un projectile, ce corps, à sa sortie, coupe le fil tendu à l'ouverture de l'arme, ce qui interrompt la première partie du circuit; puis il frappe la cible dont le mouvement interrompt la seconde partie. Or les deux électro-aimants sont animés chacun par l'une des deux parties du circuit; leurs armatures sont délivrées aux instants mêmes de départ et d'arrivée du projectile; les leviers, qui portent un style, abaissent tour à tour leur style sur un cylindre qui tourne d'un mouvement uniforme et tracent sur ce cylindre des lignes sensiblement perpendiculaires à l'axe. L'une des lignes commence son tracé avant l'autre, et c'est le retard des deux tracés qu'il s'agit d'apprécier. Or on a, par exemple, réglé l'appareil de telle manière que les styles abaissés simultanément sur le cylindre tournant rencontrent une même arête de ce cylindre. Donc, quand ils s'abaissent successivement, l'arc de cercle qui sépare les arêtes où commencent les deux tracés peut servir à mesurer le temps écoulé, et on a cette mesure lorsque l'on connaît la durée de rotation du cylindre. On conçoit que l'appareil mobile, en même temps qu'il tourne, doit glisser dans le sens de son axe.

XXXIX

Le chronoscope de M. Martin de Brettes, fondé sur le même principe général, présente des modifications qui permettent d'atteindre une grande précision dans la mesure de l'intervalle de temps écoulé entre les deux passages du projectile par les points où l'on a tendu les fils qu'il doit rencontrer et briser.

Un rayon horizontal et terminé en pointe tourne d'un mouvement continu avec une vitesse constante, que nous supposerons portée à un tour par seconde. La pointe de ce rayon se meut devant une bande cylindrique argentée et sur laquelle est tracé un cercle divisé en mille parties, par exemple. Le centre de ce cercle coïncide avec l'axe de rotation du rayon horizontal.

Les deux bouts de l'hélice extérieure d'un électro-aimant à double hélice communiquent, d'une part, avec le rayon mobile, et, de l'autre, avec le cylindre qui porte le cercle divisé. L'hélice intérieure de l'électro-aimant reçoit le courant d'une pile voltaïque dans le circuit de laquelle se trouve le fil tendu devant la bouche à feu. Lorsque le projectile rompt ce fil, le courant voltaïque cesse; il se produit dans l'hélice extérieure un courant d'induction, et, par suite, une étincelle entre la pointe mobile et la surface d'argent. La position de cette étincelle est déterminée sur le cercle divisé. Quand le projectile arrive à la cible et coupe le second fil, une seconde étincelle d'induction éclate entre la pointe mobile et la surface d'argent.

L'intervalle qui sépare les deux étincelles peut se reconnaître sur le cercle. S'il contient cinquante divisions, c'est que le temps employé par le projectile pour aller d'un point à l'autre de sa courbe est de cinquante millièmes de seconde.

XL

MM. Schultz et Lissajous se sont aussi servis d'un procédé très-exact pour compter le temps qui s'écoule entre les deux étincelles d'induction que provoque la rupture des deux fils rencontrés successivement par le projectile.

Un cylindre horizontal d'environ 75 centimètres de circonférence se meut autour de son axe avec une vitesse, par exemple, de trois tours par seconde, que lui imprime un appareil d'horlogerie convenable. En même temps qu'il tourne, le cylindre éprouve un déplacement continu et uniforme dans le sens de son axe, ce qui s'obtient par les moyens employés depuis longtemps en acoustique.

Un diapason dont les branches sont dans un plan vertical vibre en face du cylindre tournant, et exécute des vibrations sensiblement parallèles à l'axe; en sorte qu'une pointe portée par le diapason peut décrire, sur le noir de fumée dont la surface du cylindre est couverte, une courbe à dentelures qui présentera cinq cents parties saillantes dans l'intervalle d'une seconde, si le diapason exécute lui-même cinq cents vibrations dans le même laps de temps. Le diapason, étant supposé entretenu en mouvement d'une manière régulière avec un électro-aimant à interrupteur de M. Foucault, tracera la courbe de ses vibrations, qui s'étendra sur une longueur de 75 centimètres à chaque tiers de seconde, et formera trois spires sur le cylindre à chaque seconde.

Pendant que cette courbe des vibrations se trace, s'il part successivement deux étincelles d'induction entre un point fixe et la surface du cylindre tournant, l'intervalle de temps qui sépare les deux étincelles pourra être facilement mesuré avec exactitude. En effet, chaque étincelle laisse sur la surface du cylindre, qui est d'argent poli, une marque dont le centre est très-net et peut être visé sans incertitude au microscope. Il suffira donc de mesurer l'intervalle qui sépare les centres des deux marques.

D'un autre côté, si l'on conçoit une ligne tracée dans le sens d'une circonférence du cylindre à travers la courbe des vibrations, il sera facile de mesurer l'intervalle de deux points de cette courbe qui sont séparés par une vibration complète du diapason. Le rapport des deux mesures permettra de calculer le temps écoulé entre les deux étincelles, puisque l'on connaît la durée des vibrations du diapason.

Les étincelles s'obtiennent avec l'appareil de Ruhmkorff, dont l'hélice extérieure est reliée, d'une part, au cylindre métallique tournant, et, d'autre part, à la pointe qui doit fournir l'étincelle.

XLI

L'électro-aimant n'a été jusqu'ici employé que pour produire des mouvements de va-et-vient de petite étendue, pour lesquels il n'était pas nécessaire de développer une force considérable; mais on peut lui donner beaucoup d'énergie et utiliser cette grande puissance. Par exemple, s'il s'agit de serrer simultanément tous les freins d'un convoi, pour exercer avec eux un serrage à pression constante sur les bandages sans enrayer les roues, ou bien pour arrêter automatiquement le train en cas de rupture d'attelage, cela peut se faire en animant, à propos et dans de bonnes conditions, un électro-aimant.

Les bandages sont ordinairement menés par un levier qui les serre ou les desserre suivant le sens dans lequel on fait tourner son bras libre; la traction du levier qui produirait sur les quatre roues d'une voiture une pression de 12,000 kilogrammes serait généralement suffisante, et c'est une puissance de cette nature qu'il s'agit de développer avec un électro-aimant.

Dans le système proposé par M. Achard, l'électro-aimant est monté sur un arbre horizontal, parallèle à l'essieu des roues. Il est formé de deux cylindres de fer doux, concentriques avec l'arbre, solidement reliés entre eux et à l'arbre de rotation par des clavettes. Entre ces deux cylindres de fer doux se trouve enroulé un fil recouvert dont le diamètre est de 2 millimètres et qui pèse 10 kilogrammes. Lorsque les deux bouts du fil communiquent aux deux pôles d'une pile, l'électro-aimant s'anime instantanément; il perd immédiatement sa puissance, dès que la communication avec la pile est interrompue. L'armature de cet électro-aimant consiste en deux manchons de fonte, montés follement sur le même arbre que l'électro-aimant; sitôt que ce dernier est animé, il serre contre lui les deux manchons, et, s'il tourne avec l'arbre, il les force à tourner, lorsque la résistance exercée sur eux ne dépasse pas une certaine limite (700 ou 800 kilogrammes). Le mouvement de rotation enroule sur les manchons deux chaînes qui tirent le levier des freins au moyen d'une troisième chaîne par laquelle elles se terminent. L'extrémité de la chaîne peut être attachée à un crochet fixe, ou mieux à l'extrémité d'un ressort régulateur.

Ainsi, pour serrer les freins, il suffit de faire agir l'électro-aimant et, en même temps, de faire tourner l'arbre qui le porte. L'électro-aimant est mis en jeu par un commutateur qui ferme le circuit de la pile; quant à la rotation de l'arbre, on l'emprunte à celle des roues de la voiture, au moment même où l'électro-aimant s'anime. On obtient ce double effet au moyen d'une roue à rochet fixée sur l'arbre et d'un cliquet que porte un levier fortement appuyé par un ressort sur l'excentrique d'un essieu. A chaque révolution des roues, l'excentrique soulève le levier à ressort, et le cliquet fait mouvoir d'un cran l'arbre de l'électro-aimant, ce qui, lorsque l'électro-aimant est animé, produit une traction sur la chaîne et un serrage des bandages par le levier des freins. Pour que le levier à ressort ne fasse pas tourner la roue à cliquet pendant que l'électro-aimant est inactif, il se trouve soutenu au-dessus de l'excentrique sans le toucher, au moyen d'une glissière verticale qui sert d'armature à un second électro-aimant. La puissance des glissières peut être portée à 200 kilogrammes. C'est la même pile qui fait agir l'électro-aimant des freins et celui des glissières; mais le courant cesse de passer par ce dernier pour circuler dans le premier, et réciproquement. Aussi, lorsque l'électro-aimant des glissières soulève le levier à cliquet, l'arbre à roue de rochet ne tourne pas, l'électro-aimant des freins n'agit pas, les manchons de fonte restent fous, enfin les chaînes n'exercent aucune traction sur le levier des freins. Lorsque le courant cesse de passer par l'électro-aimant des glissières, il circule dans l'électro-aimant des freins; alors le levier à ressort s'appuie sur l'excentrique des roues; son cliquet fait marcher la roue à rochets; l'électro-aimant des freins tourne, attire les deux manchons de fonte et les fait tourner; les chaînes s'enroulent, une traction est exercée sur le levier des freins, les bandages sont serrés contre les roues, et leur pression augmente continuellement jusqu'à produire l'arrêt du train, si on ne limite pas la grandeur de cette action.

La disposition adoptée pour le jeu successif des électro-aimants est fort simple; la pile a deux circuits, l'un pour l'électro-aimant des freins, l'autre pour l'électro-aimant des glissières et pour un électro-aimant de relais, dont le levier sert à ouvrir ou à fermer le premier circuit. Si, à l'aide d'un interrupteur, on fait passer le courant de la pile dans l'électro-aimant des glissières, ce courant anime aussi l'électro-aimant de relais, soulève son armature et interrompt ainsi le premier circuit de la pile. Si on supprime le courant qui animait l'électro-aimant des glissières, l'électro-aimant de relais cesse également d'être animé; son armature retombe et ferme le premier circuit de la pile, en sorte que l'électro-aimant des freins se trouve aussitôt mis en jeu. La double fin qu'on se proposait est ainsi obtenue.

Quant à la limite qu'on veut imposer à la traction sur le levier des freins, on l'obtient en attachant la chaîne à un fort ressort qui se plie de plus en plus à mesure que la traction augmente. L'extrémité de ce ressort, en s'abaissant, glisse sur la partie métallique d'un frottoir placé contre lui; tant qu'elle touche cette partie métallique, le circuit de l'électro-aimant des freins est fermé; mais il s'ouvre dès que le ressort abandonne le contact métallique du frottoir. Alors l'électro-aimant des freins cesse d'être animé, les manchons de fonte deviennent fous, et la chaîne se déroule. Mais en même temps le ressort dynamométrique se relève, touche de nouveau le contact métallique, fait circuler le courant autour de l'électro-aimant des freins et anime cet électro-aimant; les armatures de fonte embrayent, tournent, et font tourner les chaînes. Il suit de là que la traction oscille aux environs de la limite extrême que l'on obtient lorsque le ressort dynamométrique tend à quitter le contact métallique du frottoir. Par cette limite, on évite le calage complet des roues et la formation de facettes sur les bandages.

On place un appareil complet, pile, électro-aimants de frein, de glissières et de relais, ainsi qu'un ressort dynamométrique, dans le tender et les fourgons de tête et de queue. Des conducteurs qui vont de voiture en voiture relient les trois piles entre elles, et font communiquer le pôle négatif de chacune avec le pôle positif de la suivante. Quant aux pôles extrêmes, ils sont réunis par un même conducteur, qui circule de voiture en voiture et passe par les électro-aimants des relais et des glissières, ainsi que par l'interrupteur de chaque appareil. Les deux pôles de chaque pile sont en outre réunis par un circuit spécial, qui comprend l'armature de l'électro-aimant de relais, le ressort dynamométrique et l'électro-aimant des freins. De cette manière, on peut faire agir simultanément tous les freins ou les desserrer de même; un timbre, qui reçoit un coup de marteau chaque fois que la roue à rochet tourne d'une dent, prévient les agents que le frein est en action et qu'il n'y a pas calage complet. En cas de rupture d'attelage, le circuit des relais serait interrompu; dès lors, les freins joueraient et produiraient un serrage instantané.

Ce système est expérimenté, depuis plus de deux ans, sur la ligne de l'Est, où il fonctionne d'une manière presque permanente dans un des trains express qui circulent entre Paris et Strasbourg. Pour des convois qui marchaient avec la vitesse de 50 à 80 kilomètres à l'heure, on a obtenu, en deux secondes au plus, sur les quatre roues, une pression supérieure à la limite de 12,000 kilogrammes.

XLII

L'électro-aimant peut être employé à produire directement des mouvements continus de rotation, qu'on transformera ensuite en tel autre mouvement qu'on voudra. Si l'on place en effet, sur une roue mobile autour d'un axe horizontal, une série de barres de fer doux, équidistantes et disposées sur le contour de la roue parallèlement à l'axe, ces fers peuvent servir d'armature à des électro-aimants fixes, disposés de la même manière hors de la roue, et très-près de son contour. Dès que le courant électrique animera les électro-aimants, les appareils attireront chacun l'armature de fer voisine et agiront comme autant de bras qui seraient appliqués à faire mouvoir la roue. Celle-ci tournera donc, si toutes les actions sont d'accord pour imprimer un mouvement dans le même sens; seulement, lorsque les armatures seront arrivées en face des électro-aimants, elles dépasseront cette position en vertu de la vitesse acquise, et, comme alors elles tendraient à rétrograder par l'attraction des électro-aimants, il faudra supprimer le courant de la pile, pour ne le rétablir que lorsque les armatures seront arrivées près des électro-aimants suivants. Le mouvement continu sera donc entretenu dans le même sens, si l'on fait jouer des interrupteurs, qui rétabliront les courants lorsque les fers mobiles seront près des électro-aimants, et les supprimeront dès que les fers seront arrivés en face de ces derniers. La vitesse de la roue s'accélérera, et, si l'arbre de cette roue est appliqué à soulever un poids, ou à produire un travail équivalent, l'élévation de ce poids et les résistances de l'appareil tendront à diminuer l'accélération qui se produira d'abord, et la roue finira par atteindre une vitesse à partir de laquelle, tout restant le même, le mouvement se maintiendra constant. La vitesse qu'elle aura lorsqu'elle sera arrivée à cet état de régime dépendra du poids que l'arbre est appliqué à soulever et de l'intensité primitive du courant de la pile.

On pourrait varier la construction de ces moteurs électro-magnétiques, et, par exemple, remplacer les armatures de fer doux par des électro-aimants, qui seraient disposés de manière à présenter des pôles de noms contraires à ceux des électro-aimants fixes, lorsqu'ils s'approchent de ces derniers, et à renverser leurs pôles dès qu'ils auraient dépassé cette position. On déterminerait alors une répulsion, qui se changerait ensuite en attraction par un nouveau renversement de pôles, lorsque les parties mobiles s'approcheraient des électro-aimants fixes suivants.

C'est ce dernier mode que M. Jacobi employa dans ses moteurs électro-magnétiques. La roue tournait sous l'action de deux systèmes d'électro-aimants, les uns fixes, les autres mobiles, qu'animait une pile voltaïque.

La machine construite en 1838 pouvait atteindre à peine la force d'un cheval. Elle fut appliquée à mettre en mouvement la roue à palette d'une chaloupe. Malgré la violence d'un vent contraire, la Néva put être remontée.

Cette expérience excita vivement l'attention en Europe et en Amérique ; il semblait que, dans beaucoup de cas importants, les moteurs électro-magnétiques remplaceraient les machines à vapeur. Mais les nombreuses tentatives qui ont été faites n'ont pas encore réalisé les espérances que l'on avait conçues.

Nous verrons plus loin comment la théorie de ces appareils a été établie, quelle idée on doit avoir de leur rendement, et quelle est leur place par rapport aux machines à vapeur.

Toutefois les moteurs électro-magnétiques ne sont pas sans importance. On les rend utiles lorsqu'on restreint leur emploi aux applications qui n'exigent pas de grandes forces motrices, mais qui nécessitent de la précision, de la rapidité et de la facilité, soit pour la mise en train du mouvement, soit pour son arrêt. C'est le parti qu'ont pris, dans ces derniers temps, les artistes les plus habiles.

M. Froment a construit des moteurs à armatures de fer doux, avec des interrupteurs disposés de manière à éviter, autant que possible, ou au moins à réduire les étincelles qui se produisent au moment de l'interruption. Ses appareils avaient presque la force d'un cheval ; il les appliquait, dans ses ateliers, à mouvoir et à diriger des machines propres à graduer les cercles, à diviser les règles ou à tracer des micromètres. Ici la force à déployer n'est que très-faible, mais la régularité des mouvements, de leurs temps d'arrêt, de la mise en train, était la chose essentielle, et les moteurs de M. Froment répondaient parfaitement à ce besoin.

Ces machines ont été modifiées de beaucoup de manières, suivant le résultat que l'on voulait produire. Nous citerons celles de MM. Loiseau, Roux, Larmenjat, et Marié-Davy.

XLIII

La force attractive que l'électro-aimant exerce sur le fer doux et sur l'oxyde de fer magnétique a été utilisée par M. Chenot pour séparer le fer et l'oxyde magnétique de sa gangue. Lorsque le fer est à l'état de peroxyde, on le ramène à l'état d'oxyde magnétique à l'aide de la vapeur d'eau.

L'électro-trieur de M. Chenot a été construit par Froment. Cinquante-quatre électro-aimants cylindriques sont régulièrement disposés sur trois roues de fonte qui en portent chacune dix-huit. Les électro-aimants sont placés dans le prolongement des rayons. Les roues sont montées sur un même axe horizontal, qu'une manivelle permet de faire tourner et qu'on peut aussi mettre en mouvement avec une machine à vapeur. Les cylindres de fer doux ne sont pas à section circulaire, mais à section ovale très-allongée dans le sens de l'axe de rotation.

Au-dessous de ces trois roues et à peu de distance se trouve une toile sans fin qui se meut parallèlement à l'arbre des roues, apporte continuellement le minerai pulvérisé et étendu sur elle, enfin abandonne la gangue après le passage sous les électro-aimants. Le courant de la pile anime les électro-aimants qui arrivent près de cette toile; le fer et l'oxyde de fer magnétique sont attirés par eux, viennent adhérer à leur surface, jusqu'à ce que la toile sans fin ait été dépassée; alors les électro-aimants cessent d'agir et laissent tomber le fer et l'oxyde de fer sur un plan incliné placé devant eux.

Il est clair que, pour plus d'efficacité dans l'appareil, il faut monter les trois roues sur leur axe, de manière que les projections des électro-aimants de ces trois roues sur un plan perpendiculaire à l'axe ne laissent pas de vide entre elles.

L'oxyde de fer ainsi séparé de sa gangue sans qu'on ait employé la voie de la fusion peut être réduit à une température inférieure à celle de la fusion de la fonte. M. Chenot obtient par cette méthode le fer à l'état d'éponge métallique, et le transforme ensuite en fer ordinaire par une forte compression. En imprégnant de goudron l'éponge métallique de fer et en élevant brusquement la température, il a de l'acier de cémentation.

XLIV

Nous venons de voir quel heureux parti la mécanique appliquée a tiré de l'électro-aimant; la brillante invention d'Ampère et d'Arago n'a pas exercé une influence moins féconde sur les progrès de la science elle-même.

On savait que l'aimant attirait diverses substances, telles que le fer doux, le nickel, le cobalt et quelques oxydes de fer; d'un autre côté on avait reconnu qu'il se comportait d'une manière différente avec le bismuth, et Lebaillif avait fait voir, par des expériences nettes, que son mode d'action vis-à-vis de ce dernier métal consistait en une répulsion.

D'après Ampère, les particules des corps magnétiques sont comme des piles voltaïques dont les courants fermés se trouvent orientés dans tous les sens; dès qu'on fait agir sur eux un aimant ou une hélice électrique, ces courants particulaires se dirigent, et c'est à cette cause qu'il faut attribuer les attractions constatées par l'expérience. La théorie d'Ampère rendait très-probable que les particules des autres corps ou au moins d'un grand nombre de corps devaient présenter la même propriété; néanmoins cette conséquence échappa d'abord, et ce fut M. Faraday qui généralisa l'action des aimants. Il se servit de la puissance considérable que peuvent acquérir les électro-aimants, et il découvrit que presque tous les corps ressentent cette influence, et non pas seulement le fer, le nickel, le cobalt, quelques oxydes de fer et le bismuth. Les uns se conduisent comme le fer doux, c'est-à-dire qu'ils sont attirés par les pôles de l'électro-aimant; ils forment la classe des corps magnétiques. Les autres sont repoussés, comme le bismuth, et ils forment la classe des corps diamagnétiques.

Lorsqu'il s'agit de soumettre à l'épreuve un corps solide, on peut le suspendre à un fil, de manière à le placer très-près des pôles d'un électro-aimant, et, dès que ce dernier est animé, l'attraction ou la répulsion se manifeste. Si le phénomène de répulsion ne durait qu'un instant, il faudrait l'attribuer à une autre cause qu'à la constitution diamagnétique du corps, comme nous le verrons plus loin; mais si la répulsion se maintient lorsqu'on laisse l'électro-aimant actif, le phénomène devra être attribué à la constitution. On constate les mêmes effets par une méthode plus délicate et plus commode pour les mesures précises : on donne au corps la forme d'un barreau allongé, et on le suspend horizontalement au-dessus du milieu de la ligne qui unit les deux pôles. Lorsque le corps est magnétique, le barreau dévie de la position arbitraire qu'on lui a donnée et tend à se diriger parallèlement à la ligne des pôles; il s'y place en effet, si l'on supprime la torsion du fil. Les barreaux diamagnétiques tendent au contraire à se diriger perpendiculairement à la ligne des pôles. Les deux classes de substances se distinguent donc par la direction axiale ou équatoriale que prennent les barreaux.

M. Ruhmkorff a construit un électro-aimant d'une très-grande puissance et très-bien approprié à l'étude dont il s'agit. Les deux branches de l'électro-aimant sont horizontales, ont le même axe et se regardent par les pôles opposés; elles sont liées extérieurement l'une à l'autre par une double équerre de fer doux qui permet de les maintenir en place, après les avoir mises à la distance qu'on désire. Les extrémités libres des fers doux sont armées de pièces de fer terminées par des surfaces arrondies ou par des surfaces plates et horizontales, qu'on peut visser sur les bras de l'électro-aimant. Avec cet appareil, il n'y a pas de corps solide qui ne se montre magnétique ou diamagnétique. Parmi les métaux, le fer, le nickel, le cobalt, le manganèse, le chrome, le cérium, le titane, le palladium, le platine et l'osmium sont magnétiques; tandis que le bismuth, l'antimoine, le zinc, l'étain, le cadmium, le sodium, le mercure, le plomb, l'argent, le cuivre et l'or sont diamagnétiques. On peut remarquer que le crown-glass est magnétique, et le flint-glass diamagnétique; que la plupart des substances organiques sont diamagnétiques; enfin que le vermillon, le minium, le peroxyde de plomb, l'asbeste, le papier, etc. sont magnétiques, et que les cristaux des cyanures jaune et rouge de fer et de potassium sont diamagnétiques.

XLV

Les liquides sont tous influencés par l'électro-aimant et se partagent en corps magnétiques et corps diamagnétiques; divers moyens peuvent être employés pour reconnaître dans quelle classe on doit les ranger. M. Plucker les place dans un verre de montre, au-dessus de l'armature de l'électro-aimant; dès que le courant passe, la surface du liquide cesse d'être plane et horizontale, et prend des convexités ou des concavités qui permettent de juger si le corps est magnétique ou diamagnétique. M. Quet se sert pour le même objet d'un tube de verre horizontal placé entre les deux branches de l'électro-aimant, dans une direction perpendiculaire à la ligne des pôles. Une goutte de liquide est mise dans le tube, et son milieu est placé à droite ou à gauche de la même ligne. Dès que l'électro-aimant est animé, la goutte est repoussée dans le tube, et la répulsion reste permanente, si le liquide est diamagnétique; elle serait attirée et son milieu se placerait sur la ligne des pôles, si le liquide était magnétique. Une vis et un support permettent de manier le tube comme un niveau et de rendre l'observation facile. On peut aussi exercer une pression par de l'air comprimé qui communique avec l'un des côtés du tube, et contre-balancer à distance l'action sur les liquides magnétiques.

On a reconnu par ces divers procédés que l'eau, l'alcool, l'éther et la plupart des liquides organiques sont diamagnétiques. Aucun corps solide ou liquide ne reste indifférent lorsque l'électro-aimant est assez énergique, si ce n'est les mélanges, en proportions convenables, des liquides magnétiques avec les liquides diamagnétiques.

Les gaz éprouvent aussi une action de la part des aimants. En plaçant la flamme d'une lampe entre les deux pôles d'un fort électro-aimant, M. Bancalari constata qu'elle était repoussée. Il reconnut que la fumée de la lampe ainsi que les vapeurs d'eau et d'alcool éprouvaient une action répulsive. Telle est l'origine des recherches sur le pouvoir magnétique des gaz. M. Faraday découvrit que l'oxygène est fortement magnétique et communique la propriété dont il jouit à l'air atmosphérique. M. Ed. Becquerel constata plus tard le même fait d'une manière très-simple et trouva que les autres gaz, tels que l'hydrogène, l'azote, l'acide carbonique, etc. ne donnent que des résultats peu significatifs.

XLVI

Il est d'un grand intérêt de mesurer les pouvoirs magnétiques ou diamagnétiques des corps. MM. Faraday, Plucker et Ed. Becquerel se sont occupés de cette étude. M. Ed. Becquerel a trouvé que l'attraction exercée par les pôles d'un aimant sur 1 centimètre cube d'oxygène est presque le cinquième de la répulsion exercée, dans les mêmes conditions, sur 1 centimètre cube d'eau; elle en est les $\frac{18}{100}$ ou les $\frac{187}{1000}$, suivant que l'eau est supposée dans l'air ou dans le vide. Ces nombres montrent combien est grande l'action des aimants sur l'oxygène, car 1 centimètre cube de ce gaz contient très-peu de matière par rapport à 1 centimètre cube d'eau. A égalité de poids, l'oxygène éprouve une attraction 126 fois plus forte que la répulsion exercée sur l'eau placée dans l'air.

M. Ed. Becquerel constata aussi que la puissance magnétique de l'oxygène varie avec sa densité et s'affaiblit avec elle lorsque, la température restant la même, la pression tend à diminuer. Le nombre que nous venons de citer se rapporte à l'oxygène pris sous la pression normale.

Pour avoir une idée plus complète de cette puissance de l'oxygène, il convient de la comparer à celle du fer doux. M. Ed. Becquerel a trouvé que 1 gramme d'oxygène est attiré par les pôles d'un aimant avec une force qui est 2596 fois plus petite que la force avec laquelle 1 gramme de fer, placé dans l'air et dans les mêmes conditions, est lui-même attiré. Cette action est environ trois fois plus considérable que l'attraction éprouvée par 1 gramme d'une dissolution de protochlorure de fer, de densité 1,2707, c'est-à-dire d'un des liquides les plus magnétiques.

Le magnétisme de l'oxygène s'affaiblit beaucoup lorsque la température s'élève. C'est à cette cause que M. Faraday attribue les variations diurnes de la boussole.

L'air est magnétique, mais moins que l'oxygène. M. Ed. Becquerel a constaté qu'il l'est cinq fois moins, en sorte qu'il doit son magnétisme à l'oxygène qu'il contient. Au reste, l'oxygène est le seul gaz magnétique connu.

XLVII

Nous avons montré comment, en faisant agir l'électro-aimant sur tous les corps, M. Faraday avait reconnu que les substances sont les unes attirées, à la manière du fer doux, les autres repoussées, à la manière du bismuth, et que, par suite, l'action des aimants n'est pas restreinte à un très-petit nombre de corps, ainsi qu'on le supposait autrefois. L'étude générale entreprise par M. Faraday l'a conduit à une autre découverte, non moins brillante que la première.

Sous l'influence de l'électro-aimant, les corps transparents acquièrent la propriété de faire tourner le plan de polarisation de la lumière polarisée. Supposons un électro-aimant dont les branches sont verticales, et dont les pieds reçoivent des armatures de fer doux. Plaçons un prisme transparent dans l'espace libre que les armatures laissent entre elles, c'est-à-dire dans le champ magnétique; élevons-le sur un plan supérieur aux armatures et dirigeons deux faces parallèles du prisme perpendiculairement à la ligne des pôles. Nous supposerons que la matière du prisme ne soit pas douée par elle-même de la double réfraction. Dès que l'électro-aimant se trouve animé, le prisme transparent acquiert une propriété nouvelle par rapport à la lumière. Si un rayon de lumière homogène et polarisée est dirigé horizontalement suivant une ligne parallèle à celle des pôles et passe à travers le prisme, il se transmettra sans éprouver de réfraction, puisqu'il sera reçu normalement par les deux faces; il restera d'ailleurs polarisé après sa sortie. Son plan de polarisation aura la même direction qu'avant d'entrer dans le prisme, tant que l'électro-aimant n'agira pas; mais, si l'on fait agir ce dernier en fermant le circuit de la pile, on trouvera que le plan de polarisation n'a plus la même direction à la sortie, ou qu'il a tourné d'un certain angle autour de la direction de la lumière.

Sous l'influence de l'électro-aimant, tous les corps solides monoréfringents acquièrent ainsi un pouvoir rotatoire plus ou moins marqué; les cristaux doués de la double réfraction se montrent fort peu sensibles à ce genre d'action. Cependant M. Ed. Becquerel a pu la constater dans le quartz, qui jouit, par lui-même et indépendamment de l'influence magnétique, d'un pouvoir rotatoire très-puissant. Tous les liquides sont doués d'un pouvoir rotatoire magnétique.

On avait cru d'abord que le sens dans lequel s'exerce le pouvoir rotatoire est toujours le même que celui des courants électriques de l'électro-aimant. A la vérité, lorsqu'on change le sens des courants, le pouvoir rotatoire change aussi de sens; mais, si pour beaucoup de substances le sens de la rotation est le même que celui des courants, il en est cependant pour lesquelles la rotation est inverse. Ainsi Verdet trouva qu'elle est inverse dans les composés de fer, de titane, de cérium, de lanthane, et qu'elle est tantôt inverse, tantôt directe dans les composés de manganèse, suivant leur nature.

La valeur absolue de la rotation du plan de polarisation dépend, pour une même intensité magnétique, de l'angle que le rayon de lumière fait avec la direction de la ligne des pôles, ce rayon étant toujours reçu normalement par le prisme. Lorsque le rayon est parallèle à la ligne des pôles, l'angle de rotation est maximum; si le rayon est dirigé sous un angle quelconque par rapport à la même ligne, l'angle de rotation diminue à mesure que l'écart du rayon augmente, et devient nul lorsque cet écart est d'un angle droit. Il suit de là que l'angle de rotation devient maximum ou nul en même temps que le cosinus de l'angle que la direction de la lumière fait avec la ligne des pôles, et qu'il croît ou décroît en même temps que lui. Il est donc naturel de chercher si cet angle est constamment proportionnel au cosinus correspondant ou s'il en est une fonction plus compliquée.

L'expérience a montré à Verdet que la loi du cosinus se vérifie exactement.

Quand on fait varier l'intensité magnétique, la rotation du plan de polarisation change, toutes choses restant égales d'ailleurs. Pour que l'on puisse comparer les intensités aux rotations, il convient de faire les expériences dans un champ magnétique d'égale intensité, qu'on obtient en donnant aux électro-aimants de larges armatures à faces parallèles. La rotation du plan de polarisation se détermine par les procédés ordinaires, c'est-à-dire en opérant soit sur la lumière homogène, soit sur la lumière blanche, polarisées, et en recevant sur un analyseur cette lumière lorsqu'elle sort de la substance transparente qu'on a placée dans le champ magnétique; on fait tourner l'analyseur jusqu'à ce que l'on éteigne le rayon émergent, s'il est homogène, ou jusqu'à ce qu'il donne la teinte de passage. Quant à l'intensité magnétique, on la mesure au moyen du courant d'induction produit dans le champ magnétique par le mouvement angulaire qu'on donne à une hélice multiple liée à un galvanomètre. Après la mesure de la rotation du plan de polarisation, on soulève le support du prisme transparent, et l'on met à la place que ce prisme occupait une hélice multiple dont l'axe est parallèle à la ligne des pôles. L'hélice peut tourner autour d'un axe perpendiculaire à cette ligne, et on la fait tourner d'un angle droit par un mouvement rapide. L'électricité d'induction qui s'excite dans l'hélice circule dans le galvanomètre placé loin de l'appareil et en fait dévier l'aiguille. C'est par l'angle de déviation qu'on mesure la quantité d'électricité produite, si cet angle est très-petit, et, par suite, l'intensité magnétique de l'électro-aimant qui lui est proportionnelle.

Au moyen d'un procédé de cette nature, Verdet constata la proportionnalité qui existe entre la rotation du plan de polarisation et l'intensité magnétique correspondante.

DEUXIÈME PARTIE.

EXCITATION DE COURANTS ÉLECTRIQUES PAR L'INFLUENCE D'AUTRES COURANTS OU INDUCTION ÉLECTRIQUE.

I

Les nombreuses et brillantes applications que nous venons de faire connaître dans la première partie de ce rapport, et qui ont pour fondement la découverte de l'électro-dynamique et l'invention originale de l'aimant électrique, nous ont montré quelle influence le génie d'Ampère a exercée sur la science pure et sur diverses branches de la mécanique appliquée. Cependant, pour connaître toute la richesse et toute la fécondité des idées d'Ampère, il ne faudrait pas se contenter d'examiner la révolution qu'elles ont opérée dans la partie de la science qui se rapporte aux propriétés mécaniques des courants électriques. Mais, avant de poursuivre, il est nécessaire d'indiquer les expériences fondamentales qui ont fait découvrir la nouvelle source de courants à laquelle on a donné le nom d'*induction électrique*.

La première partie de ce rapport aurait été considérablement abrégée si elle avait été circonscrite à la période des vingt dernières années. Mais alors les effets se seraient présentés isolés des causes qui les ont produits, et par conséquent sans leur raison d'être. Il était évidemment préférable de monter jusqu'à ces régions élevées où résident les vraies sources de la science, et où des hommes de génie font jaillir du rocher les eaux vivifiantes qui vont répandre au loin la richesse et la fertilité. D'ailleurs il convenait de renouer la chaîne des temps, et l'on sait qu'il n'y a pas eu depuis 1810 de rapports généraux sur les progrès des sciences. La même méthode sera suivie dans le reste de cet ouvrage.

II

Lorsque Ampère eut constaté dans l'aimant électrique toutes les propriétés générales des aimants ordinaires, et qu'il eut conclu de ce fait que l'aimant ordinaire était lui-même un aimant électrique, on ne manqua pas d'élever des objections contre sa théorie.

Il y a sans doute, disait-on, dans l'aimant ordinaire une force qui ressemble à celle de l'électricité; mais cette force ne produit que des effets magnétiques, tandis que, par sa tension, l'électricité développe de la chaleur et de la lumière, et que, d'un autre côté, elle agit comme puissance chimique en décomposant les corps traversés par elle. Entre l'électricité et la force qui réside dans l'aimant il n'y a donc similitude que sous un seul rapport. Pour qu'il y eût identité, il faudrait que l'on pût tirer aussi de l'aimant la chaleur et la lumière, ainsi que les effets chimiques si aisément donnés par l'électricité.

A l'objection ainsi formulée, Ampère ne restait pas sans réponse. Comment s'y prendrait-on pour obtenir de la chaleur, de la lumière et des effets chimiques avec l'aimant électrique, qui est, à coup sûr, exclusivement constitué par l'électricité? Il faudrait, après avoir coupé l'une des spires, en lier les deux bouts par un mince fil de platine, qui rougirait et fondrait, ou les rapprocher assez pour exciter une étincelle, ou bien encore les plonger dans un liquide à décomposer. Or il est évident que cela ne serait pas praticable avec l'aimant ordinaire, alors même que sa puissance serait due à des courants électriques intérieurs.

Comment, en effet, pourrait-on ouvrir les courants particulaires pour introduire dans leurs circuits soit des résistances propres à donner des effets de lumière, soit des liquides à décomposer? L'objection est donc plus apparente que fondée, et elle est sans valeur contre les nombreuses et puissantes analogies qui établissent la théorie électrique des aimants.

Ampère ajoutait que, si les moyens connus étaient insuffisants pour obtenir des aimants de nouveaux effets, il restait cependant à chercher d'autres voies. Ne serait-il pas possible, par exemple, d'exciter des courants électriques par l'influence des deux sortes d'aimants, et de résoudre ainsi le problème proposé? Et il se préoccupait d'organiser des expériences sur cette importante question d'influence électrique.

III

D'un autre côté, rappelons ici que, lorsque Ampère et Arago eurent aimanté le fer et l'acier par l'action de l'hélice électrique, Ampère expliqua le fait en admettant que des courants particulaires existaient préalablement dans le fer et l'acier, que l'hélice dirigeait tous ces courants particulaires et qu'elle produisait ainsi l'aimantation.

Cependant sa conviction n'était pas entière, et il pensait à une autre hypothèse. Peut-être les courants ne préexistaient pas dans les particules de l'acier, et l'action de l'hélice consistait à les exciter. Ces courants, une fois développés par la force électromotrice de la particule que l'hélice mettait en jeu, se maintenaient par l'effet de la force coercitive de l'acier, qui conservait à la force électromotrice son efficacité. Cette opinion paraissait moins probable que la précédente; néanmoins Ampère ne la rejetait pas décidément, et il cherchait s'il ne serait pas possible d'exciter un courant dans un conducteur voisin par l'influence d'un autre courant.

IV

Afin de traiter ce problème et de répondre aux objections qui avaient été faites à sa théorie des aimants, Ampère conçut une expérience qui le conduisit à une brillante découverte. Complétée, analysée et fécondée par M. Faraday, cette découverte permit finalement de produire avec les aimants des flots éblouissants de lumière électrique, des commotions foudroyantes et des décompositions chimiques avec transport des éléments séparés.

L'expérience d'Ampère reflète les théories du grand physicien.

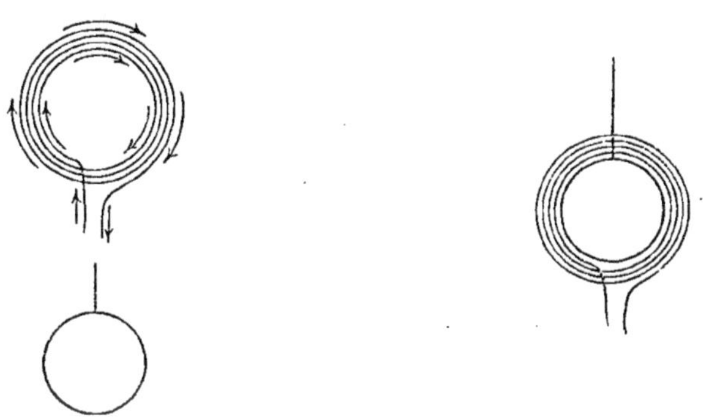

Pour courant excitateur, ou, comme on dit ordinairement, pour *courant inducteur*, il employa celui d'une spirale plate qui communiquait avec une puissante pile voltaïque; pour circuit dans lequel le courant devait être excité ou induit, il se servit d'un anneau mince de cuivre, placé dans l'intérieur de la spirale. Il restait à savoir s'il se développerait un courant électrique dans cet anneau lorsque le courant voltaïque animerait la spirale. On peut remarquer que l'anneau représentait un élément d'hélice et que la spirale plate jouait le rôle d'un élément d'hélice multiple.

Ampère avait inventé le galvanomètre, et il l'avait souvent appliqué. Cependant ce n'est pas à cet instrument qu'il eut recours pour reconnaître l'existence du courant excité dans l'anneau. Il préféra se servir des attractions et des répulsions que les aimants exercent sur les courants. Supposons qu'un aimant horizontal et formant le fer à cheval ait ses deux pôles à droite et à gauche d'un conducteur vertical et voisin. On sait que, dans ce cas, l'action de l'aimant se réduit à deux forces perpendiculaires aux plans verticaux qui passent par les pôles et le conducteur. La résultante de ces forces est horizontale, et elle passe par le milieu de la ligne des pôles, lorsque le courant vertical est à égale distance des pieds de l'aimant; elle est d'ailleurs dirigée de manière à rap-

procher ou à éloigner le conducteur mobile, suivant le sens du courant qui le parcourt et suivant la position que l'on donne au pôle austral par rapport à la direction du courant. Par ce moyen on peut évidemment juger si un courant s'établit dans le conducteur, et constater le sens de ce courant. Au reste, il est aisé de se rendre compte du phénomène produit en supposant dans l'aimant les courants ampériens des particules. Ces courants sont à la fois ascendants et descendants sur les parties les plus voisines, suivant la position relative des pôles de l'aimant. Supposons que l'aimant soit disposé de manière que, sur ces parties voisines les courants soient ascendants; il est clair que leur action sur le conducteur vertical sera prépondérante, et, s'il s'établit dans ce conducteur un courant ascendant, il y aura attraction; dans le cas contraire, répulsion.

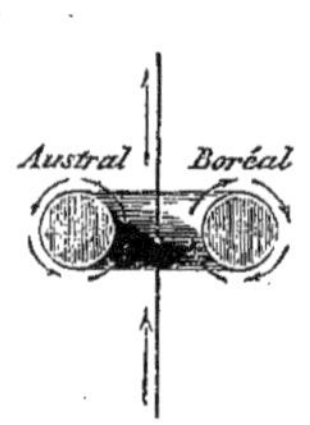

Tel est le moyen très-simple qu'Ampère choisit pour faire son expérience fondamentale.

La spirale plate était disposée dans un plan vertical; l'anneau de cuivre était dans le même plan, à l'intérieur de cette spirale, et il s'y trouvait délicatement suspendu au moyen d'un fil qui le soutenait et dont la direction était par conséquent celle d'un diamètre vertical de l'anneau.

Un aimant en fer à cheval avait ses deux pôles dans le plan horizontal du centre de l'anneau mobile, un peu en dehors du plan vertical de celui-ci. L'un des pôles était d'un côté et le second pôle de l'autre côté par rapport à l'une des deux moitiés de l'anneau.

On comprend par suite que, si un courant vient à s'établir dans le conducteur mobile, il se révélera par l'attraction ou la répulsion que l'anneau éprouvera, et sa direction sera donnée d'après celle du mouvement même de ce dernier.

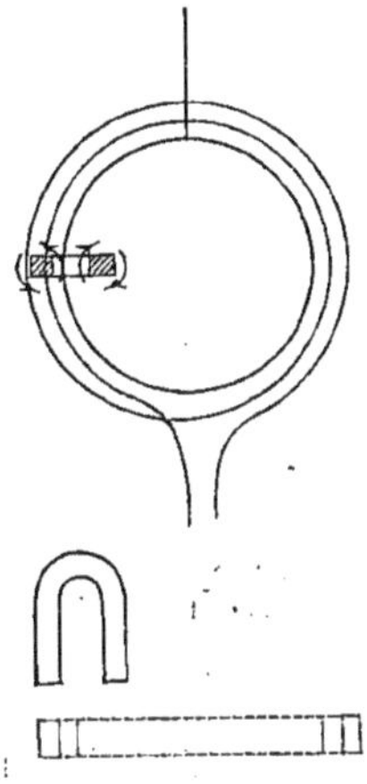

L'expérience ainsi conçue fut exécutée, et, dans ses essais de 1821, Ampère n'obtint aucun résultat. Cette tentative infructueuse ne le découragea pourtant pas, probablement parce qu'il supposait que l'insuccès était dû plutôt à la faiblesse des aimants et de la pile qu'il avait mis en jeu, qu'à la chose elle-même. En 1822, il put, avec le concours de M. Delarive, disposer de moyens plus efficaces, et la réussite alors fut complète. Dès que le courant excitateur entrait dans la spirale plate, l'anneau mobile se trouvait repoussé ou attiré, suivant la direction du courant excitateur et la position relative des pôles. L'action des aimants avait à peine le temps de mettre en mouvement l'anneau, car les courants excités ne duraient qu'un instant. C'est cette difficulté qui avait rendu négatifs les premiers essais, et qui nécessitait une grande puissance dans les aimants jointe à une extrême mobilité de l'anneau.

Voilà donc une nouvelle et grande découverte d'Ampère; elle consiste en ce que, lorsqu'on établit un courant électrique dans un circuit fermé, il s'excite par influence, dans les conducteurs voisins, des courants électriques qui ne durent qu'un instant. Cette importante expérience n'était cependant pas complète; aussi laissa-t-elle la place à une autre brillante découverte, que M. Faraday fit dix ans après, et sur laquelle nous allons bientôt revenir.

V

Si, dans l'importante expérience d'Ampère, il a fallu que l'anneau mobile fût très-léger pour rendre sensible l'attraction ou la répulsion d'un fort aimant sur un courant instantané, on ne doit pas en conclure que ces forces ne soient pas capables de produire de grands effets mécaniques, malgré l'instantanéité du courant excité et de l'action qui en est la conséquence. En modifiant un peu l'expérience, il est facile d'obtenir des attractions ou des répulsions capables de soulever des poids assez considérables. C'est ce que M. Quet constata plus tard, en 1853. Il se servait, à cet effet, du grand électro-aimant de Ruhmkorff, entre les pôles duquel il plaçait un disque de cuivre, plein et épais. Ce disque, qui était suspendu par un fil, avait son centre au-dessus de la ligne des pôles, à 1 ou 2 centimètres de distance. L'électro-aimant pouvait évidemment remplacer avec avantage la spirale plate d'Ampère, pour obtenir un courant excitateur très-énergique, puisque, lorsqu'il s'anime, il forme un assemblage puissant de courants électriques qui circulent dans le même sens, soit dans les spires de l'hélice, soit autour des particules de l'aimant. D'un autre côté, le même électro-aimant jouait le rôle de l'aimant de l'expérience d'Ampère pour exercer des attractions ou des répulsions sur les courants excités par influence dans le disque de cuivre. Lorsque l'électro-aimant s'anima, le disque fut violemment repoussé de bas en haut, et un poids de plus d'un kilogramme fut ainsi soulevé de quelques centimètres. Si le centre du disque était placé au-dessous même de la ligne des pôles, on voyait, au moment où le courant excitateur cessait, le disque de cuivre se soulever vivement malgré son poids. Si le fil de suspension passait un peu à droite ou à gauche de la ligne des pôles, le disque de cuivre était tantôt vivement chassé du côté de son centre, tantôt au contraire énergiquement ramené vers l'aimant, suivant que le courant excitateur était introduit dans l'électro-aimant ou cessait de circuler. Au reste le disque projeté revenait peu à peu à sa position primitive, et bientôt le fil reprenait exactement sa position verticale.

Cette expérience a pour objet de montrer la possibilité, non de produire par induction des effets mécaniques, puisque Ampère l'avait prouvée, mais d'obtenir de grands effets; ce qui permet d'attribuer à l'induction de la foudre certains phénomènes mécaniques qu'elle cause.

VI

Voyons maintenant ce qui pouvait manquer à la belle expérience d'Ampère et comment M. Faraday put faire une grande découverte dans cette partie de la science. Lorsqu'on discuta l'expérience fondamentale, on ne s'entendit pas sur le siége même qu'occupait le courant excité par influence. Les uns supposaient que ce courant instantané circulait dans l'anneau mobile, de la même manière que circulerait un courant voltaïque, si l'anneau était ouvert en l'un de ses points et que ses deux extrémités fussent mises pendant un seul instant en communication avec les pôles d'une pile de Volta. C'était une conception nette, simple et directe. Cependant d'autres physiciens pensaient qu'il se produisait des courants instantanés autour des particules de l'anneau; en d'autres termes, il s'établissait, suivant eux, une aimantation passagère du cuivre.

Sans discuter ici les deux opinions, il nous suffira de remarquer l'état d'incertitude des esprits. Il y avait donc là un point important à éclaircir.

Le moyen qu'on pouvait employer était de se servir du galvanomètre pour constater l'existence du courant et le sens de son parcours. Si l'on avait ouvert l'anneau et qu'on eût fait communiquer ses deux extrémités avec les deux bouts du fil d'un galvanomètre approprié à ce genre de recherches, on aurait pu résoudre la difficulté. Dans le cas où le courant excité par influence parcourrait le contour entier de l'anneau, il passerait dans le galvanomètre et ferait dévier l'aiguille aimantée; dans le cas où ce courant serait particulaire, l'aiguille du galvanomètre ne dévierait pas. Le galvanomètre, ainsi employé, aurait rendu inutiles l'aimant dont Ampère se servait ainsi que la suspension de l'anneau mobile.

L'idée de mettre l'anneau en communication avec le galvanomètre ne vint pas à Ampère, et c'est M. Faraday qui, en 1832, fit cette expérience décisive et tout à fait propre à jeter la plus vive lumière sur les conditions du phénomène.

Au lieu de se servir d'un seul élément d'hélice multiple pour y faire passer le courant excitateur, M. Faraday employa l'hélice complète; l'anneau de cuivre fut remplacé par une hélice dont les deux extrémités aboutissaient à un galvanomètre. De cette manière, un courant instantané était excité dans chaque anneau ou élément de la seconde hélice, et tous les courants se rendaient au galvanomètre; en outre, chaque élément de l'hélice excitée recevait l'influence, non-seulement de l'anneau ou élément voisin de l'hélice excitatrice, mais encore celle de tous les éléments qui étaient placés des deux côtés, ce qui augmentait l'effet produit. L'expérience, ainsi heureusement disposée, eut un plein succès, et M. Faraday put constater que, lorsqu'un courant commence ou finit dans l'hélice excitatrice, il se produit par influence un courant instantané qui parcourt la seconde hélice et le galvanomètre. Les deux courants circulent dans des directions opposées; le premier est en sens contraire du courant excitateur et le second dans le même sens que lui.

Puisqu'un courant peut développer des courants électriques dans tout circuit voisin, il semble qu'il peut en exciter aussi dans son propre circuit. Ce fait important fut vérifié par M. Faraday, au moins quand le courant excitateur disparaît.

En résumé, dans la découverte de l'excitation de courants électriques par l'influence de courants qui commencent ou qui finissent, on voit deux physiciens illustres, Ampère et M. Faraday, de même que, dans la découverte des courants qui accompagnent les actions chimiques, on trouve les deux grandes figures de Galvani et de Volta. Le fait fondamental est pressenti et constaté par Ampère; il est analysé de la manière la plus nette et la plus féconde par M. Faraday. Nous allons retrouver quelque chose d'analogue dans la découverte d'une autre cause d'excitation de courants, que l'on doit à Arago d'une part et à M. Faraday de l'autre.

VII

Arago, voulant déterminer l'intensité magnétique d'une aiguille aimantée, fit osciller cette aiguille horizontalement au-dessus d'un disque de bois qui portait un cercle gradué. Il compta les oscillations qui se faisaient dans un certain intervalle de temps, et c'est par leur nombre qu'il devait juger de la force de l'aiguille. Dans la même expérience, il eut l'idée de déterminer aussi combien il fallait d'oscillations pour qu'en partant d'une amplitude primitive constante, l'aiguille atteignît une amplitude moindre et donnée. Il remarqua que, malgré la diminution d'amplitude, les oscillations restaient sensiblement isochrones. Jusque-là, il n'y avait aucun fait nouveau produit.

Arago fit remplacer le cercle de bois par un limbe de cuivre gradué, et, en recommençant l'expérience, il trouva que les oscillations ne changeaient pas de durée, mais qu'il en fallait notablement moins pour que l'amplitude primitive fût réduite à la même valeur finale que dans l'expérience précédente. Le limbe de cuivre amortissait donc les oscillations sans changer sensiblement leur durée; il agissait comme l'aurait fait de l'air plus dense que l'air ordinaire et dans lequel les oscillations se seraient accomplies.

Le limbe de cuivre fut remplacé par un disque plein de cuivre, et alors les oscillations s'amortirent beaucoup plus vite. Lorsque l'aiguille était très-rapprochée du cuivre, l'effet était si énergique que l'on ne comptait plus que trois ou quatre oscillations d'une étendue sensible avant que l'aiguille revînt au repos, tandis qu'il s'en produisait trois cents ou quatre cents, lorsqu'il n'y avait d'autre résistance que celle de l'air.

Les disques sur lesquels les oscillations s'exécutaient furent variés, et chaque substance amortissait le mouvement dans une mesure qui lui était propre. Pour les substances dont l'action était très-faible, on était obligé de rapprocher beaucoup l'aiguille des disques, afin de constater l'effet produit. Les métaux qui sont bons conducteurs de l'électricité agissent tous plus ou moins énergiquement sur l'aiguille, mais ces corps ne sont pas les seuls qui jouissent du pouvoir d'amortir les oscillations. L'eau produit ce genre d'effet, même l'eau gelée, même le verre, qui est mauvais conducteur de l'électricité.

VIII

Arago pensa qu'en laissant l'aiguille dans sa position naturelle d'équilibre, et en faisant tourner sous elle le plateau amortisseur, l'aiguille serait entraînée. C'est ce que l'expérience confirma. A mesure que la vitesse du plateau augmentait, l'aiguille déviait de plus en plus du méridien magnétique; elle se mettait en croix sur le méridien lorsque la vitesse du plateau était assez grande; enfin elle était entraînée dans un mouvement de rotation continu et de même sens que la rotation du disque, lorsque la vitesse de ce disque s'accroissait encore. L'horloge qui mettait le plateau en mouvement n'avait aucune pièce de fer et était entièrement en cuivre, de sorte que les effets produits ne pouvaient pas être attribués à des actions magnétiques ordinaires.

IX

Arago avait donc découvert une force nouvelle. Cette force, qui agissait sur l'aiguille aimantée, avait son centre d'action dans le cuivre ou dans le corps qui servait de plateau. Elle ne se développait pas tant que l'aimant et le disque étaient en repos, mais elle naissait avec le mouvement relatif de ces corps, et elle devenait de plus en plus efficace lorsque la vitesse du mouvement s'accroissait.

Or l'aimant est une hélice électrique ou plutôt l'équivalent d'un faisceau d'hélices. Il y avait donc lieu de vérifier sur une hélice électrique ordinaire si la même force se produirait encore. Cette idée ne pouvait pas échapper à Arago, qui, avec Ampère, la soumit à l'épreuve. Deux hélices multiples furent attachées aux deux extrémités d'un levier de bois, de manière que leurs axes fussent verticaux lorsque le levier était suspendu horizontalement; les deux extrémités des hélices étaient ramenées vers le centre du levier et dirigées verticalement vers les godets de suspension d'un appareil d'Ampère. Un plateau placé sous ces hélices pouvait tourner autour de l'axe vertical du levier. Dès que le disque était en mouvement, les hélices électriques déviaient dans le sens de la rotation du plateau avec une force d'autant plus grande que le mouvement du disque était plus rapide. Le même effet s'obtint avec des spirales plates dans lesquelles on faisait passer un courant voltaïque et que l'on suspendait de la même manière que les hélices précédentes. Les aimants se conduisent donc comme des faisceaux d'hélices électriques dans le phénomène découvert par Arago. Ce fait est une confirmation aussi importante que nouvelle de la théorie d'Ampère sur les aimants, car il s'agit ici d'une action qui était inconnue à l'époque où cette théorie fut créée, et en vue de laquelle la théorie n'avait pas été imaginée; on ne connaissait même pas la vraie cause du phénomène lorsque les expériences dont nous venons de parler furent faites.

X

Les oscillations de l'aiguille aimantée étant amorties par l'influence du cuivre et des autres corps, de la même manière qu'elles le seraient par un air plus dense que l'air ordinaire, il s'ensuit que l'aimant est soumis à des forces qui, décomposées suivant la tangente à l'arc décrit, sont dirigées en sens contraire de la vitesse. Ces composantes naissent en même temps que le mouvement, croissent avec lui, et peuvent être supposées proportionnelles à la vitesse, quand cette dernière est très-petite.

Rien n'empêche de considérer l'aimant comme un assemblage de courants électriques; la théorie d'Ampère autorise une telle supposition, et les précédentes expériences d'Ampère et d'Arago la justifient. Or un courant électrique n'est attiré ou repoussé que par un autre courant électrique, si du moins on s'en tient aux causes connues. L'expérience d'Arago paraît donc signifier que le déplacement d'un courant électrique excite par influence, dans les conducteurs voisins, des courants électriques passagers qui naissent avec la vitesse du courant déplacé et croissent avec elle. Mais il reste à décider si ces courants parcourent dans la masse conductrice des circuits de grandeur finie ou bien s'ils sont particulaires, c'est-à-dire s'il s'établit dans les divers points du disque une aimantation passagère. La question qui s'était présentée pour interpréter l'expérience fondamentale d'Ampère sur l'excitation produite par un courant qui commence ou qui finit se renouvelle ici, mais avec un degré d'obscurité de plus. Les physiciens qui admettaient que le courant électrique développé dans l'anneau mobile d'Ampère n'était pas particulaire avaient une idée nette du circuit parcouru par le courant, puisque ce circuit était l'anneau même. Mais, dans l'expérience d'Arago, ceux qui auraient rejeté l'hypothèse d'une aimantation passagère n'avaient rien pour les guider sur la forme des circuits finis que parcouraient les courants excités. Nous devons ajouter que, malgré une curieuse expérience d'Arago, dont nous parlerons bientôt, on ne s'arrêta pas à l'hypothèse de courants excités dans des circuits de grandeur quelconque, et que généralement les physiciens supposèrent des courants particulaires, ou une aimantation passagère, ce qui revient au même.

Plusieurs théories furent proposées à ce sujet; dans l'une d'elles on admettait que chaque pôle de l'aiguille aimantée développait par influence des pôles contraires dans les parties du cuivre sur lesquelles il passait, ou, comme on le disait, semait sur son passage des pôles de noms contraires, qui, persistant un moment après le passage, attiraient le pôle mobile et amortissaient ainsi les oscillations. Il s'excitait donc dans le cuivre des courants électriques particulaires de même sens que les courants de l'aimant. Mais cette doctrine fut réfutée par Arago lui-même. Ce physicien montra en effet que le disque de cuivre tendait à soulever l'aiguille aimantée; qu'il se produisait ainsi une force répulsive, et que ce fait était en désaccord avec une hypothèse dans laquelle les forces mises en jeu étaient attractives.

Tout en admettant une aimantation passagère des particules de cuivre, Poisson considéra le phénomène à un autre point de vue, et parvint à représenter la direction que l'expérience avait fait connaître à Arago pour la résultante des forces.

Ainsi la question de courants instantanés produits dans des circuits de grandeur finie était laissée de côté; et cependant c'était elle qui contenait la véritable solution du problème. Une expérience remarquable d'Arago montrait suffisamment que la force dont il s'agit ici ne pouvait pas être considérée comme ayant son centre d'action enfermé dans chaque particule. Lorsque le disque de cuivre est entaillé dans le sens de ses rayons, il perd, par le fait même de sa discontinuité, une grande partie de son action sur l'aiguille; un assez petit nombre de traits suffisent pour cela. Il y a plus : si l'on remplace la plaque de cuivre par de la poussière ou de minces copeaux de ce métal, l'effet est presque nul, ce qui tient à la discontinuité plus grande des diverses parties. Il semble résulter de là qu'une aimantation passagère des particules ne peut pas être la cause du phénomène général, puisque l'aimantation devrait subsister encore, malgré la discontinuité du disque; les traits de scie qu'il porte ne pourraient avoir d'autre effet que de supprimer un petit nombre de particules agissantes.

Le problème ne devait donc pas être résolu par l'hypothèse de courants électriques particulaires. Mais comment devait-il l'être?

XI

La solution fut donnée par M. Faraday, en 1832. Il l'établit pleine et entière en se servant du galvanomètre, c'est-à-dire en suivant la même méthode qui lui avait fait résoudre les difficultés relatives à l'excitation de courants électriques par l'influence de courants qui commencent ou qui finissent.

Cette nouvelle et heureuse application du galvanomètre nous montre combien Ampère devinait juste lorsqu'il prônait cet instrument comme devant rendre à la science des courants électriques les mêmes services que l'électroscope avait rendus à la science de l'électricité statique. Galvani avait découvert une nouvelle source d'électricité, mais ses expériences n'avaient pas nettement établi la nature des fluides développés, au point qu'on avait même pu les supposer différents des fluides électriques. C'est en faisant usage de l'électroscope condensateur que Volta répandit la plus vive lumière sur la question; et c'est à l'aide du galvanomètre que M. Faraday a pu définir avec netteté les circuits que parcourent les courants excités par influence dans les expériences fondamentales d'Ampère et d'Arago.

M. Faraday eut l'idée de lier au galvanomètre le circuit sur lequel s'exerçait l'influence du courant que l'on déplaçait, et il vit l'aiguille dévier et montrer clairement par sa déviation que le courant excité par influence circulait dans une étendue finie, puisqu'on pouvait le faire passer dans le galvanomètre. Cette expérience est capitale, car elle fait disparaître l'hypothèse de courants particulaires excités par influence, et lui substitue la réalité des choses.

Afin d'augmenter les effets produits, M. Faraday se servit de deux hélices d'Ampère, dont l'une aboutissait au galvanomètre et l'autre à la pile de Volta. En introduisant la deuxième hélice dans la première, il obtint une déviation sensible de l'aiguille, et il constata, par le sens de cette déviation, que le courant excité par influence était de sens inverse au courant excitateur; d'ailleurs ce courant ne durait qu'un instant. A chaque degré du mouvement par lequel l'hélice excitatrice était introduite dans l'hélice influencée, il se formait un nouveau courant instantané. L'introduction brusque et complète de la première hélice donnait un courant beaucoup plus puissant, et qui était la somme des courants partiels provenant de chaque déplacement de l'hélice.

Lorsque l'hélice excitatrice était retirée soit par un bout, soit par l'autre, un courant instantané se produisait encore, mais il circulait dans le même sens que le courant excitateur. Chaque progrès de ce mouvement donnait un nouveau courant; par le retrait brusque de l'hélice, on obtenait un courant très-intense, qui était la somme des courants dus à chaque changement de position.

Des effets analogues se manifestaient encore lorsqu'on produisait un changement dans la position relative des deux hélices, sans déplacer les centres de gravité.

XII

Nous pouvons reproduire la découverte de M. Faraday en nous servant d'un aimant au lieu d'une hélice animée par un courant électrique. La théorie d'Ampère sur les aimants nous permet cette substitution et nous fait prévoir quels en seront les résultats. D'ailleurs les expériences d'Ampère et d'Arago relatives à l'action que le disque de cuivre tournant exerce sur un aimant ou une hélice nous montrent que cette équivalence est vraie dans les phénomènes dont il s'agit.

Introduisons un aimant dans une hélice qui communique avec un galvanomètre. Cet aimant n'est autre chose qu'un faisceau d'hélices et forme l'équivalent d'une hélice unique où le courant électrique circulerait dans le même sens que les courants particulaires de l'aimant. L'introduction de l'aimant devra donc exciter un courant instantané de sens contraire à celui des courants ampériens de ses particules; le retrait de l'aimant devra produire un courant instantané de sens direct. C'est ce que l'expérience confirme, et c'est ce que M. Faraday constata.

De cette manière se trouvent expliquées les forces qui, dans l'expérience fondamentale d'Arago, agissent sur l'aiguille aimantée, lorsque cette aiguille se meut sur le disque ou que le disque tourne au-dessous d'elle. M. Faraday s'assura de l'exactitude du fait en recueillant dans le galvanomètre les courants excités sur le plateau de cuivre.

XIII

D'après la théorie d'Ampère, le fer doux renferme des courants particulaires dirigés dans tous les sens et dont l'effet est nul au dehors. Pour diriger ces courants dans des circuits à peu près parallèles, il faut les déplacer de leur position naturelle. Par là on excitera dans les conducteurs voisins des courants instantanés et inverses; des courants directs se produiront lorsque les circuits des courants particulaires se déplaceront de nouveau pour reprendre leur direction naturelle. En d'autres termes, il suit de la théorie d'Ampère sur le fer doux et de l'expérience fondamentale de M. Faraday que l'aimantation du fer doux doit exciter dans les conducteurs voisins des courants instantanés inverses des courants ampériens du fer aimanté, et que la désaimantation doit produire des courants directs.

On peut obtenir ces effets de diverses manières. Admettons que l'on place près l'un de l'autre un aimant et un électro-aimant dont l'hélice aboutit à un galvanomètre, et qu'on les dispose de manière qu'ils aient le même axe de figure et les pieds en face, l'aimant et l'électro-aimant étant supposés former le fer à cheval.

Si l'on approche l'aimant de l'électro-aimant ou si on l'en éloigne, on augmentera l'aimantation du fer doux ou on la diminuera : on excitera donc ainsi dans l'hélice de l'électro-aimant un courant inverse dans le premier cas, et un courant direct dans le second; c'est ce que le galvanomètre indiquera.

Au lieu de déplacer le centre de gravité de l'aimant, on peut faire tourner ce corps autour de son axe de figure. Dans l'acte de rotation, les pieds de l'aimant s'éloigneront d'abord des pieds correspondants du fer doux, ce qui diminuera l'aimantation du fer pendant le premier quart de révolution; dans le deuxième quart, les pieds de l'aimant s'approcheront de nouveau de ceux du fer doux, et aimanteront le fer en sens contraire de sa première aimantation, et ainsi de suite. Dans l'un des cas, le galvanomètre doit indiquer la production d'un courant direct par rapport aux courants ampériens du fer doux; et dans l'autre cas, un courant inverse par rapport aux nouveaux courants ampériens. Comme ces derniers courants se sont renversés, on aura dans le galvanomètre un courant de même sens pour les deux premiers quarts de révolution de l'aimant. Dans la demi-révolution suivante on aura successivement deux courants de même sens entre eux, mais de sens contraires aux précédents. Si la rotation se continue, on aura une suite de courants de même sens pour les demi-révolutions d'ordre impair, et une suite de courants contraires pour les autres demi-révolutions.

L'expérience est d'accord avec les prévisions. C'est sur elle que se trouve fondée la machine de Pixii, qui est la première machine d'influence que l'on ait construite.

Au lieu de faire tourner l'aimant, on peut le laisser fixe et imprimer un mouvement de rotation à l'électro-aimant. Le résultat doit être évidemment le même, et c'est ce qui a lieu. Ce principe est celui des machines de Clarke, de Saxton et de Nollet. C'est encore le même principe qui sert dans la construction des machines de M. Wilde, où une série d'aimants fixes excite dans l'hélice d'un électro-aimant mobile des courants instantanés alternativement de sens contraire, que l'on dirige tous dans le même sens pour animer un électro-aimant fixe, et pour produire des courants électriques d'une très-grande puissance, en faisant agir cet électro-aimant fixe sur un deuxième électro-aimant mobile.

XIV

D'après ce que nous venons de voir, toute action propre à aimanter ou à désaimanter le fer doux aura pour effet de produire par influence des courants instantanés dans les conducteurs voisins. On peut donc se servir de l'action terrestre pour atteindre le but. Si un électro-aimant cylindrique est placé dans la direction de l'aiguille d'inclinaison et qu'on le renverse par une demi-révolution autour de son axe, la désaimantation que subira le fer doux et l'aimantation inverse qui surviendra après exciteront dans l'hélice deux courants instantanés de même sens, dont l'existence pourra être constatée avec le galvanomètre. Il n'est pas nécessaire de produire une demi-révolution pour avoir un courant. Tout changement de direction par rapport à l'inclinaison magnétique sera accompagné d'un courant instantané plus au moins intense. M. Faraday a, tout naturellement, vérifié cette conséquence remarquable du fait fondamental qu'il avait découvert.

Sur ce principe on a construit la machine de Palmieri et Linari, à l'aide de laquelle des étincelles et des commotions sont produites par l'action que la terre exerce sur le fer doux.

C'est ordinairement par un changement de direction donné au fer doux qu'on obtient des courants électriques dans ces diverses expériences. On peut en produire encore sans aucun changement de direction, à l'aide de quelques artifices particuliers. Ainsi M. Quet a fait voir que, si l'on abaisse verticalement un long électro-aimant cylindrique, et qu'on l'arrête brusquement, comme pour donner une secousse, on obtient un courant d'influence qui se produit au moment de l'arrêt et qui ne dure qu'un instant. Dans cette expérience la direction de la tige de fer ne change pas par rapport à l'inclinaison magnétique. Si l'on renouvelle la secousse donnée au fer de l'électro-aimant, on obtenit une série de courants qui vont en s'affaiblissant d'intensité. Si on laisse le fer en place et qu'on lui applique des coups de marteau, on a encore des courants successifs qui s'affaiblissent rapidement. Le grand électro-aimant de Ruhmkorff est très-propre à mettre en évidence ce fait, que tout changement intérieur survenu au fer détermine des courants d'influence. M. Quet fait aboutir le fil de l'hélice à un galvanomètre, et il obtient des courants instantanés, en frappant le fer, en serrant un écrou de l'appareil, à plus forte raison en déplaçant l'électro-aimant.

XV

On peut encore aimanter et désaimanter facilement le fer par le courant électrique, et ce procédé nous donnera une nouvelle manière d'exciter des courants par influence. L'électro-aimant d'Ampère et d'Arago est parfaitement approprié à ce genre d'effet, puisqu'il suffit de faire communiquer l'hélice aux pôles d'une pile voltaïque et de placer dans le circuit un interrupteur qui l'ouvre ou le ferme.

Lorsque le courant passe dans l'hélice, le fer doux s'aimante, et, lorsque le courant est intercepté, le fer se désaimante. Plaçons donc l'électro-aimant dans une hélice fermée qui ne communique pas avec lui : nous aurons un courant inverse produit par influence au moment de l'aimantation, et un courant direct lorsque le fer se désaimante, en rapportant la direction de ces courants d'influence à celle des courants ampériens qui circulent autour des particules du fer aimanté. Si les deux bouts de l'hélice extérieure communiquent au galvanomètre, on constatera facilement le sens et l'instantanéité des deux courants.

Cet appareil a cela de remarquable, que l'hélice de l'électro-aimant agit dans le même sens que le fer doux pour produire des courants d'influence. Lorsque le courant de la pile commence à circuler dans l'hélice de l'électro-aimant, il dirige dans le même sens que lui les courants particulaires du fer doux. Donc ce courant qui commence produit pour son compte dans l'hélice extérieure un courant inverse qui s'ajoute au courant excité par l'influence de l'aimantation du fer. La même chose a lieu lorsque le courant voltaïque cesse de circuler.

C'est sur ce principe que se trouve fondée la puissante machine de Ruhmkorff.

XVI

Si le fer doux ne se trouvait pas dans l'électro-aimant et que l'hélice dont les bouts communiquent avec la pile fût seule au dedans de l'hélice extérieure, on aurait un appareil tout à fait analogue à celui que M. Faraday a employé pour reconnaître le siége des courants d'influence dans l'expérience fondamentale d'Ampère. On peut, à l'aide d'un interrupteur, fermer et ouvrir le circuit de la pile, et obtenir ainsi dans l'hélice extérieure une suite de courants alternativement de sens contraires. C'est ce qu'ont réalisé MM. Masson et Bréguet dans une machine qu'ils ont imaginé de construire en 1840.

XVII

En résumé, Ampère avait démontré que l'aimant électrique et l'aimant ordinaire jouissent des mêmes propriétés magnétiques, et il en avait conclu que l'aimant ordinaire n'est autre chose qu'un aimant électrique. On objectait à sa théorie que, si la force inhérente à l'aimant ordinaire avait, par ses effets magnétiques, certains rapports avec l'électricité, elle paraissait néanmoins en différer complétement par les effets physiologiques, calorifiques, lumineux et chimiques, que produisait l'électricité et qu'on ne pouvait pas tirer de l'aimant.

Mais Ampère fait voir la faiblesse de l'argument; il accepte cependant l'objection pour se livrer à de nouvelles recherches, imagine une expérience capitale, l'exécute avec succès et constate des phénomènes d'influence produits par les courants électriques qui commencent. D'un autre côté, Arago découvre un effet d'influence dû au déplacement relatif des courants électriques ou des aimants par rapport aux conducteurs voisins. Enfin M. Faraday soumet à une analyse brillante l'expérience fondamentale d'Ampère et celle d'Arago, et féconde leurs découvertes. C'est alors que l'on a pu construire diverses machines d'influence, à l'aide desquelles on obtient aujourd'hui avec les aimants soit des commotions, soit de la chaleur et de la lumière, soit encore des effets chimiques. Dans ces diverses recherches, la théorie d'Ampère a été un guide très-sûr, et tout s'est accordé avec elle.

On voit maintenant d'une manière plus générale quelle action puissante Ampère a exercée sur la marche, les progrès et les applications de la science électrique, d'abord par la création de l'électro-dynamique, puis par sa découverte des propriétés des courants en forme d'hélice et sa révélation de la nature électrique du magnétisme, enfin par son expérience fondamentale sur l'excitation de courants électriques sous l'influence d'autres courants[1].

XVIII

Avant d'entrer dans quelques détails sur les machines d'influence électro-dynamique que nous avons indiquées, il convient de développer plusieurs points des expériences précédentes.

Lorsqu'un courant voltaïque s'établit dans un circuit que l'on ferme, son intensité ne peut passer sans transition du néant à la valeur finale qu'il acquiert, et il doit atteindre par degrés successifs cette dernière valeur. Il y a donc un état variable qui précède l'état permanent du courant. Il en est évidemment de même lorsqu'un courant est brusquement interrompu ; c'est par degrés que son intensité s'annule. Quelque petite que soit la durée de l'un ou de l'autre

[1] Voir les recherches que M. Abria fit, il y a plus de 24 ans, sur les courants d'induction, dans le but de vérifier si l'on peut appliquer à l'induction électrique les lois générales qu'on avait découvertes sur le rendement des piles voltaïques et des sources thermo-électriques, lois que nous aurons à développer plus loin.

de ces états variables, elle ne peut pas être infiniment petite ; l'expérience du reste a confirmé ces prévisions fort simples, et nous en avons donné les résultats à l'occasion du télégraphe Caselli. On a vu d'ailleurs que la durée de l'état variable croît avec la longueur du circuit parcouru par le courant.

C'est pendant la durée de l'état variable pour le commencement ou la fin d'un courant que se produisent les courants excités par influence. Lorsque l'état permanent est atteint, toute production de courant par influence cesse, et elle ne peut se renouveler que si l'on fait croître ou diminuer l'intensité du courant excitateur.

Lorsque les courants sont excités par l'influence d'un courant voltaïque qui commence ou qui finit, ils atteignent assez brusquement toute leur intensité. Mais il n'en est pas toujours ainsi lorsqu'on les développe, soit par l'aimantation et la désaimantation du fer doux, soit par le déplacement relatif d'une hélice électro-dynamique ou d'un aimant.

L'expérience du disque tournant d'Arago montre clairement que l'effet sur l'aimant est d'autant plus sensible que le mouvement est plus rapide, ce qui prouve que les courants développés sur le cuivre acquièrent une intensité croissante avec la vitesse du plateau.

C'est aussi ce que M. Faraday a constaté en introduisant l'hélice excitatrice dans l'hélice soumise à son influence, par un mouvement tantôt brusque, tantôt lent. Il en est de même dans la machine de Pixii et les machines analogues. On conçoit donc que, pour obtenir de grands effets, on fasse tourner les aimants ou les électro-aimants avec une extrême rapidité. Dans les machines de la compagnie *l'Alliance* on porte cette vitesse à trois ou quatre cents tours par minute, et dans celles de M. Wilde à quinze cents, à dix-sept cents tours, et au delà.

Dans la machine de Ruhmkorff, la source d'influence est double. Celle de l'hélice électrique produit son effet aussi brusquement que possible, puisqu'elle résulte de la cessation ou de l'introduction du courant voltaïque dans l'hélice de l'électro-aimant. L'action du fer doux est aussi très-brusque; néanmoins elle n'a pas, sous ce rapport, le même avantage que celle de l'hélice; aussi convient-il de donner au fer de l'électro-aimant les qualités propres à favoriser la rapidité de l'aimantation et de la désaimantation.

M. Quet a cherché jusqu'à quel point l'aimantation du fer d'un électro-aimant tombe brusquement à son minimum, lorsqu'on ouvre le circuit de la pile. Il s'est servi du grand électro-aimant de Ruhmkorff, dont l'hélice aboutissait d'une manière permanente avec les deux piliers du commutateur de l'appareil. Les deux ressorts de ce commutateur étaient mis en communication avec un galvanomètre suffisamment éloigné, dès qu'on avait supprimé le courant de la pile qui arrivait d'abord par ces ressorts à l'hélice. Il était aisé de constater que l'aimantation du fer doux ne disparaissait pas brusquement aussitôt que le courant de la pile était arrêté. En effet, en faisant tourner le commutateur pour mettre l'hélice en rapport avec le galvanomètre, on déversait un courant dans le fil du galvanomètre, et l'on constatait sa présence par la déviation de l'aiguille aimantée. La communication de l'hélice et du galvanomètre ne durait qu'un instant, c'est-à-dire le temps nécessaire pour tourner le commutateur alternativement dans un sens et en sens contraire. En répétant l'expérience à des intervalles de temps équidistants, on obtenait, chaque fois, un courant dans le galvanomètre; mais les courants ainsi produits allaient en décroissant d'intensité. On recueillait de l'électricité même au bout de vingt secondes, ce qui est un temps fort long pour ce genre de phénomène. La désaimantation, au lieu d'être brusque, durait par conséquent plus de vingt secondes; avec des fers plus doux, on aurait eu d'autres résultats. Il y a donc lieu de diminuer autant que possible la cause d'affaiblissement constatée, surtout dans certaines machines.

XIX

Il nous reste à indiquer quelques détails sur les machines d'influence électro-dynamique.

Dès que M. Faraday eut publié ses recherches, Pixii construisit une machine propre à montrer en grand les effets d'influence électrique qu'on pouvait produire avec les aimants. Nous avons déjà donné le principe de cette machine; il suffira d'ajouter qu'à l'aide d'un commutateur analogue à celui d'Ampère, les courants alternativement contraires fournissaient des courants de même sens dans le circuit extérieur auquel l'hélice de l'électro-aimant aboutissait.

Si l'on fermait le circuit de l'hélice en prenant à la main deux cylindres de cuivre attachés aux bouts libres, ou en plongeant les mains dans l'eau de deux vases séparés où le fil aboutissait, on éprouvait de fortes secousses. Voilà donc tirées de l'aimant ces commotions qu'on ne savait autrefois produire qu'avec l'électricité : que devenait alors l'objection regardée comme capitale contre la théorie d'Ampère?

En fermant l'hélice de l'électro-aimant par un fil de platine, on faisait rougir ce fil; on obtenait même des étincelles électriques dans l'air. Le feu électrique pouvait donc aussi être puisé dans le sein même de l'aimant.

Si les deux bouts de l'hélice étaient mis en communication avec les fils d'un voltamètre, l'eau était décomposée; l'oxygène et l'hydrogène étaient non-seulement séparés, mais encore transportés, le premier au pôle positif et le second au pôle négatif. Les effets chimiques n'échappaient donc pas à ce mode d'action.

Quelle objection pouvait-il rester encore contre la théorie d'Ampère? Évidemment aucune.

XX

Les effets des machines du genre de celle de Pixii ou de celle de Clarke peuvent être agrandis par l'accouplement de plusieurs machines analogues, de la même manière qu'on agrandit les effets de la pile voltaïque en augmentant le nombre des couples.

L'hélice de l'électro-aimant dans ces appareils peut être comparée, sous certains rapports, à un élément voltaïque; elle devient une source de courant, sous l'influence des aimants, lorsqu'il y a un déplacement relatif. Le courant voltaïque, il est vrai, est continu, tandis que celui de l'hélice se compose d'une série de courants instantanés qui se succèdent avec plus ou moins de rapidité et qui sont alternativement de sens contraire. En redressant les courants instantanés dans le circuit extérieur, on a une suite de courants de même sens qui peuvent souvent simuler un courant continu. D'un autre côté, on peut remarquer que les deux fils polaires d'une pile voltaïque ne donnent d'étincelle qu'au moment du contact, à moins que la pile ne soit très-puissante; dans les mêmes conditions elles ne produisent que des commotions peu énergiques. La machine qui fournit des courants d'influence donne au contraire de l'électricité de tension, puisqu'elle produit de vives étincelles et de fortes commotions. Il y a donc entre les deux genres d'appareils des ressemblances et des différences. Néanmoins l'étude que l'on a faite depuis longtemps de la pile de Volta peut servir de guide pour augmenter la puissance des machines d'influence.

Lorsqu'on dispose en série un nombre considérable d'éléments voltaïques, on obtient des courants capables de vaincre de grandes résistances; nous en avons vu un exemple éclatant dans les expériences de Davy sur l'arc voltaïque. Le courant de chaque élément de la pile est conduit successivement à travers les autres éléments et le reste du circuit; la forte résistance qu'il rencontre dans son passage à travers la pile l'affaiblit, mais les courants de tous les éléments s'ajoutent, ce qui tend à compenser l'affaiblissement. Il arrive alors que le courant total, ayant dans la pile même une grande résistance à vaincre, est moins affaibli lorsqu'on lui en oppose une nouvelle dans le circuit extérieur, parce que cette dernière est une fraction moindre de la résistance totale.

Il y a donc lieu d'examiner quels seraient les effets d'un nombre quelconque de machines d'influence électro-dynamique, lorsque ces machines seraient disposées en série, à la manière d'une pile de Volta.

Lions chaque hélice avec celle qui précède et avec celle qui suit, de manière que tous les courants instantanés, qui sont produits simultanément, parcourent dans le même sens le circuit général. Chaque courant s'affaiblira en traversant les hélices successives, mais la somme des courants tendra à compenser l'affaiblissement, et l'on aura un courant capable de vaincre de plus grandes résistances que si l'on mettait en jeu une seule machine. Voyons maintenant comment ces principes sont réalisés dans les machines de la compagnie *l'Alliance*.

XXI

La machine d'influence électro-dynamique que construit la compagnie *l'Alliance* se compose d'une série de machines simples disposées de manière que leurs mouvements soient concordants.

Dans les grands appareils, les électro-aimants sont cylindriques, horizontaux et fixés, à égale distance les uns des autres, sur le contour d'une roue verticale, ou de plusieurs roues montées sur un même axe. Si l'on emploie seize électro-aimants sur une roue, on aura d'un côté de la roue seize bases de fer espacées d'un seizième de circonférence, et autant de l'autre côté.

Pour aimanter ces trente-deux bases de fer doux, on emploie trente-deux pôles d'aimant, dont seize d'un côté de la roue et seize de l'autre. Les seize premiers pôles sont ceux de huit aimants en fer à cheval, fixés sur des supports, à égale distance les uns des autres; ces pôles se trouvent ainsi distribués sur une circonférence de même rayon que celle des électro-aimants et parallèle à cette dernière. La même disposition se reproduit pour les seize autres pôles de l'autre côté de la roue mobile. On établit tous les aimants de manière que les pôles qui se suivent sur une même circonférence soient alternativement de sens contraire, et qu'il en soit ainsi pour les pôles placés en face des deux côtés de la roue des électro-aimants. Tout cela s'obtient très-aisément au moyen de châssis portant huit barres parallèles à l'axe de rotation et espacées d'un huitième de circonférence. C'est sur les barres de ces châssis que les aimants sont fixés.

Considérons maintenant la roue mobile. Lorsque les fers doux sont en face des pôles des aimants, ils se trouvent aimantés, et les fers successifs ont des aimantations contraires. Faisons tourner la roue d'un seizième de circonférence; chaque fer se désaimantera dans la première moitié de cette excursion, et s'aimantera en sens contraire dans la seconde moitié; il produira ainsi deux courants instantanés de même sens dans son hélice. Un second seizième de révolution donnera un deuxième courant total inverse du premier; un troisième seizième de révolution fournira un courant inverse du précédent, et ainsi de suite; dans un tour complet chaque hélice fournira seize courants alternativement de sens contraire. En liant convenablement les hélices les unes aux autres, on aura des courants qui circuleront suivant le même sens dans les diverses hélices, mais qui auront des directions inverses à chaque seizième de révolution. Ces courants seront conduits dans un circuit extérieur, où l'on pourra les diriger dans le même sens à l'aide d'un commutateur, ou leur laisser les directions alternatives qu'ils ont naturellement. Lorsqu'on veut produire des effets de lumière électrique, on n'emploie pas le commutateur, parce que cet appareil diminue la force du courant, soit à cause des étincelles qu'il donne, soit à cause de l'altération que subissent les contacts par l'oxydation due aux étincelles.

On peut augmenter la puissance de la machine à une roue en plaçant sur le même arbre de rotation plusieurs autres roues analogues, ayant chacune son système d'électro-aimants circulant entre des aimants fixes. Si l'on emploie quatre roues de seize électro-aimants chacune, ce qui exige soixante-quatre aimants, on réunit ordinairement les aimants qui correspondent à deux roues voisines. Alors les aimants extrêmes sont composés chacun de deux feuilles d'acier, et les intermédiaires, de quatre feuilles; du reste, les fils des roues communiquent entre eux. On construit aussi des machines à six roues de seize électro-aimants; dans ce cas il y a huit rangées de barreaux, afin de fournir seize pôles à chaque côté de roue; chaque rangée a sept barreaux dont les extrêmes ont deux feuilles et les intermédiaires quatre, ce qui constitue des barreaux doubles.

On peut au besoin accoupler deux grandes machines de quatre roues ou de six roues, suivant l'usage qu'on veut faire de l'électricité.

Les machines de la compagnie *l'Alliance* sont employées, soit à fournir des courants électriques pour les dépôts de métaux, soit à produire de la lumière. Dans ce dernier cas, les conducteurs extérieurs communiquent aux crayons de charbon d'un régulateur de lumière électrique, tel que celui de M. Serrin ou celui de M. Foucault. Les charbons traversés par le courant s'illuminent, et il se produit un arc voltaïque dont l'éclat est maintenu constant par le jeu même du régulateur. Pour obtenir une puissante lumière, on fait tourner les roues des électro-aimants avec une vitesse de trois ou quatre cents tours par minute, ce qui exige une machine à vapeur de la force de trois chevaux.

Nous examinerons les effets lumineux que ces machines produisent, lorsque nous parlerons de la lumière électrique.

XXII

Nous avons déjà dit que la machine de Ruhmkorff se compose d'une hélice multiple, dans l'intérieur de laquelle on place un électro-aimant à hélice également multiple. Si l'on arme cet électro-aimant de son levier magnétique, on pourra se servir des oscillations du levier pour ouvrir et fermer alternativement le circuit de la pile qui doit animer l'électro-aimant. Le même effet s'obtient avec l'interrupteur de M. Foucault. D'après ces dispositions, l'hélice de l'électro-aimant reçoit une série de courants discontinus qui aimantent le noyau de fer doux pendant chaque passage. Lorsque le courant de la pile commence son parcours dans l'hélice, le fer s'aimante, et, par ces deux causes concordantes, il se produit dans l'hélice extérieure un courant inverse. De même, lorsque le courant de la pile cesse de parcourir l'hélice, le fer doux se désaimante, et, par ces deux influences qui s'accordent, il s'excite un courant direct dans l'hélice extérieure. Cette dernière hélice devient ainsi le siége d'une série de courants instantanés, alternativement de sens contraire.

On peut facilement constater sur cet appareil les propriétés générales et caractéristiques des courants excités par influence. Ainsi, lorsque les deux extrémités de l'hélice extérieure sont suffisamment rapprochées et que l'interrupteur est en activité, on voit se produire une série d'étincelles qui se renouvellent avec une extrême rapidité. L'électricité dont se charge le fil par influence acquiert donc une tension très-forte, puisqu'elle peut franchir, à travers l'air, une distance plus ou moins grande, et cependant le courant de la pile qui est l'origine de cette puissance serait par lui-même incapable de traverser une couche d'air un peu sensible.

L'étincelle n'est pas produite indifféremment par les courants inverses et directs qui se succèdent; les courants directs ont seuls assez de tension pour traverser l'air. On s'en assure en soulevant et abaissant l'interrupteur avec la main, car on obtient une étincelle chaque fois que le courant de la pile est interrompu, et l'on n'en a pas lorsqu'on ferme le circuit. Les courants inverses n'ont donc pas une tension aussi forte que les courants directs. Cependant il ne faudrait pas conclure de là qu'ils ne puissent donner de la lumière, quelles que soient les circonstances. Nous verrons en effet que, dans des conditions spéciales, on obtient une émission de lumière par l'un et par l'autre de ces courants.

La longueur des étincelles qu'on tire de cet appareil peut être considérablement augmentée par divers artifices. Ainsi le condensateur que M. Fizeau imagina d'adjoindre à la machine et de placer sur le circuit de la pile voltaïque permit d'avoir des étincelles d'environ 7 millimètres de long avec les anciens appareils, qui étaient loin de cette puissance. Par l'accouplement de deux machines, M. Quet put obtenir des étincelles beaucoup plus longues. A l'aide d'un meilleur isolement, M. Jean parvint à en produire de 30 centimètres. Avec les nouveaux perfectionnements apportés à sa machine, M. Ruhmkorff peut tirer aujourd'hui des étincelles de 50 centimètres qui percent des blocs de verre de 10 centimètres d'épaisseur. Pour atteindre cette énorme puissance, il a fallu : une plus grande perfection dans l'isolement des fils; des longueurs de fil plus considérables et qui vont jusqu'à 100,000 mètres pour le fil de $\frac{1}{10}$ de millimètre de l'hélice extérieure; la séparation des hélices en plusieurs parties successives, d'après le système de M. Poggendorff; enfin l'emploi de l'excellent interrupteur imaginé par M. Foucault.

La machine de Ruhmkorff peut servir à charger une bouteille de Leyde ou une batterie électrique de la même manière qu'une machine de Nairne, puisque les extrémités de l'hélice extérieure reçoivent constamment des électricités contraires par l'effet de l'influence électro-dynamique. Il est vrai que chaque extrémité reçoit tour à tour les deux fluides électriques, mais il est facile d'éliminer celui qui est donné par les courants inverses, puisqu'il ne peut pas ordinairement produire de décharge à travers l'air. Pour charger une batterie électrique dont les armatures de même nom sont réunies entre elles, on n'a qu'à relier les armatures intérieures avec l'un des bouts de l'hélice induite, et à tirer des étincelles sur les armatures extérieures ou sur une pièce qui leur est liée. L'excitateur de Lannes est très-propre à cela. L'une de ses tiges communique avec les armatures extérieures de la batterie, et l'autre avec la seconde extrémité de l'hélice; les deux électricités produites par influence, au moment de l'ouverture du circuit de la pile, se rendent dans les armatures, et l'une d'elles traverse l'air qui sépare les tiges de l'excitateur. Les électricités qui se produisent au moment de la fermeture du circuit voltaïque, ne pouvant pas traverser la lame d'air, se recomposent dans l'hélice. En adaptant un électromètre de Henley à la batterie, on pourra suivre le progrès de la condensation des deux électricités sur les deux armatures. A mesure que la tension électrique de la batterie augmente, les deux fluides condensés tendent à se rejoindre par le fil de l'hélice, qui servirait alors comme un excitateur universel; mais, pour que la décharge pût s'opérer, il faudrait que la distance des deux tiges de l'excitateur ne fût pas trop grande, car on sait que l'étincelle des batteries ne s'obtient qu'à une petite distance. On a donc soin d'écarter suffisamment ces tiges, ce qui est toujours possible, puisque les étincelles de la machine peuvent être très-longues.

M. Jamin a réuni diverses batteries à la grande batterie de Charles, et il est parvenu à charger en trente secondes cent-vingt bouteilles de Leyde avec quatre machines de Ruhmkorff, accouplées entre elles et animées chacune par huit éléments de Bunsen. L'électricité condensée était si considérable qu'elle fondait et volatilisait sans peine des fils de fer, de cuivre et d'argent, de plus d'un mètre de long. On peut aussi se servir de la même machine pour charger une batterie par cascade et obtenir de cette manière de très-beaux effets. Mentionnons ici que le puissant appareil construit par M. Ruhmkorff a valu à son auteur le prix de 50,000 francs accordé par S. M. Napoléon III.

XXIII

La machine de MM. Masson et Bréguet ne contient que deux hélices multiples, placées l'une dans l'autre. L'hélice extérieure communique avec les pôles d'un élément voltaïque à l'aide d'un interrupteur; l'autre hélice, dans laquelle est excitée par influence une série de courants instantanés et alternativement de sens contraire, est reliée à un circuit extérieur.

Si l'on prend à la main les extrémités de cette seconde hélice, on éprouvera des commotions à chaque interruption du courant voltaïque. Avec des hélices dont les fils ont 600 ou 700 mètres et dont les circonvolutions sont bien isolées, on obtient de vives secousses, qu'on peut renouveler rapidement en prenant un interrupteur circulaire. Si l'on place sur l'axe de l'interrupteur un commutateur circulaire qu'on introduit dans le circuit des courants excités par influence, on peut redresser les courants inverses et leur donner ainsi la même direction qu'aux courants directs dans le circuit extérieur. Le commutateur peut être disposé de manière à supprimer à volonté les courants directs ou les courants inverses.

En faisant passer les courants instantanés dans le vide de l'œuf électrique, on obtient de belles lumières polaires.

Dans la machine que MM. Masson et Bréguet ont construite en 1840, l'hélice extérieure communiquait avec la pile voltaïque; on peut faire servir au même usage l'hélice intérieure, et cette combinaison est plus avantageuse.

TROISIÈME PARTIE.

CHALEUR ET LUMIÈRE ÉLECTRIQUES.

I

Le feu électrique peut être porté à de grandes distances et à travers tout obstacle; lorsqu'il s'accumule en certains points du circuit, il y éclate en vive lumière; en s'exaltant, il dépasse la puissance des foyers artificiels et rivalise presque avec les rayons solaires; il peut se propager par alternatives de lumière et d'obscurité; enfin il se transforme en travail chimique ou mécanique[1].

Lorsqu'on veut condenser la chaleur électrique sur un point donné, il suffit d'y opposer au courant une résistance convenable. C'est ce qu'on obtient par l'interposition d'un fil très-fin de platine, qui rougit et fond si le courant est assez énergique.

Tel est le moyen que MM. Quet et Bauchetet imaginèrent d'employer, en 1843, pour enflammer les fourneaux de mine; le courant était fourni par une pile de Bunsen. Ils eurent aussi l'idée d'établir sur le circuit principal plusieurs dérivations, afin d'enflammer à la fois trois ou quatre fourneaux. Cette application des courants dérivés pouvait passer alors pour assez neuve. Les expériences faites à l'École régimentaire du génie, à Montpellier, furent dirigées, depuis 1843 jusqu'en 1846, par M. Bauchetet, qui se trouva conduit à un procédé tout à fait pratique dans le système d'attaque ou de défense par les mines. Les explosions étaient instantanées, et les galeries restaient toujours habitables; en sorte qu'on

[1] Les propriétés du spectre qu'on forme avec la lumière électrique sont étudiées dans un autre rapport.

pouvait y rentrer immédiatement après avoir mis le feu aux fourneaux. La pile de Bunsen possède cet avantage, que ses conducteurs n'ont pas besoin d'être isolés, bien qu'on soit obligé souvent de les laisser exposés à l'humidité et même de les plonger dans l'eau. M. Bauchetet avait appris aux mineurs à confectionner eux-mêmes les éléments de Bunsen; de cette manière, s'ils avaient été pris au dépourvu, il ne leur aurait fallu que quelques jours pour construire une pile convenable, et l'utiliser en campagne.

En 1851, lorsque le câble télégraphique de Calais à Douvres fut posé, on se servit d'un procédé analogue au précédent pour mettre le feu à une pièce de canon placée d'un côté de la Manche, tandis que la batterie électrique était de l'autre côté. Deux cent quarante éléments furent nécessaires.

II

L'appareil de Ruhmkorff est aussi employé, depuis 1853, pour enflammer les fourneaux de mine. M. Savare chercha un moyen de s'en servir pour mettre le feu à plusieurs fourneaux, sinon à la fois, au moins presque simultanément. Le fil principal et les fils de dérivation sont recouverts de gutta-percha et communiquent tous avec le sol. Chacun de ces derniers est interrompu au milieu d'une boîte d'amorce à pyroxyle, et les deux bouts sont soudés à un petit cylindre d'alliage très-fusible, qui est engagé dans un tube de gutta et s'y trouve entouré de pulvérin. Lorsque l'une des boîtes prend feu, la combustion de la poudre fait fondre l'alliage, et l'extrémité correspondante du fil se couvre de la gaîne de gutta, ce qui empêche sa communication avec la terre après l'explosion, et par suite l'écoulement de l'électricité dans le sol.

Des expériences de même nature ont été faites plus tard par MM. Dussaud, Rabattu et Dumoncel, lorsqu'on a creusé dans le roc vif l'immense bassin de Cherbourg. L'appareil de Ruhmkorff donnait l'électricité, et des fusées de Stateham enflammaient la poudre. Si l'on mettait le feu à plusieurs fourneaux à la fois, on profitait de la réaction qu'exerçaient les ébranlements simultanés les uns sur les autres, et qui les rendait plus efficaces. Quelquefois on se servait de 30,000 kilogrammes de poudre; alors la masse disloquée et soulevée à 5 ou 6 mètres de hauteur présentait le volume énorme de 50,000 mètres cubes.

III

La faculté qu'on a de porter brusquement le feu électrique sur un point donné est depuis longtemps utilisée pour enflammer en vase clos des mélanges explosifs. La force expansive que prennent instantanément les produits de ces combustions est aujourd'hui employée d'une manière ingénieuse.

Concevons un cylindre métallique vertical, fermé par en bas et contenant un piston chargé d'un poids. Si un mélange explosif est introduit sous le piston et qu'on l'enflamme, on verra le piston s'élever et porter sa charge à une hauteur plus ou moins grande. On peut, de cette manière, soulever à 1 mètre de hauteur un poids de plus de 100 kilogrammes. Il est donc possible d'appliquer l'explosion électrique des mélanges gazeux à faire osciller le piston d'une machine analogue aux machines à vapeur.

Supposons que le cylindre métallique soit horizontal, qu'il reçoive le mélange explosif tantôt à gauche, tantôt à droite du piston, et qu'en même temps il laisse échapper dans l'atmosphère les produits de la combustion. Si le mélange est dans la partie gauche du cylindre, et qu'on tire à travers le gaz une étincelle électrique, la combustion s'effectuera en quelque sorte instantanément, une grande quantité de chaleur se développera, les produits seront brusquement élevés à une haute température. Leur force élastique deviendra donc considérable, et le piston, ainsi poussé, se portera vers la droite, en exerçant par la partie extérieure de sa tige une force de traction plus ou moins grande. En même temps les gaz situés dans la partie du cylindre qui est à droite du piston, et qui sont les résidus d'une combustion antérieure, s'écouleront dans l'atmosphère par l'orifice qui est ouvert. Vers la fin de la course du piston, l'orifice d'écoulement se ferme, le mélange explosif arrive dans le cylindre à la droite du piston, et, par l'effet d'une explosion électrique, le piston, repoussé vers la gauche, exécute un nouveau travail.

Il est à peine nécessaire de dire que le mouvement rectiligne alternatif du piston peut être transformé en tel mouvement qu'on veut par les procédés ordinaires des machines à vapeur. Ainsi la tige du piston mène une bielle qui fait tourner un arbre horizontal muni d'un volant, ce qui procure un mouvement circulaire continu que l'on transmet ensuite aux autres machines. C'est à cet arbre de rotation qu'on emprunte le mouvement nécessaire pour les deux tiroirs qui distribuent le mélange explosif à droite et à gauche du piston, et qui donnent aux résidus de la combustion un accès libre dans l'air extérieur.

Dans le moteur Lenoir on emploie le gaz de l'éclairage mêlé à l'air atmosphérique dans la proportion d'un dixième du premier gaz sur neuf dixièmes du second. L'étincelle électrique qui produit la combustion est tirée à travers le mélange gazeux sur le piston même, lorsqu'il s'approche suffisamment de l'une ou de l'autre des bases du cylindre; aussi le piston est-il en communication permanente avec l'un des pôles de la source électrique. Le second pôle de cette source peut aboutir soit à l'une, soit à l'autre des bases du cylindre, au moyen de deux fils qui les traversent et sont protégés par des corps isolants. Il faut évidemment que le second pôle de la source communique avec le fil de gauche, lorsque le piston se dirige vers lui, et avec le fil de droite, lorsque le piston s'approche de ce dernier fil. Ces changements périodiques de communication s'obtiennent aisément par un commutateur tournant qui reçoit son mouvement de l'arbre de rotation. Le pôle de la source électrique est en rapport avec un rayon mobile, qui tourne en même temps que l'arbre de la machine, et qui passe successivement sur deux arcs de cercle métalliques et verticaux, convenablement espacés entre eux, et communiquant, l'un avec le fil de la base antérieure du cylindre, l'autre avec le fil de la base postérieure. De cette manière, l'électricité que le rayon mobile reçoit de la source est transmise successivement à l'un et à l'autre de ces fils, ce qui suffit pour obtenir les étincelles au moment opportun.

La machine de Ruhmkorff est parfaitement appropriée au service du moteur Lenoir. En effet, elle donne de l'électricité de tension et peut renouveler ses étincelles avec beaucoup de rapidité. Pour un moteur de la puissance de deux chevaux on se sert de deux éléments de Bunsen.

Le moteur Lenoir n'est pas destiné à rivaliser avec les machines à vapeur dans les grands effets que ces derniers appareils produisent le plus souvent. Néanmoins il est susceptible d'applications variées. Pour l'employer avec avantage, il suffit que l'on ait à sa disposition, et à bon marché, un gaz explosif tel que le gaz d'éclairage. Il n'est pas nécessaire de construire à grands frais un fourneau à cheminée pour chauffer une chaudière, comme dans les machines à vapeur; on n'a ici ni fourneau, ni cheminée, ni chaudière, mais simplement deux éléments de Bunsen, une machine de Ruhmkorff et un tuyau qui amène le gaz d'éclairage. Cet appareil peut donc être placé immédiatement dans un chantier, puis être porté dans un autre sans frais ni retard de construction. Il a cet autre avantage, qu'on le met en train instantanément ou qu'on arrête sa marche quand on veut, sans qu'il soit nécessaire d'allumer ou d'éteindre le feu d'un fourneau.

Il existe à Mulhouse des maisons dont une pièce est traversée par l'arbre d'une machine à vapeur placée dans le voisinage. C'est à cet arbre que, sans quitter son domicile ni ses enfants, la femme de l'ouvrier peut emprunter le mouvement nécessaire pour faire marcher divers métiers. Il y a là, comme on le voit, une tentative très-importante sous le rapport de l'hygiène et de la morale. Le moteur Lenoir entreprend une autre solution du problème.

IV

L'étincelle électrique est souvent employée en chimie pour décomposer les gaz; mais l'opération est ordinairement assez longue, parce que les étincelles que fournit la bouteille de Leyde ou l'électrophore de Volta ne se renouvellent que lentement. Avec les appareils d'induction, spécialement avec la machine de Ruhmkorff, qui donne des torrents d'étincelles, on peut accélérer la marche des opérations chimiques. En conduisant le courant de cette machine dans une série d'eudiomètres à fils de platine et à travers l'acide sulfhydrique, l'hydrogène bicarboné, l'ammoniaque, on décomposera, en quelques minutes, 5 à 6 centimètres cubes de ces gaz : c'est une expérience de cours qui n'est pas sans intérêt, car on voit promptement sortir de ces substances aériformes, ici du soufre en fleur qui se dépose, là du charbon en poudre fine qui s'attache aux fils de platine et aux tubes comme une suie pendante.

En faisant cette expérience, M. Quet s'est assuré que les éléments sont en général séparés par l'action calorifique de l'étincelle, et non par quelque effet propre à l'électricité. L'eudiomètre qu'il employa pour constater la chose était l'un de ces tubes de verre qui servent à faire passer l'électricité dans le vide et qui portent, dans leur axe, deux tiges métalliques terminées par deux boules de cuivre. Le tube étant plein d'hydrogène bicarboné pur et se trouvant disposé horizontalement, les boules étaient placées à une distance convenable pour le passage de l'étincelle, et les tiges étaient mises en communication avec les pôles de l'appareil d'induction de Ruhmkorff. On voyait d'abord une tache circulaire noire se développer sur chaque partie opposée des boules de cuivre; bientôt des mamelons de charbon pulvérulent et adhérent se formaient sur ces taches, comme bases, et s'allongeaient horizontalement en allant à la rencontre l'un de l'autre; les mamelons finissaient par se joindre, et alors le courant passait sans étincelle sensible. Pendant que les mamelons croissaient en longueur, on n'apercevait aucune trace de charbon déposé sur la paroi inférieure du tube, au-dessous de l'intervalle horizontal que traversaient les étincelles; on n'en voyait pas non plus ailleurs en dehors des mamelons coniques dont il vient d'être parlé. Il résulte de ce fait que le gaz n'est visiblement décomposé qu'à la surface même des boules de cuivre ou des cônes de charbon. C'est donc la chaleur produite par l'étincelle là où l'électricité sort du conducteur métallique, qui est la cause de la décomposition. Si les éléments étaient transportés, comme dans les décompositions voltaïques, on ne trouverait de charbon que sur l'une des boules. Il est vrai que la machine de Ruhmkorff fournit une série de courants discontinus qui se succèdent en sens inverse; mais les courants qui traversent le gaz sont tous de même sens et correspondent à l'ouverture du circuit inducteur, comme on peut facilement s'en assurer.

Si l'on changeait les dispositions ordinaires des expériences eudiométriques, il est clair que des résultats différents pourraient se produire.

V

Il y a longtemps que la chaleur de l'étincelle a été appliquée à la décomposition des liquides; mais l'appareil de Ruhmkorff, produisant avec la plus grande facilité des étincelles vives et très-nombreuses, permet d'agrandir les effets que l'on pouvait obtenir par les anciens procédés.

Pour conduire le courant de l'hélice induite, M. Quet s'est servi de deux fils de platine soudés dans des tubes de verre qu'ils dépassaient à peine, et, par ce moyen, il a pu décomposer non-seulement l'eau acidulée, mais aussi les liquides mauvais conducteurs, tels que l'eau distillée, l'huile de naphte, l'essence de térébenthine, l'éther sulfurique, l'alcool, etc.

L'eau est décomposée avec un bruit très-vif de crépitation. Au bout de chaque fil de platine on voit une série d'étincelles très-courtes, imitant un feu continu, comme si l'on avait deux petites lampes allumées au sein de l'eau.

Les gaz recueillis à chaque bout de fil contiennent à la fois de l'oxygène et de l'hydrogène. C'est donc la chaleur même de l'étincelle qui produit cette décomposition, au moins en grande partie; et, lorsqu'il en est ainsi, le phénomène est analogue à celui que nous avons déjà constaté dans la décomposition de l'hydrogène bicarboné. Si les fils dépassaient de beaucoup les tubes de verre, la tension de l'électricité changerait considérablement, l'étincelle serait réduite et même annulée, et alors les résultats de la décomposition de l'eau ne seraient plus les mêmes.

Dans une de ses belles expériences, M. Grove a fait voir que les éléments de l'eau peuvent être séparés par la chaleur du platine porté à une très-haute température. Avec l'action des étincelles électriques, un fait de cette nature doit pouvoir se produire. Il est vrai que les extrémités des fils ne présentent aucun indice d'incandescence, mais on trouve que le métal s'use, et dès lors il est permis de conclure que l'étincelle arrache et entraîne des particules métalliques dont la température est très-élevée; et c'est à ce platine incandescent qu'on doit attribuer la décomposition de l'eau, quand l'expérience est faite convenablement.

VI

Bien que l'étincelle électrique agisse généralement par sa chaleur, son emploi dans les recherches chimiques n'est pas sans quelque utilité, puisque, avec l'appareil de Ruhmkorff, on peut soumettre très-promptement les corps à cette chaleur, modifier l'expérience et varier les phénomènes pour les étudier sous leurs diverses faces, sauf à reprendre ensuite, par les procédés ordinaires de la chimie, les faits qui ont présenté quelque intérêt. C'est ce que démontre un exemple très-simple.

En faisant passer dans l'alcool un torrent d'étincelles électriques fournies par l'appareil de Ruhmkorff, M. Quet a retiré de ce liquide un mélange gazeux qui, au premier abord, différait peu de celui qu'on obtient par l'effet ordinaire de la chaleur. Cependant, avec une dissolution ammoniacale de protochlorure de cuivre, ce gaz produisait un corps solide d'un rouge de cuivre, jouissant de la propriété de détoner avec émission de lumière, lorsqu'on le chauffait un peu au-dessus de 100° ou qu'on le frappait avec le marteau; ce corps s'enflammait au contact du chlore. Il se produisait donc avec la chaleur de l'étincelle une décomposition plus avancée qu'avec celle d'un fourneau ordinaire, puisque le fluide élastique contenait des traces d'un gaz nouveau. Ce gaz, une fois reconnu, pouvait être préparé en plus grande quantité, soit par l'action prolongée des étincelles de l'appareil Ruhmkorff, soit par une forte élévation de température de fourneau à réverbère.

Avec le concours de M. Loir et de M. Seguin, M. Quet constata que le gaz inflammable nouveau, retiré de la matière détonante par l'acide chlorhydrique, se combinait avec le chlore pour former soit un liquide analogue à la liqueur des Hollandais, soit le perchlorure cristallin de carbone.

Pour analyser ce gaz avec l'eudiomètre, il fallait auparavant le purifier; c'est ce que fit M. Berthelot, qui lui trouva la composition de l'acétylène.

Depuis, M. Berthelot a fait de ce gaz et de ses composés une étude qui a pris une place importante dans la chimie organique.

VII

Pour obtenir de grands effets de chaleur et de lumière, on peut se servir d'une puissante pile voltaïque ou de grandes machines d'induction. Lorsque les deux charbons dont sont armés les fils conducteurs se touchent par leurs extrémités et qu'un courant très-intense les traverse, il se produit un des plus puissants foyers de chaleur et de lumière. En plaçant divers corps dans un creuset taillé à l'extrémité du charbon inférieur et en les touchant avec le charbon supérieur, Davy fondit et volatilisa presque toutes les substances. Avec une pile de six cents éléments de Bunsen, Despretz produisit plus tard les plus grands effets connus :

Sous une atmosphère d'azote, le silicium, le bore et le tungstène furent fondus et réduits en globules.

Dans le vide de la machine pneumatique, le titane fut volatilisé.

Dans l'air atmosphérique, la chaux, la magnésie et l'oxyde de zinc furent fondus en verres transparents, et même volatilisés.

En quelques minutes, 80 grammes de palladium, 250 grammes de platine furent fondus.

Le charbon, qui n'avait jamais été dompté par le feu, fut ramolli; des baguettes de ce corps furent pliées, enfoncées l'une dans l'autre et même soudées; du charbon de sucre fut réduit en globules dans une atmosphère d'azote.

Enfin, lorsqu'à cinq cents éléments déjà réunis on en ajouta cent autres, Despretz vit s'élever de toute la surface du charbon un nuage noir qui se condensa et se déposa en grande partie sur le ballon où l'expérience se faisait. Après avoir été pâteux ou liquide, le charbon devenait par refroidissement un corps doux au toucher, tachant les doigts et laissant des traces sur le papier. Le charbon se transformait donc en graphite, et le changement avait lieu, que le charbon provînt soit du sucre, soit de l'anthracite, soit des cornues à gaz. Par son brusque refroidissement, la vapeur de charbon donnait, au contraire, un corps dur au toucher, capable de polir les pierres fines, moins bien, il est vrai, que le charbon des cornues, mais mieux que le charbon de bois.

MM. Fizeau et Foucault avaient observé, avant ces expériences, la transformation du charbon des cornues en graphite, en passant l'une sur l'autre les baguettes de charbon dont ils se servaient pour produire la lumière électrique avec une pile de quatre-vingts éléments de Bunsen.

Au moyen de la machine de M. Wilde, qui marche avec une vitesse de deux mille deux cents à deux mille cinq cents tours à la minute, on peut fondre un fil de fer de 6 millimètres de diamètre et de 30 centimètres de longueur, ce qui est un très-grand effet calorifique.

VIII

De même que l'arc voltaïque produit les plus grands effets connus de chaleur, de même il est le plus puissant foyer artificiel de lumière. Lorsque le jet enflammé d'un mélange d'hydrogène et d'oxygène est dirigé sur de la chaux, la phosphorescence de ce dernier corps donne à la flamme un éclat éblouissant, et cette lumière, connue sous le nom de *lumière Drummond*, est la plus vive de celles qu'on peut obtenir par les procédés chimiques.

L'arc électrique a une puissance de beaucoup supérieure à celle de la lumière Drummond. MM. Fizeau et Foucault ont comparé ces deux sources de rayons lumineux. D'après leurs mesures, la lumière produite par le charbon positif que traversait le courant d'une pile de Bunsen, formée de trois séries de quarante-six couples chacune, s'est trouvée cinquante-six fois plus intense que l'autre.

Cette magnifique puissance n'est dépassée que par les rayons solaires. MM. Fizeau et Foucault ont constaté que, par un ciel pur du mois d'avril, le pouvoir éclairant du soleil était deux fois et demie plus grand que celui de la lumière électrique obtenue dans les conditions que nous venons d'indiquer.

IX

On connaît d'une manière générale la puissance calorifique du soleil; cependant il ne sera pas inutile de rappeler ici les mesures que nous devons à M. Pouillet. En recueillant les rayons solaires sur une surface noircie à la fumée et dirigée normalement à ces rayons, et en déterminant l'élévation de température que la chaleur ainsi absorbée produisait sur un poids connu d'eau, M. Pouillet a constaté que, dans le cours d'une année, la chaleur totale, reçue par la terre serait de 231 calories 675 millièmes par centimètre carré, si elle était répartie uniformément sur toute sa surface. Nous savons que la calorie correspond à un travail mécanique de 425 kilogrammètres; nous pouvons donc calculer l'effet mécanique équivalant à cette chaleur, et nous trouvons qu'en moyenne le travail de la chaleur solaire reçue par chaque hectare équivaut au travail mécanique de dix machines de 417 chevaux. Ainsi tous les mouvements moléculaires, toutes les décompositions et recompositions chimiques qui s'accomplissent sur un hectare de terre dans le cours d'une année, et qui ont leur cause dans la chaleur et la lumière solaires, représentent en moyenne le travail dont nous venons de parler.

D'où vient cette énorme puissance? Avant les grandes découvertes relatives à la lumière et à la chaleur électriques, on supposait que le soleil était un vaste foyer de combustion, dont l'énergie ne semblait pas diminuer depuis les temps historiques les plus reculés.

En 1820, Ampère appela l'attention sur l'incandescence électrique, qui se maintient permanente tant que la pile a du zinc à dépenser, et qui, dans le vide ou dans les gaz inactifs, se produit sans la combustion des substances illuminées par le courant, et sans aucune déperdition de matière pour elles. Il voyait dans ce remarquable phénomène l'image de ce qui se passe dans le soleil, dans les étoiles et dans tous les corps lumineux par eux-mêmes. D'après lui, les globes resplendissants sont le siége de courants électriques très-énergiques. Bien que l'origine de la chaleur solaire soit expliquée aujourd'hui par une autre hypothèse, nous avons cru devoir rappeler ici cette conception d'Ampère, parce qu'elle est une nouvelle marque de son esprit généralisateur et de sa tendance à ramener tout à l'unité.

X

Les expériences que nous avons citées montrent tout le parti que l'on peut tirer de l'éclairage électrique. Cependant une grande difficulté se présentait dans la pratique : la lumière de l'arc voltaïque subit des variations d'éclat qui sont continuelles, et il fallait trouver des appareils qui, en rapprochant ou en écartant les charbons au moment opportun, permissent de conserver à la lumière électrique une force à peu près constante. Depuis longtemps, M. Duboscq se servait d'un régulateur de ce genre pour les expériences de physique. D'autres appareils ont été inventés pour l'application en grand de l'éclairage électrique, et nous avons déjà fait connaître ceux de M. Serrin et de M. Foucault, qui sont généralement employés en France.

Grâce à ces régulateurs, d'importantes applications ont pu se faire. La lumière électrique a servi lorsqu'on a fait les terrassements des docks Napoléon, et qu'on a construit la rue neuve de Rivoli; sa puissance était utile même pour les travaux de fondation. Deux piles, de cinquante éléments chacune, suffisaient pour huit cents ouvriers; la dépense s'élevait à peine à 40 francs par nuit.

Depuis ces expériences, l'éclairage électrique a été souvent employé soit pour les travaux de construction, soit pour certains effets de lumière que l'on produit sur les théâtres ou dans les fêtes publiques.

XI

La lumière électrique a été appliquée d'une manière très-heureuse à l'éclairage des phares. C'est au cap de la Hève que la compagnie *l'Alliance* a installé ses machines magnéto-électriques pour projeter au loin sur la mer la lumière qui doit guider les vaisseaux à leur approche du Havre.

L'appareil est à six disques. Le maximum de lumière s'obtient par une rotation de trois à quatre cents tours à la minute; une machine à vapeur de la force de trois chevaux suffit pour cette vitesse.

Les machines à six disques ou roues produisent, sans réflecteur ni lentille, une lumière qui équivaut à celle de deux cents à deux cent trente lampes Carcel. Avec la lentille du phare, l'effet est le même que celui de cinq mille lampes.

En accouplant deux machines à six disques, on obtient un feu de la valeur de dix mille lampes.

Par un temps clair, la lumière du phare électrique peut s'apercevoir à la distance de 64 kilomètres.

Lorsque la brume est très-épaisse au point d'ôter à l'air sa transparence, les navigateurs reconnaissent leur proximité du Havre par la nappe illuminée qui se produit au-dessus de l'horizon des feux électriques.

Un pylône est élevé au Champ-de-Mars pour y établir un feu électrique pendant l'Exposition. Les machines seront ensuite envoyées au phare de Boulogne.

Le phare de Nicolaïeff est aujourd'hui pourvu de machines magnéto-électriques.

Des appareils de même espèce ont servi à l'éclairage des ardoisières d'Angers. L'expérience en a été faite pendant dix-sept jours et dix-sept nuits sans interruption, et elle a complétement réussi.

XII

La lumière des charbons électriques n'a pas la même force aux deux pôles. C'est le charbon positif qui s'illumine le plus. Cette différence se présente dans d'autres circonstances : ainsi les fils métalliques qui conduisent le courant voltaïque à travers le liquide d'un voltamètre s'illuminent parfois, mais inégalement. Observé par divers physiciens, et en particulier par MM. Fizeau et Foucault, ce phénomène a été aussi étudié par M. Quet, qui a décrit les faits suivants. Lorsque les fils de platine du voltamètre viennent à luire, ils se trouvent enveloppés d'une gaîne de lumière qui semble les séparer du liquide. Dans l'eau chargée d'un peu d'acide sulfurique, le fil positif est enveloppé d'une lumière rouge, et le fil négatif d'une lumière violette; dans une dissolution de potasse, l'auréole lumineuse du fil négatif est rose. Quand les deux pôles ne luisent pas en même temps, c'est le pôle négatif qui, ordinairement, s'illumine. Lorsque le phénomène se produit, le mouvement de l'eau, qui auparavant était tumultueux, s'arrête brusquement, et la décomposition du liquide est en quelque sorte suspendue; on ne voit alors que quelques bulles de gaz rares et très-petites s'élever sur les électrodes, et l'on entend un léger bruit de crépitation; puis, quand l'illumination cesse, de nouveau le mouvement du liquide devient tumultueux et la décomposition de l'eau recommence. Il semble résulter de là que, la température du fil de platine venant à s'élever suffisamment, ce métal cesse d'être mouillé par le liquide qui l'environne; alors une séparation se fait par une couche de vapeur qui empêche le contact du fil et du liquide, comme dans les expériences de caléfaction; enfin des décharges s'établissent à travers cette vapeur par suite de l'électricité de tension, qui succède au courant supprimé ou considérablement affaibli par le conducteur médiocre qui existe entre le fil de platine et l'eau. Quoi qu'il en soit, ces expériences montrent que, même au sein des liquides, les fils de platine qui servent de pôle positif et de pôle négatif ne s'échauffent pas également.

XIII

Le flot d'électricité qui passe d'un pôle à l'autre, à travers un gaz très-raréfié, peut se propager par alternatives de lumière et d'obscurité.

Si l'on transmet le courant d'induction à travers le vide de l'œuf électrique, on voit se produire deux lumières, qui se distinguent l'une de l'autre par la couleur, la forme et la position. La première est ordinairement violette; elle entoure régulièrement la boule et la tige négatives, et se présente comme une enveloppe atmosphérique lumineuse d'une certaine épaisseur. La seconde est ordinairement rouge de feu; elle adhère d'un côté à la boule positive, s'étend de l'autre vers la boule négative, et a pour limite latérale une surface de révolution autour de l'axe du récipient.

En produisant une double lumière analogue avec la machine de Masson et Bréguet, M. Abria remarqua des *zones* obscures. De son côté, M. Grove décrivit plus tard un phénomène du même genre, qu'il obtenait avec la machine de Ruhmkorff, et il le désigna par les noms de *stries* ou *bandes*.

Certaines flammes présentent l'apparence de stries ou bandes transversales, et il était naturel de chercher quel rapport de constitution il pouvait y avoir entre les stries des flammes et celles de la lumière électrique, ou bien quel était le vrai phénomène qui correspondait aux zones, stries ou bandes de la lumière électrique.

En étudiant ces variations, M. Quet remarqua que, pour atteindre le but, il fallait, avant tout, éliminer diverses illusions d'optique. Parfois les bandes lumineuses semblaient tourner comme une vis, mais le mouvement changeait de sens pour ainsi dire à volonté; d'autres fois les zones brillantes paraissaient animées d'un mouvement ondulatoire et progressif vers l'un ou l'autre pôle, et rappelaient assez bien l'effet d'illusion que présentent les flammes ascendantes, ou bien encore ces apparences d'eau tombante que l'on obtient par la rotation d'un filet de verre. Il y avait donc là un genre d'illusion analogue à celui qui consiste à voir en relief ou en creux les plis d'un grand rideau de théâtre, et que Laplace a analysé dans son *Traité des probabilités*.

Dans ces expériences, la lumière électrique n'est pas continue; elle est produite par une suite de décharges qui se succèdent avec rapidité. Chaque émission d'électricité ne trouve pas le gaz dans des conditions identiques de conductibilité; aussi le lieu des zones brillantes varie-t-il continuellement, ce qui est la principale cause des illusions dont je viens de parler. Au lieu de laisser à l'interrupteur le jeu alternatif et très-rapide que lui donne la construction de la machine, on peut le manœuvrer avec la main, et, en ouvrant une seule fois le courant voltaïque, on obtient dans le vide une émission de lumière qui ne dure qu'un instant. Dans ces conditions, toutes les illusions cessent; on n'a plus les mouvements ondulatoires et progressifs, ni les mouvements giratoires qui peuvent masquer le véritable phénomène, mais on voit une pile entière de zones brillantes et obscures se dessiner avec une forme très-nette. En renouvelant cette manœuvre, il devient facile d'étudier les détails de l'expérience. C'est par ce moyen que M. Quet fut amené à conclure qu'il n'y avait aucune analogie de constitution entre la lumière électrique et les flammes striées, que le phénomène n'était pas superficiel, et que les zones, stries ou bandes correspondaient à des *tranches* brillantes entièrement séparées les unes des autres par des *tranches* obscures. Cette constitution d'une lumière disloquée, complétement discontinue, ou totalement stratifiée, parut un phénomène qui n'avait d'analogue que la décharge obscure découverte par M. Faraday. Pour mieux constater les solutions de continuité, M. Quet fit construire une plus forte machine. Dès le premier essai de cet appareil, M. Quet, d'un côté, et M. Ruhmkorff, de l'autre, obtinrent une séparation des tranches qui rendait évidente pour tous la dislocation du flot lumineux.

Pour bien développer le phénomène de stratification et lui donner de l'éclat, M. Quet se servait du vide fait sur l'une des vapeurs d'esprit de bois, d'essence de térébenthine, d'huile de naphte, d'alcool, de sulfure de carbone, de bichlorure d'étain, ou sur le fluorure de silicium, etc. Avec les vapeurs métalliques, spécialement avec celle du sodium, M. Faye obtint plus tard les plus brillants effets de lumière stratifiée.

Dans la lumière qui correspond au pôle négatif, les couches lumineuses les plus rapprochées de la boule négative ont une position et une figure sensiblement fixes, en sorte qu'il est facile de constater sur elles une discontinuité complète. Pour les autres, on supprime toute cause d'illusion en faisant jouer avec la main l'interrupteur magnétique, et en ne produisant qu'une seule émission de lumière. La couche extrême ne touche pas la lumière du pôle négatif et en est séparée par une couche obscure, qu'on peut rendre plus ou moins épaisse; c'est ce phénomène qui constitue la décharge obscure de M. Faraday. La lumière du pôle négatif est aussi stratifiée.

Les solutions de continuité étaient rendues encore plus évidentes, quand on faisait passer le courant d'induction dans un long tube de verre. M. Quet obtenait ainsi de très-nombreuses tranches alternativement brillantes et obscures. En remplaçant les boules de ces tubes par des fils de platine soudés au verre, on a pu faire le vide d'une manière permanente. Les tubes ainsi construits sont connus sous le nom de *tubes de Geissler;* ils rendent très-facile la production du phénomène de stratification, puisqu'on n'a pas besoin de renouveler le vide.

Comme les deux lumières stratifiées sont séparées par une couche obscure, M. Quet pensa qu'en approchant les boules du récipient l'une de l'autre, il parviendrait à éteindre l'une de ces lumières. De cette manière le pôle négatif serait seul illuminé, le pôle positif resterait obscur, malgré le passage de l'électricité. C'est ce que l'expérience confirma. Elle montra d'ailleurs que, lorsque la lumière du pôle positif disparaît, celle du pôle négatif se ravive. Dans le vide fait sur le fluorure de silicium, M. Quet remarqua que la lumière violette du pôle positif pouvait disparaître, en même temps que se ravivait la lumière jaune du pôle négatif, mais que, par un plus grand rapprochement des boules, la lumière négative s'affaiblissait et des anneaux pourpres se formaient sur la boule positive.

XIV

Il résulte de ces expériences que le mouvement de l'électricité à travers les vides se trouve alternativement dans des conditions telles qu'il rend lumineuse la couche de gaz très-raréfié qu'il traverse, ou la laisse obscure. Ce caractère de périodicité, obtenu d'abord avec le courant des machines d'induction, se reproduit avec les autres courants électriques.

M. Van der Willigen avait constaté qu'en faisant passer l'étincelle de la bouteille dans un gaz très-raréfié, on obtenait des stratifications, si l'on avait soin d'interposer dans le trajet du courant une résistance convenable, celle que fournit, par exemple, une corde mouillée. MM. Quet et Seguin trouvèrent que les stratifications se produisaient avec la décharge de la bouteille de Leyde, sans l'intervention d'une résistance additionnelle ; il suffisait d'affaiblir la charge. Ainsi, lorsqu'on a tiré une première étincelle trop éblouissante pour qu'on puisse reconnaître sa véritable constitution, si l'on fait passer dans le vide successivement chacune des deux ou trois faibles décharges qu'on peut produire avec l'électricité qui reste dans la bouteille, on obtient chaque fois des stratifications.

Un pareil effet se manifeste lorsqu'on transforme en condensateur un tube de Geissler. MM. Quet et Seguin ont chargé ce tube en faisant arriver l'électricité d'une machine à plateau de verre dans le gaz très-raréfié qu'il contient, et en faisant communiquer avec le sol la surface extérieure du tube préalablement recouverte d'une feuille d'étain. La décharge de cet appareil fait éclater dans le tube un flot de lumière stratifiée, soit dans la partie du tube laissée à nu, entre son enveloppe d'étain et le fil de platine qu'on décharge sur ce métal, soit aussi sous l'enveloppe elle-même. Après une première décharge, on peut en produire quatre ou cinq autres plus faibles, qui donnent toutes le phénomène des tranches lumineuses. Avec un simple tour de fil métallique appliqué sur le tube, à la place de l'étain, on peut encore produire quelques tranches.

Le courant de la pile voltaïque donne aussi des stratifications. M. Gassiot s'en est assuré en employant trois mille cinq cent vingt éléments chargés avec l'eau de pluie, ou quatre cents éléments de Grove, ou bien encore quatre mille éléments à sulfate de mercure; ces divers appareils devaient être bien isolés.

Ainsi les phénomènes de stratification primitivement observés avec les courants discontinus des machines d'induction ne sont pas dus à quelque cause particulière tenant à ce genre d'appareil ; mais ils s'obtiennent avec l'électricité ordinaire des machines à plateau de verre, et avec les courants des appareils voltaïques.

XV

En cherchant quelle pouvait être la cause des stratifications électriques, M. Quet fut amené à faire, sur la conductibilité des vides, des expériences qui ont permis de se former une idée assez nette de la manière dont les tranches obscures et les brillantes se produisent. Un galvanomètre est placé dans l'un des conducteurs qui portent à l'œuf électrique le courant de la machine de Ruhmkorff. Tant que le vide n'est pas suffisamment avancé, l'aiguille du galvanomètre conserve sa position naturelle et montre ainsi que le gaz raréfié isole l'électricité de la machine. Lorsque le vide est tel que les décharges successives donnent l'apparence d'une lumière continue, l'aiguille du galvanomètre dévie et constate l'existence d'un courant électrique. La déviation augmente de plus en plus à mesure qu'on raréfie davantage le gaz, ou bien lorsqu'on rapproche l'une de l'autre les deux boules du récipient. Si les boules viennent à se toucher, l'aiguille du galvanomètre cesse aussitôt de dévier, parce que, dans ce circuit entièrement métallique, les courants alternativement inverses que fournit la machine peuvent se propager. Lorsque les boules ne se touchent pas et que le phénomène des stratifications est bien développé, on peut aisément constater qu'un seul courant passe; c'est celui qui s'excite dans l'hélice induite au moment où cesse le courant voltaïque. En effet, si l'on soulève avec la main le marteau magnétique, on voit se produire dans le vide une émission de lumière, et la pile entière de tranches alternativement brillantes et obscures se dessiner dans toute sa pureté; mais on n'obtient aucun effet lumineux, si l'on abaisse le marteau pour fermer le courant de la pile. Il n'en est plus de même, et cela se comprend, lorsqu'on pousse très-loin la raréfaction du gaz ou qu'on approche suffisamment les boules l'une de l'autre, car le courant inverse n'est pas complétement dépourvu de la propriété de franchir les obstacles.

C'est ce qu'ont observé, à divers points de vue, M. Gaugain et M. Fernet. Quoi qu'il en soit, on peut dire que, dans les gaz raréfiés, l'étincelle se propage comme un courant, puisqu'il y a déviation de l'aiguille aimantée. Pour trouver la cause des stratifications, il faut donc examiner de quelle manière se fait la propagation des courants électriques.

XVI

Lorsque l'une des extrémités d'un fil de ligne reçoit l'électricité d'une pile, presque aussitôt l'extrémité opposée manifeste des signes électriques. Il s'est donc propagé quelque chose sur le fil. Mais quel est le mode de cette transmission ? Y a-t-il transport de matière électrique d'un bout à l'autre du conducteur, et la masse d'électricité qui a été déposée sur le fil s'est-elle écoulée comme un liquide ou un gaz dans un canal? Enfin l'électricité qui anime le télégraphe ou tout autre appareil, à la seconde extrémité de la ligne, est-elle identiquement la même que celle de la pile?

Ce mode de transmission ne saurait être admis. L'électricité agit sur tous les corps voisins, tend à décomposer leur fluide neutre, attire l'électricité de nom contraire et repousse celle qui est de même nom. Comment, avec ces propriétés caractéristiques, pourrait-elle parcourir un fil métallique sans agir sur le fluide neutre des corps environnants et, en particulier, sur les parties du fil qui sont en avant? Il est évident que l'électricité déposée à l'une des extrémités d'un fil de ligne décompose le fluide neutre dans les parties métalliques voisines, attire le fluide de nom contraire pour se combiner avec lui, et repousse le fluide de même nom. Cette dernière masse d'électricité agit à son tour de la même manière sur les parties du fil qui viennent après, et ainsi de suite jusqu'à l'extrémité de la ligne. Le fluide électrique ne se déplace donc pas sensiblement; ce qui se déplace, c'est la décomposition du fluide neutre ainsi que sa recomposition.

Une image en quelque sorte matérielle de ce genre de mouvement nous est donnée par le phénomène des tubes étincelants. Avant que l'électricité soit assez forte pour produire des étincelles, toutes les lamelles métalliques sont chargées des deux électricités; c'est l'effet d'une décomposition par influence qui se propage avec une rapidité extrême. Ainsi toutes les parties gauches des lamelles sont négatives, par exemple, et les parties droites positives; les parties opposées de deux lamelles consécutives ont des électricités contraires qui s'attirent, tendent à se combiner et ne sont retenues que par la résistance de l'air interposé. Lorsque la source électrique acquiert une tension suffisante, une étincelle part à chaque interruption métallique, et les étincelles paraissent simultanées, parce que la recomposition du fluide neutre à travers les couches d'air se propage avec une rapidité excessive. On voit par là que l'électricité de la source ne s'est pas transportée d'un bout à l'autre du tube étincelant; elle est restée, pour ainsi dire, en place, ou plutôt elle s'est déplacée seulement d'un intervalle plus petit que la distance des lamelles.

Concevons maintenant que les lamelles métalliques et leurs intervalles deviennent plus petits : les phénomènes que nous venons de décrire se produiront encore. Si l'on suppose les dimensions de toutes ces parties suffisamment réduites, on constituera la file de molécules d'un corps bon conducteur, mais le mode de transmission électrique ne sera pas changé.

D'après cette manière de considérer la propagation de l'électricité, on conçoit que les décompositions et recompositions électriques ne puissent pas se faire sans ébranler le système atomique qui constitue chaque molécule du corps; la force vive totale de ce système, qui est la somme de ses forces vives explicite et implicite, s'accroît ainsi, et, par suite, la quantité de chaleur que possède la molécule. C'est de la sorte qu'on peut se rendre raison du développement de chaleur et de lumière que produit le passage de l'électricité. Au reste, les lois mathématiques de ce mode de propagation peuvent être établies, et il ne serait pas difficile d'y trouver la cause de la forme remarquable de la loi fondamentale de l'électro-dynamique.

Lorsque l'électricité est communiquée à un mauvais conducteur, la décomposition du fluide neutre par influence se produit encore, mais la propagation ne se fait qu'avec une grande lenteur. Il en résulte un état presque stationnaire, dans lequel le corps mauvais conducteur se divise en une suite de couches alternativement électrisées en sens contraires; c'est ce que Biot a constaté par expérience.

Entre les cas extrêmes des bons et des mauvais conducteurs, il y a des degrés très-variés, dont quelques-uns ont été étudiés par M. Gaugain. Les gaz raréfiés sont des conducteurs moins parfaits que les métaux; cependant ils sont capables de transmettre assez abondamment l'électricité pour faire dévier l'aiguille aimantée. Aussi la propagation de l'électricité dans les gaz doit-elle jouir des caractères généraux que nous avons indiqués.

C'est en adoptant ces considérations théoriques que MM. Quet et Seguin ont pu expliquer le phénomène des stratifications électriques. Lorsque l'électricité arrive sur les conducteurs métalliques de l'œuf électrique, la colonne de gaz raréfié se partage en couches successives dont les unes jouent le rôle des lamelles métalliques d'un tube étincelant, et les autres celui des lames d'air où éclatent les étincelles de ces tubes. Dans les premières couches, les deux fluides électriques qui s'y trouvent développés par influence tendent à se porter l'un du côté de la boule positive, et l'autre du côté opposé. Les molécules très-mobiles du gaz y reçoivent ainsi des mouvements contraires qui raréfient ces couches et condensent les autres. Ces dernières, qui séparent les électricités opposées, s'échauffent et s'illuminent lorsque la décharge a lieu, tandis que les couches raréfiées, et par conséquent plus conductrices, restent obscures. Avec cette théorie, MM. Quet et Seguin sont parvenus à rendre compte de toutes les circonstances que présente la stratification de la lumière électrique. D'ailleurs ils ont pu imiter ce phénomène de diverses manières. Ainsi, après avoir secoué de la poussière de charbon dans le voisinage des fils de décharge, ils ont fait passer dans l'air l'étincelle d'induction, et ils ont constaté que cette étincelle se stratifiait transversalement, tout en prenant une longueur considérable; c'était comme un long chapelet à grains lumineux. Cet effet se produit aussi dans une flamme fuligineuse et même dans la partie obscure de la flamme d'une bougie. Au sommet d'une flamme d'essence de térébenthine, les points brillants sont remplacés par de petites flammes distinctes.

XVII

Après avoir examiné les principaux effets de chaleur que l'on produit avec le courant électrique, il convient d'étudier les lois qui régissent le développement de cette chaleur et qui serviront de guide pour en régler l'emploi.

La chaleur fournie dans un temps déterminé par un conducteur qui a été introduit dans le circuit voltaïque dépend de deux éléments, savoir : de l'intensité du courant qui traverse le conducteur, et de la résistance que ce dernier oppose au passage du courant. Elle est, d'après une loi que l'expérience a révélée à M. Joule, en raison composée du carré de l'intensité du courant et de la résistance du conducteur. Cette loi, qui s'applique non-seulement à une partie quelconque du circuit extérieur, mais aussi à la pile et à ses éléments, a été vérifiée par M. Ed. Becquerel; elle a été constatée par lui sur des conducteurs liquides placés dans le circuit extérieur, lorsque ces conducteurs ne produisent aucune action locale propre à absorber de la chaleur.

XVIII

On peut tirer de la loi générale que nous venons d'indiquer une conséquence importante qui est relative au rendement calorifique d'une source électrique.

Supposons que le courant soit produit par une pile de Smée, dont chaque élément est formé d'une plaque de zinc amalgamé et d'une plaque de platine platiné plongées dans de l'eau aiguisée d'acide sulfurique. Le travail chimique de cette pile peut être mesuré par le poids de l'hydrogène qui se développe, chaque gramme de ce gaz correspondant à 9 grammes d'eau décomposée et à 33 grammes de zinc dissous dans la pile. Comparons à ce travail chimique la quantité de chaleur dégagée par le circuit entier, composé de la pile et du circuit extérieur.

Admettons pour un moment que le circuit soit tel que la pile fournisse 1 gramme d'hydrogène en 300 minutes; changeons ensuite le circuit extérieur et donnons-lui une résistance telle qu'en 300 minutes la pile ne fournisse qu'un demi-gramme d'hydrogène. Comme il s'agit ici de la même force électromotrice, la résistance du circuit entier aura doublé, en même temps que l'intensité du courant sera réduite à la moitié. Le produit de la résistance de la pile par le carré de l'intensité du courant sera deux fois plus petit; par conséquent, d'après la loi générale appliquée à tout le circuit de la pile, la quantité de chaleur développée en 300 minutes sera moitié moindre : d'où il suit qu'en 600 minutes on aura la même chaleur qu'avec le premier circuit; d'un autre côté dans ces 600 minutes on recueille 1 gramme d'hydrogène. Ce raisonnement est tout à fait général, et les nombres simples que nous avons adoptés n'ont d'autre effet que de le rendre plus facile. Il suit donc de la loi appliquée à la pile de Smée que cette pile et son circuit extérieur fournissent toujours la même quantité de chaleur pour 1 gramme d'hydrogène dégagé, ou pour 33 grammes de zinc dissous. Le travail de la pile définit donc complétement la chaleur produite. Que ce travail soit plus ou moins rapide, c'est-à-dire que le circuit extérieur soit plus ou moins conducteur, on a toujours la même chaleur pour le même travail chimique.

Cette conséquence fort remarquable méritait d'être vérifiée par l'expérience. C'est ce que M. Favre a fait en plaçant un élément de Smée avec ses conducteurs dans les moufles de son calorimètre à mercure.

Par la même méthode, et en employant une pile de cinq éléments de Smée où les pôles étaient réunis par un fil de cuivre gros et court, dont la résistance relative était par conséquent insignifiante, M. Favre a trouvé que, pour 33 grammes de zinc dissous, la chaleur dégagée est de 18c,796 (la calorie étant relative au kilogramme d'eau). Tel est le rendement calorifique de la pile de Smée, lorsque ce rendement est rapporté, non à l'unité de temps, mais à l'unité de travail chimique.

Le travail chimique qui s'accomplit dans la pile consiste en trois opérations. Pour oxyder 33 grammes de zinc, il faut que 9 grammes d'eau se décomposent, ce qui donne 1 gramme d'hydrogène qui se dégage, et 8 grammes d'oxygène qui se combinent avec le zinc et forment 41 grammes d'oxyde de zinc; cet oxyde se dissout ensuite dans l'acide sulfurique étendu. Il y a donc, dans ce travail, d'abord l'oxydation de 33 grammes de zinc, ce qui, considéré à part, se fait avec un dégagement de 42c,451; puis la dissolution de l'oxyde de zinc dans l'acide sulfurique étendu, laquelle donne 10c,455 pour le compte de 41 grammes d'oxyde. Ces deux sources de chaleur produisent donc la somme de 52c,906. Mais il y a aussi la décomposition de 9 grammes d'eau à considérer, et 9 grammes d'eau exigent pour se décomposer 34c,462, puisque l'expérience montre que ce nombre de calories est développé dans la combustion de 1 gramme d'hydrogène. Sur les 52c,906 dégagées par les actions chimiques, il y a donc 34c,462 absorbées pour la décomposition de l'eau; il reste encore comme effet de ces trois opérations chimiques la production de 18c,444. Or ce nombre diffère peu de la chaleur fournie par le circuit voltaïque, qui est de 18c,796. La différence peut tenir en partie aux erreurs inévitables des observations; elle doit aussi provenir de ce que, dans la pile de Smée, le zinc qui se dissout n'est pas à l'état de zinc pur, mais à l'état d'amalgame. Il est donc permis de regarder comme suffisamment démontré que la chaleur développée par le circuit voltaïque, lorsque 1 gramme d'hydrogène est produit par la pile, est égale à celle qui résulte des trois opérations qui s'exécutent dans la pile pour donner ce gramme d'hydrogène. Toutefois remarquons que cette chaleur n'est pas entièrement dégagée dans la pile elle-même; qu'elle se produit dans toutes les parties du circuit, et qu'en augmentant la résistance de la partie extérieure, on peut diminuer autant qu'on veut la chaleur fournie par la pile, le reste du circuit fournissant le complément.

XIX

Nous venons de voir que, pour 1 gramme d'hydrogène produit par une pile de Smée, la chaleur dégagée par tout le circuit est constamment de $18^c,796$, quelque rapide ou lent que soit le développement de l'hydrogène. Mais on peut se demander quelle est la part qu'il faut attribuer à la pile, à telle ou telle partie de la pile, au circuit extérieur et à telle ou telle partie de ce circuit. Cette part est réglée par la loi générale que nous avons énoncée, et qui est applicable, ainsi que l'expérience le démontre, à toutes les fractions du circuit extérieur et intérieur, de même qu'au circuit entier. En effet, lorsqu'on veut faire le départ pour un circuit donné, il faut remarquer pour cette comparaison que l'intensité du courant est constante dans tout l'appareil; dès lors les quantités de chaleur fournies dans le même temps par deux conducteurs quelconques pris dans le circuit sont entre elles comme leurs résistances électriques. La chaleur donnée par une partie du circuit est donc à la chaleur fournie par le circuit entier dans le rapport des résistances. D'après cela, si le conducteur considéré oppose au courant la moitié, le tiers, le quart de la résistance de la pile, il entrera pour la moitié, le tiers, le quart dans la chaleur qui se produit. Pour 1 gramme de gaz hydrogène dégagé, le circuit entier fournit $18^c,796$. Le conducteur considéré donnera la moitié, le tiers, le quart de cette chaleur, suivant le rapport des résistances. On voit par cette règle comment on peut diminuer la chaleur produite par la pile, en faisant passer une partie plus ou moins grande de la chaleur totale dans le circuit extérieur. On voit également les dispositions qu'on doit prendre pour porter une partie de la chaleur de la pile sur un point du circuit extérieur, de manière à y produire un échauffement plus ou moins considérable.

Il est clair que le raisonnement que nous venons de faire n'est pas particulier à la pile de Smée et qu'il s'applique à toutes les piles.

XX

Les réactions chimiques produites dans la pile de Smée correspondent à un dégagement de chaleur que cette pile rend intégralement, partie par elle-même, partie par le fil homogène qui réunit ses deux pôles; et nous avons vu, d'après les expériences calorimétriques de M. Favre, que la chaleur fournie par le circuit entier s'élève à 18^c,796 pour le dégagement de 1 gramme d'hydrogène.

Le rendement n'est plus le même, et une partie de la chaleur qu'on devrait recueillir disparaît, lorsque le courant électrique est employé à produire un travail chimique ou mécanique. M. Favre, qui a étudié cette question en mesurant les chaleurs avec son calorimètre, est arrivé à des résultats que nous allons examiner, en commençant par le cas où l'électricité est employée à un travail chimique.

La pile dont M. Favre se sert est de cinq éléments de Smée. On l'enferme, ainsi qu'un voltamètre à eau ou à sulfate de cuivre, dans les moufles d'un calorimètre à mercure, et on recueille la chaleur produite pendant qu'un travail chimique déterminé s'effectue dans la pile. Si le circuit extérieur de la pile ne contenait pas de voltamètre, on aurait 18^c,796 pour 1 gramme d'hydrogène dégagé; avec le voltamètre à eau, on n'obtient que 11^c,769, et, avec le voltamètre à sulfate de cuivre, 12^c,728. Il y a donc une perte de chaleur lorsqu'un travail chimique s'effectue dans le voltamètre. Il est facile de vérifier que ce travail est réellement la cause de la perte de chaleur observée; si on renverse la direction du courant, dans le cas du voltamètre à sulfate de cuivre, on obtient 18^c,702, pendant qu'un nouveau gramme d'hydrogène se dégage de la pile, c'est-à-dire qu'il n'y a plus de perte sensible. Dans cette dernière expérience il se produit à l'intérieur du voltamètre deux travaux chimiques qui sont égaux et contraires, et qui se compensent. Le cuivre qui s'était déposé sur la lame négative de platine se redissout maintenant, et il se dépose une égale quantité de cuivre sur la lame positive; d'où résulte une balance au point de vue de la chaleur.

Ainsi, lorsque le courant accomplit un travail chimique, il se perd une quantité de chaleur qui sert à la production de ce travail. Voyons quel rapport la perte peut avoir avec le travail même. Dans le cas du voltamètre à eau, il se décompose dans cet appareil le cinquième de 9 grammes d'eau. Or 9 grammes d'eau exigent pour la séparation des éléments 34^c,462; le cinquième de cette quantité est 6^c,892, et ce nombre ne diffère que de $\frac{1}{51}$ de la perte calorifique mesurée. La chaleur qui disparaît est donc égale à celle qu'exige le travail chimique effectué dans le voltamètre à eau.

Il en est de même du voltamètre à sulfate de cuivre. En effet, 32 grammes de cuivre dégagent 29^c,605, lorsqu'ils se transforment en sulfate de cuivre dissous dans l'eau; pour les séparer de cette dissolution, il faut la même quantité de chaleur. Or, dans le voltamètre, il ne se sépare que le cinquième de 32 grammes de cuivre; ce travail chimique n'exige donc que le cinquième de 29^c,605 ou 5^c,921. Cette quantité diffère à peine de $\frac{1}{40}$ de la perte mesurée; il est donc naturel de penser que la chaleur perdue est égale à celle qu'exige la décomposition du sulfate de cuivre.

D'après ces exemples, on peut conclure que la chaleur perdue par un circuit dans lequel le courant produit des décompositions chimiques est égale à la chaleur nécessaire pour effectuer ces décompositions. Le travail calorifique n'est donc pas perdu en réalité; il n'est que déplacé et transformé en un travail chimique correspondant.

XXI

M. Favre a fait marcher un moteur électro-magnétique de Froment avec une pile à cinq éléments de Smée. En plaçant ce double appareil dans les divers moufles de son calorimètre, il a pu mesurer la chaleur produite, le travail chimique de la pile et le travail mécanique du moteur.

Les cinq éléments de pile, formés chacun de zinc amalgamé, de platine platiné et d'une dissolution d'acide sulfurique, ont été placés d'abord seuls dans le calorimètre, et les pôles ont été unis par un fil de cuivre gros et court, dont la résistance était relativement peu considérable. La chaleur recueillie pour 1 gramme d'hydrogène dégagé s'est trouvée de $18^c,677$, ce qui diffère à peine du nombre déjà cité.

Le courant de la pile a été conduit ensuite, au moyen de deux gros fils de cuivre, dans le circuit métallique qui sert d'hélice à l'électro-aimant du moteur. Dans ces conditions, la chaleur recueillie s'est trouvée de $18^c,667$, pendant que 1 gramme d'hydrogène se dégageait, le moteur n'ayant pas la liberté de produire du mouvement.

Ce nombre, comparé au premier, montre que l'expérience se trouvait bien préparée.

Le moteur a été délivré, mais on ne lui a pas fait exécuter de travail utile. Pour 1 gramme d'hydrogène dégagé par la pile, le calorimètre a reçu $18^c,659$, ce qui est presque la valeur précédente. La moyenne des trois mesures que nous venons de citer est de $18^c,667$.

Après ces expériences préliminaires, M. Favre mit le moteur en rapport avec un poids à soulever, afin que la machine produisît un travail utile. Il vit alors que le calorimètre recevait notablement moins de chaleur qu'il n'aurait dû en avoir d'après la quantité d'hydrogène produit. Ainsi, pendant qu'il se dégageait 1 gramme d'hydrogène, le calorimètre recevait seulement $18^c,374$, lorsque le poids soulevé, multiplié par la hauteur à laquelle il était porté, donnait $131^{kgm},24$. La chaleur disparue est de $0^c,293$, et le travail correspondant est de $131^{kgm},24$; la perte s'est donc faite sur le pied de 1 calorie pour 447 kilogrammètres. Cette proportion diffère peu de celle qui est généralement adoptée; on sait en effet que l'équivalent mécanique de la chaleur est de 425 kilogrammètres.

Puisque la chaleur produite par le dégagement de 1 gramme d'hydrogène dans la pile de Smée s'élève à $18^c,796$, ce qui est l'équivalent de $7988^{kgm},3$, à raison de 425 kilogrammètres par calorie; comme toute cette chaleur ne peut pas être transformée en travail mécanique, on déduit de là une limite de l'effet utile qu'on peut tirer des moteurs électro-magnétiques et de la dépense relative qu'ils occasionnent. En effet, avec 33 grammes de zinc dissous dans l'eau acidulée, au moyen de la batterie de Smée, on ne peut pas obtenir plus de $7988^{kgm},3$, quelle que soit la machine électro-magnétique qu'on emploie. Avec 33 grammes de charbon on a théoriquement 113322 kilogrammètres, à raison de $8^c,08$ pour 1 gramme de charbon. Cette quantité est environ 114,18 fois plus considérable que la première, et cependant, à poids égal, la combustion du charbon est de beaucoup moins coûteuse que la dissolution du zinc.

Dans la pratique la différence est encore plus grande; en effet toute la chaleur produite par le charbon et par le zinc ne peut pas être utilisée. Les machines à vapeur ne mettent à profit que $\frac{1}{7}$ ou $\frac{1}{6}$ de la chaleur dépensée. Les moteurs électro-magnétiques restent bien au-dessous de cette proportion, et nous venons de voir, par l'expérience même de M. Favre, que le moteur électro-magnétique n'a utilisé que $\frac{1}{63,7}$ de la chaleur totale fournie par la dissolution de zinc. En général on dépasse très-peu cette fraction.

XXII

Une expérience de M. Foucault montre nettement qu'il existe un rapport déterminé entre le travail mécanique et la chaleur, dont elle pourrait même, au besoin, servir à mesurer l'équivalence.

Un tore de bronze reçoit un mouvement de rotation plus ou moins rapide et tourne dans le champ magnétique d'un électro-aimant énergique. L'arrivée du courant dans l'hélice et l'aimantation du fer doux excitent par influence dans le tore des courants électriques inverses, qui produisent une forte répulsion; en outre, le mouvement du tore dans le champ magnétique détermine d'autres courants inverses, dont l'effet s'ajoute à celui des premiers. L'action est si puissante que le tore, lancé avec une vitesse de cent cinquante à deux cents tours, est arrêté en quelques secondes, aussitôt que l'électro-aimant est animé par une pile de six éléments de Bunsen. Les courants excités par influence produisent un second effet, d'une nature différente : en circulant dans le tore, ils l'échauffent. Si donc on entretient le mouvement pour renouveler constamment la seconde cause d'induction, on élèvera la température du tore, et l'on obtiendra une chaleur d'autant plus forte que la rotation sera plus rapide. Un thermomètre disposé dans l'appareil peut servir à indiquer l'élévation de température croissante. Si l'on déterminait la chaleur produite et le travail mécanique effectué, on aurait le rapport de ces deux quantités et par suite la mesure de l'équivalent calorifique du travail, ou son inverse, qui est l'équivalent mécanique de la chaleur.

QUATRIÈME PARTIE.

DE LA CHALEUR CONSIDÉRÉE COMME SOURCE D'ÉLECTRICITE.

I

De même que le courant électrique développe de la chaleur sur les divers points de son parcours, de même aussi la chaleur peut mettre l'électricité en mouvement dans les corps et produire des courants. Les conditions qui favorisent la formation de ces courants, les propriétés des piles thermo-électriques, la loi du rendement électrique de ces appareils et leurs applications à la mesure de la chaleur sont les principaux sujets à traiter dans cette partie de la science.

II

En 1823, Seebeck découvrit qu'un circuit formé de deux métaux soudés par leurs extrémités était parcouru par un courant électrique, lorsque les soudures étaient inégalement chauffées. Fourier et Œrsted imaginèrent sur-le-champ d'assembler en série un certain nombre de couples composés chacun de deux métaux soudés entre eux, et de former une pile qui, par sa disposition, était analogue à la pile de Volta. En étudiant cet appareil, ils trouvèrent une loi dont nous apprécierons successivement les résultats importants.

Les piles construites par ces physiciens avaient la forme d'un rectangle composé de barreaux de bismuth et d'antimoine soudés les uns aux autres. De la glace entourait les soudures de deux en deux; les soudures intermédiaires, qui restaient à l'air libre et en avaient presque la température, recevaient de la chaleur par le contact de l'atmosphère et le rayonnement de l'enceinte.

Le rectangle était soutenu horizontalement, et l'un de ses côtés était dirigé dans le méridien magnétique. C'est sur ce côté qu'une boussole était placée pour indiquer la direction et la force du courant développé.

Le courant circulait de l'antimoine au bismuth en dehors de chaque soudure chaude, et il faisait dévier fortement l'aiguille de la boussole, ce qui indiquait qu'il était très-intense.

Cette disposition de l'expérience, qui aurait pu être améliorée facilement dans le but de rendre plus constantes les températures des soudures, était cependant très-heureusement imaginée, car elle fit découvrir cette loi, que la déviation de la boussole restait la même, quel que fût le nombre de couples égaux dont le circuit était formé, les conditions de température restant les mêmes.

Un fait si remarquable fut vérifié sur un couple unique et sur des piles dont le nombre des couples fut porté jusqu'à vingt-deux.

De la loi expérimentale de Fourier et d'Œrsted on tira la conséquence que le courant fourni par chaque couple de la pile s'affaiblit dans la proportion de la longueur du circuit de ce couple à celle du circuit de tous les couples. Il est clair, en effet, que si, dans la pile de vingt-deux couples, le courant de chacun d'eux est vingt-deux fois plus faible que celui d'un seul couple isolé, les vingt-deux courants compenseront par leur ensemble l'affaiblissement, et formeront un courant égal à celui que donne le couple isolé.

La loi de Fourier et d'Œrsted sur le rendement des sources thermo-électriques est très-simple, et a tous les caractères d'une loi fondamentale. Elle était énoncée par deux savants illustres; elle devait donc attirer l'attention, d'autant plus qu'elle ouvrait une grande carrière aux expériences. Aussi voyons-nous Ampère la citer et s'en servir dès qu'elle fut publiée. Dans une lettre écrite à M. Faraday en 1823, Ampère, en parlant de la théorie des aimants, rappelle que, d'après les expériences récentes, la force électromotrice des particules d'acier et de fer peut être très-faible, bien que les courants particulaires des aimants aient une grande intensité; qu'en effet cette intensité croît, pour une même action électromotrice, à mesure que la longueur du circuit diminue, en raison inverse de cette longueur, et que la longueur des circuits particulaires de l'aimant ne peut être qu'extrêmement petite.

III

La loi de Fourier et d'Œrsted était trop importante pour qu'on ne cherchât pas à s'assurer jusqu'à quel point elle était rigoureuse et générale; il y avait un grand intérêt à soumettre à des expériences précises et le fait qui avait amené la découverte de la loi, et la conséquence même de ce fait. En France, M. Pouillet traita cette question délicate de la manière la plus complète, non-seulement pour les sources thermo-électriques, mais aussi pour les sources voltaïques.

Dans le cas de la pile thermo-électrique, M. Pouillet prit toutes les précautions nécessaires pour que les températures des soudures de même rang fussent exactement égales et les mêmes pour les diverses piles; il obtenait aisément cette condition indispensable, en donnant aux éléments des couples la forme d'une double équerre, ce qui lui permettait de placer les soudures alternativement dans des vases contenant de la glace pilée ou de l'eau chaude. Quant à l'intensité du courant produit, il la mesurait par la méthode des oscillations. De cette manière il constata que le fait observé par Fourier et par Œrsted était rigoureusement vrai, même lorsqu'on élevait la température des soudures chaudes jusqu'à 60 et 80 degrés. La comparaison porta sur des circuits de bismuth et de cuivre, composés d'un, de huit, de vingt-quatre et de trente-deux couples. Lorsque tous les couples étaient en activité, la pile de trente-deux couples donnait le même courant que les autres piles et que le couple isolé.

De tout cela découlait la conséquence que l'intensité du courant formé par un couple varie en raison inverse de la longueur des circuits qu'on lui fait parcourir, y compris le couple.

M. Pouillet vérifia, à l'aide du galvanomètre différentiel, l'exactitude de cette conséquence, lorsqu'on peut négliger la résistance du couple par rapport à celle du reste du circuit. Il se servit de deux circuits égaux, formés chacun de bismuth et de cuivre; les deux circuits recevaient des longueurs différentes par l'addition de fils de cuivre supplémentaires, pris sur le même rouleau que les fils de cuivre des deux couples. Les longueurs des fils représentaient très-sensiblement les résistances, parce que le diamètre des éléments de bismuth était très-considérable par rapport à celui des fils et que leurs longueurs étaient relativement très-petites : si l'un des circuits était dix fois plus long que l'autre, on compensait la faiblesse du courant correspondant en mettant sur le cadre du galvanomètre différentiel dix tours avec le fil du premier circuit pour un tour du fil du second.

C'est par la même méthode que M. Pouillet prouva que les résistances d'un même fil sont en raison inverse de la section, lorsqu'on ne change que le diamètre du fil.

IV

Nous avons vu que l'intensité du courant fourni par une pile thermo-électrique varie en raison inverse de la longueur du circuit total. Si l'on veut changer la grosseur du circuit extérieur ou sa nature, ou même si l'on veut le former d'une suite de conducteurs inégaux, l'énoncé de la loi n'a pas besoin d'être changé, pourvu que l'on estime les résistances de ce circuit au moyen d'une longueur équivalente d'un fil métallique convenablement choisi.

Il reste donc à résoudre ce problème, utile dans les applications des piles électriques : trouver la longueur du fil métallique étalon qui est équivalente, par sa résistance électrique, à un conducteur donné quelconque. La question peut être traitée avec une très-grande exactitude, au moins quand il s'agit des conducteurs solides et du mercure, en se servant de deux couples thermo-électriques et du galvanomètre différentiel. C'est de cette manière que M. Pouillet a déterminé les équivalents de résistance électrique. Supposons deux couples égaux de bismuth et de cuivre dont les soudures sont maintenues à 0° et à 100°, et dont les fils égaux communiquent avec ceux d'un galvanomètre différentiel; il est clair que l'aiguille du galvanomètre n'éprouvera aucun effet. Si dans l'un des circuits on introduit un fil quelconque, et, dans l'autre, un fil de platine dont le diamètre est constant et la longueur variable, tant que ces deux fils ne produiront pas des résistances équivalentes, l'aiguille du galvanomètre déviera; mais on la ramènera à sa position naturelle en allongeant ou en raccourcissant le fil de platine variable, et la longueur de ce fil qui correspondra à cet effet sera la longueur équivalente du fil soumis à l'épreuve. On pourra donc déterminer ainsi les longueurs des fils des divers corps qui ont la même résistance électrique que 1 mètre de fil de platine. D'après la loi connue sur l'influence que la grandeur de la section du fil exerce sur sa résistance, loi suivant laquelle les résistances d'un même conducteur sont en raison inverse du carré des diamètres, il sera facile de calculer quelles sont les longueurs des fils de diverses substances qui, sous le même diamètre, sont équivalentes à 1 mètre de fil de platine; ces nombres seront les équivalents de résistance pour les divers corps.

L'expérience montre que le platine n'a pas la même conductibilité dans les divers échantillons; il n'est donc pas propre à servir de type, et l'on peut en dire autant des autres métaux qu'il est difficile d'obtenir dans des conditions constantes de pureté chimique ou d'égalité physique. Aussi convient-il de rapporter toutes les résistances au mercure, qu'on peut avoir parfaitement pur. Or cela est très-simple, car il n'y a qu'à déterminer la longueur du fil de platine, dont la résistance électrique est équivalente à celle d'une colonne de mercure de 1 mètre de long et de 1 millimètre de diamètre. La méthode précédente s'applique à cette détermination;

il n'y a qu'à introduire dans les deux circuits des couples bismuth et cuivre un fil de platine variable et une colonne de mercure contenue dans un tube de verre, colonne dont on aura aisément la longueur, et dont le diamètre est donné par une pesée.

Dans les applications industrielles, les résistances du fer et du cuivre sont importantes à connaître, car les fils télégraphiques sont en fer pour les transmissions aériennes, et en cuivre pour les câbles sous-marins.

La résistance du fer est très-variable. D'après M. Pouillet, il faut de 143 à 166 mètres de fil de fer pour équivaloir à la résistance d'une colonne de mercure de 1 kilomètre de longueur et de même diamètre que le fil; dans les mêmes conditions, il ne faudrait que 25 mètres de cuivre pur. Pour produire la même résistance avec la même longueur, il suffirait de donner au cuivre une section environ six fois moindre qu'au fer. Au point de vue de la résistance électrique, c'est-à-dire pour n'avoir que le même degré d'affaiblissement du courant électrique, on peut employer indifféremment, sur une ligne télégraphique, un fil de fer ou un fil de cuivre qui aurait à peu près six fois moins de volume que le premier, et qui pèserait presque cinq fois moins. D'après les prix relatifs des fils de fer et de cuivre, on n'aurait pas de fortes raisons de préférer l'un de ces métaux à l'autre pour les fils conducteurs du télégraphe aérien; mais, comme le cuivre n'offre qu'une faible résistance à l'extension par rapport au fer, on a dû adopter ce dernier. Il n'en est pas de même des câbles sous-marins; c'est le cuivre qu'on préfère, parce que ce métal est peu altérable; mais il est très-important de connaître la conductibilité du cuivre que l'on emploie, car les divers cuivres du commerce ont des résistances électriques inégales : par exemple, avec un fil de cuivre pur il faut une longueur de 6750 mètres pour produire la même résistance qu'avec 1 kilomètre de cuivre de Rio-Tinto (Espagne); il est vrai que celui-ci est le plus médiocre de tous les cuivres du commerce au point de vue de la conductibilité électrique. Généralement c'est l'oxyde de cuivre contenu dans les fils de cuivre qui contribue le plus à augmenter la résistance de ce métal, et il convient, par conséquent, de veiller à la fabrication du cuivre destiné aux télégraphes sous-marins. Dans tous les cas, il est utile de n'employer le cuivre qu'après avoir constaté, par le procédé de mesure que nous venons d'indiquer ou par tout autre, que sa résistance ne dépasse pas une certaine valeur maximum. On pourrait, il est vrai, atténuer le défaut de conductibilité en augmentant le diamètre du fil; mais alors il y aurait à craindre les fâcheux effets d'induction qui, sur les longues lignes sous-marines, présentent plus d'inconvénients que la résistance électrique des fils.

V

M. Becquerel a donné, en 1826, la première méthode exacte pour déterminer la résistance relative des divers métaux. Il imagina, à cet effet, le galvanomètre différentiel, et il l'employa de la manière suivante : il faisait passer dans ce galvanomètre deux courants contraires, et il les rendait égaux en augmentant ou en diminuant l'un des deux circuits, jusqu'à ce que l'aiguille aimantée ne sortît plus de sa position naturelle d'équilibre. C'est à une même source électrique qu'il empruntait les deux courants. Cela se faisait très-simplement, en réunissant les deux pôles de la pile par deux circuits équivalents, comprenant chacun l'un des deux fils du galvanomètre différentiel. Pour constater si deux conducteurs quelconques avaient des résistances égales, M. Becquerel faisait avec l'un d'eux une dérivation sur l'un des deux circuits de la pile; l'aiguille quittait alors sa position naturelle, mais on l'y ramenait en pratiquant avec l'autre conducteur une dérivation de même amplitude sur le second circuit et en faisant varier la longueur de ce conducteur jusqu'à ce que l'équilibre naturel de l'aiguille fût rétabli. On avait ainsi les longueurs de deux conducteurs équivalents en résistance, et par suite les nombres nécessaires pour exprimer les résistances relatives au même diamètre, s'ils étaient de diamètres différents.

C'est par cette méthode que M. Becquerel put constater que les longueurs de deux fils de même nature qui ont des résistances égales sont en raison inverse de leurs sections. Cette loi avait été trouvée par Davy, mais d'après des expériences qui pouvaient paraître insuffisantes; aussi était-il nécessaire de l'établir avec précision.

M. Ed. Becquerel perfectionna plus tard la méthode qu'avait imaginée M. Becquerel : il se servit d'une source voltaïque munie de deux circuits dont un galvanomètre différentiel faisait partie. Au lieu d'être employés à pratiquer des dérivations sur les deux circuits, les deux conducteurs furent introduits dans les circuits mêmes, ce qui diminua l'intensité de chaque courant. Lorsque les longueurs de ces conducteurs correspondaient à des résistances égales, l'aiguille du galvanomètre l'indiquait en reprenant sa position naturelle d'équilibre et en s'y maintenant, malgré les variations que pouvait subir l'élément voltaïque.

M. Ed. Becquerel détermina la résistance d'un certain nombre de liquides. M. Pouillet a aussi mesuré cette résistance dans divers cas.

VI

Lorsqu'un circuit ordinaire ferme une source d'électricité quelconque, on peut forcer le courant à se bifurquer dans ce circuit en lui présentant deux voies à parcourir, ce qui se fait aisément en établissant par un nouveau conducteur ou fil de dérivation la communication de deux points pris sur le circuit. Alors on a trois courants, celui qui circule dans la pile et les fils qui aboutissent aux points de dérivation, et ceux qui s'établissent dans les deux fils placés entre ces deux points. Le problème à résoudre est de déterminer l'influence que le fil de dérivation exerce sur l'électricité du courant général qui traverse la source, et les intensités des deux courants établis dans les deux fils qui aboutissent aux deux points de dérivation.

L'application la plus importante de ce problème est celle qu'on en fait à la théorie d'une pile dont les éléments sont disposés en plusieurs séries, qu'on met en communication par les pôles de même nom. On voit en effet que le courant fourni par chaque série trouve au dehors autant de voies qu'il y a de séries ajoutées à celle-là, qu'il se partage entre ces diverses voies et le fil qui réunit les pôles opposés, en sorte que ce dernier fil est parcouru par autant de courants analogues qu'il y a de séries. Si l'on veut connaître les avantages et les inconvénients de ce genre de pile, il faut évidemment s'appuyer sur la théorie des courants dérivés. Cette théorie est au reste une conséquence fort simple de la loi fondamentale sur les courants fournis par les piles, et il est aisé d'en vérifier tous les détails en se servant d'une source bismuth et cuivre dont les soudures, maintenues à 0° et à 100°, donnent une force électromotrice constante dans toutes les expériences.

Supposons, pour plus de simplicité, que le couple ou la pile, avec ses fils additionnels, aient une résistance équivalente à celle d'un fil de platine de 100 mètres de long et de 1 millimètre de diamètre, et qu'on ait mesuré l'intensité du courant fourni par cette source lorsqu'on a fermé le circuit avec un fil de platine de 100 mètres de long et de 1 millimètre de diamètre. Cette intensité se rapportera à un circuit de 200 mètres. Au lieu de fermer le circuit avec un seul fil de 100 mètres, établissons la communication avec deux fils; l'un sera de platine et aura 100 mètres de long et 1 millimètre de diamètre; l'autre, qui sera le fil de dérivation, aura 24 mètres de long, une section triple de celle du premier fil et une conductibilité quadruple. L'électricité peut s'écouler par deux voies, ce qui augmente l'intensité du courant général. Le fil de dérivation équivaut à 6 mètres de fil de même substance, mais de 3 millimètres de diamètre, et par suite à un fil de platine de 2 mètres de long et de 1 millimètre de diamètre. On peut remarquer que ce fil, vaut, à son tour, un fil de platine de 100 mètres de long, comme le fil de la première voie, mais avec une section cinquante fois plus grande.

Le circuit se trouve donc finalement fermé par deux fils de 100 mètres, ayant l'un une section cinquante fois plus grande que l'autre, ce qui revient à dire qu'il est en quelque sorte fermé par un fil de 100 mètres dont la section est cinquante et une fois plus forte que celle d'un fil de 1 millimètre. Il est donc équivalent à un fil de 1 millimètre de diamètre et dont la longueur est de $\frac{100}{51}$ de mètre. Le circuit total aura maintenant pour longueur réduite ces $\frac{100}{51}$ de mètre et en outre les 100 mètres qui forment le reste du circuit, ce qui fait $\frac{5200}{51}$ de mètre. D'après la loi fondamentale l'intensité du courant sera augmentée dans la proportion de 200 à $\frac{5200}{51}$ ou de $\frac{102}{52}$. Le courant principal aura donc presque doublé. Mais le fil de 100 mètres qui donne l'une des voies de communication, et le fil de dérivation qui vaut cinquante fils de platine de 100 mètres de long et de 1 millimètre de diamètre, se partagent ce courant dans le rapport de 1 à 50. Le premier fil sera donc traversé par le $\frac{1}{51}$ du courant principal, c'est-à-dire par $\frac{2}{52}$ ou $\frac{1}{26}$ du courant primitif, et le fil de dérivation par les $\frac{50}{26}$ du dernier courant.

C'est par un raisonnement analogue qu'on peut traiter tous les cas qui se présenteraient, ou plutôt établir une formule générale, et par suite résoudre les problèmes relatifs aux piles formées par un assemblage de plusieurs séries d'éléments. Les détails numériques qu'on obtient ainsi se vérifient, comme l'a constaté M. Pouillet, en établissant expérimentalement la théorie des courants dérivés et celle des piles à plusieurs séries.

VII

Lorsqu'on applique le galvanomètre multiplicateur de Schweiger, tel qu'il a été inventé, à un élément thermo-électrique bismuth et antimoine, ou même à une pile de dix à vingt éléments de cette nature, on trouve que l'aiguille aimantée dévie peu, même lorsque la différence des températures des soudures est de 16 à 20 degrés. Cependant, aux mêmes conditions de température, le galvanomètre simple d'Ampère, c'est-à-dire la boussole, placé au-dessus de l'un des barreaux métalliques préalablement dirigé dans le méridien, éprouve une forte déviation. Comment se fait-il que le galvanomètre perfectionné par un multiplicateur soit moins sensible que la boussole et indique à peine l'existence d'un courant qui est très-intense sans l'adjonction du multiplicateur? Il est clair que le fil du multiplicateur allonge le circuit du couple bismuth et antimoine, et augmente ainsi la résistance que le courant doit vaincre. Si, par suite de cette adjonction, le circuit total formé par l'élément et le fil du multiplicateur ont une résistance égale à cent fois celle du couple, l'intensité du courant sera réduite au centième, et l'on conçoit qu'en enroulant le fil du galvanomètre vingt ou vingt-cinq fois autour de son cadre, c'est-à-dire en multipliant son action par 20 ou 25, on n'aurait encore que le cinquième ou le quart de l'action que le couple seul exercerait sur une boussole placée dans les mêmes conditions que l'aiguille du galvanomètre. Ainsi, avec le galvanomètre, on a à la fois une perte et un gain: une perte provenant de l'affaiblissement que le fil du galvanomètre produit sur le courant; un gain donné par le nombre de tours de fil agissant sur l'aiguille aimantée. D'après cela, si l'on veut se servir du galvanomètre pour l'étude du courant fourni par un couple thermo-électrique, il faut disposer le galvanomètre de manière que la perte soit inférieure au gain. Or c'est chose facile : en ajoutant au couple thermo-électrique un fil de cuivre assez gros et peu long, on réduira la perte, et avec ce fil on pourra faire sur le cadre du galvanomètre assez de tours pour que le gain obtenu dépasse notablement la perte. Ainsi, avec un fil de cuivre de 1 mètre de long et de 1 millimètre de diamètre, on pourra faire dix tours de fil sur le cadre et obtenir une plus forte déviation qu'avec le couple de bismuth et antimoine, si la résistance de ce couple vaut celle de 1 mètre de fil de cuivre de 1 millimètre de diamètre; car on réduira l'intensité du courant à sa moitié par l'addition du fil du galvanomètre, mais l'effet de cette moitié sera à peu près décuplé par les dix tours de fil sur le cadre. Il n'en serait plus ainsi dans le cas où le fil du galvanomètre serait d'un dixième de millimètre de diamètre. La section étant devenue cent fois plus petite, la résistance de ce fil est équivalente à celle de 100 mètres de fil de 1 millimètre de diamètre; le courant n'a plus que la cent unième partie de sa valeur, et, alors même que l'effet des dix tours de fil sur le cadre serait de rendre dix fois plus forte l'action sur l'aiguille, on n'aurait qu'un courant dont l'intensité serait les $\frac{10}{101}$ de l'intensité primitive. On ne gagnerait rien en prenant le fil plus long pour faire un plus grand nombre de tours sur le cadre; si on prenait en effet 10 mètres de ce fil, afin d'avoir cent tours sur le cadre, l'intensité du courant serait réduite à $\frac{1}{1001}$, et si les tours étaient aussi efficaces les uns que les autres, l'effet serait $\frac{100}{1001}$, c'est-à-dire à peu près l'effet précédent. C'est par des considérations de cette nature que M. Pouillet a fait l'analyse des conditions favorables à l'emploi du galvanomètre dans l'étude des phénomènes thermo-électriques. On voit de même, que, pour les sources voltaïques qui offrent une grande résistance, il est avantageux de donner au galvanomètre un assez long fil, afin que le nombre de tours produise beaucoup d'efficacité, et d'atténuer le diamètre du fil, afin que les tours sur le galvanomètre n'agissent pas d'une manière trop inégale.

VIII

Nous avons jusqu'ici examiné la loi du rendement électrique qui est relative aux sources thermo-électriques, et nous nous sommes appuyé sur cette loi pour mesurer les conductibilités électriques des corps et pour trouver les conditions les plus favorables dans l'application du galvanomètre aux mêmes sources[1]. Nous allons maintenant étudier les changements de force électromotrice qui s'obtiennent en faisant varier soit la température des soudures d'un couple, soit les divers éléments de ce couple.

[1] Voir les résultats de M. J. Regnault pour la mesure des forces électromotrices.

La force électromotrice d'un couple thermo-électrique formé de deux métaux est égale à la somme ou à la différence des forces électromotrices de deux autres couples formés de chacun de ces métaux uni à un troisième, les conditions de température restant les mêmes. Si le troisième métal est négatif par rapport à l'un des deux premiers et positif par rapport à l'autre, c'est la somme qu'il faut prendre; s'il est, au contraire, soit positif, soit négatif par rapport aux deux autres métaux, on prendra la différence des forces électromotrices.

M. Becquerel démontra cette proposition, lorsque les températures des soudures étaient comprises entre 0° et 20°. Il formait une chaîne de divers fils métalliques de même longueur, de même diamètre et soudés successivement les uns aux autres; et il la faisait communiquer par ses deux bouts avec le fil d'un galvanomètre. Toutes les soudures étaient maintenues à la température de la glace, sauf la soudure des deux métaux que l'on voulait comparer, par exemple, celle du fer et du cuivre. L'intensité du courant produit se calculait d'après la déviation de l'aiguille et une table construite d'avance. Cette intensité pouvait servir de mesure à la force électromotrice, car, dans toutes les expériences relatives à la chaîne dont il s'agit, la longueur réduite du circuit reste la même. Si l'on voulait comparer la force électromotrice d'un couple fer et cuivre aux forces électromotrices de deux couples fer et étain, cuivre et étain, on recommençait l'expérience précédente pour le couple fer et étain de la chaîne, et puis pour le couple étain et cuivre. De cette manière on avait les trois forces électromotrices, et il était alors facile de s'assurer que la force électromotrice du couple fer et cuivre est égale à la différence des forces électromotrices du couple fer et étain et du couple étain et cuivre. Dans cet exemple l'étain est négatif par rapport au fer et au cuivre, c'est-à-dire que le courant va du fer à l'étain, et du cuivre à l'étain, en passant par le galvanomètre. Si l'on compare le fer et le cuivre à l'argent, qui est négatif par rapport au fer et positif par rapport au cuivre, on vérifie que la force électromotrice du couple fer et cuivre est la somme des forces électromotrices du couple fer et argent et du couple cuivre et argent.

Examinons maintenant quelles sont les valeurs relatives de la force électromotrice, lorsque, sans changer la différence des températures des soudures, on fait varier la température absolue.

IX

Ordinairement, lorsqu'on met en jeu la force électromotrice d'un couple, on maintient l'une des soudures à la température de la glace fondante, et on élève la température de l'autre soudure. Dans le cas où les deux métaux du couple sont mis en relation avec les bouts de fil d'un galvanomètre, on entoure de glace les deux points de communication, et alors on échauffe la soudure placée entre ces points de jonction. De cette manière on peut construire une table qui donne l'intensité du courant correspondant à la température de la soudure échauffée.

En cherchant comment la température de chaque soudure contribuait à produire l'intensité du courant thermo-électrique, M. Becquerel trouva la loi suivante : si l'on porte la température des deux soudures à une valeur quelconque comprise dans les limites de la table construite pour le cas où l'une des soudures est à 0°, le courant qui s'établit alors ne dépend pas seulement de la différence des températures; il varie aussi avec la température absolue. Généralement il est égal à la différence des courants que l'on obtiendrait, si l'une des soudures était mise à la température de 0° et que l'autre fût tour à tour portée à chacune des températures de l'expérience.

X

Puisque le courant électrique que développe un élément de Seebeck dépend de la différence de température des deux soudures, on conçoit qu'on puisse dresser une table d'intensité propre à faire connaître la différence de température, lorsqu'on mesure l'intensité du courant.

C'est sur ce principe que M. Pouillet a construit son pyromètre magnétique. L'élément thermo-électrique se compose d'un tube de fer et d'un fil de platine incorporé au fer. Les deux extrémités libres du fil de platine et du tube de fer sont mises en rapport avec un galvanomètre offrant peu de résistance, et qui consiste en un ruban de cuivre enroulé autour d'un cadre vertical, de manière à former plusieurs replis superposés et isolés les uns des autres. Une aiguille aimantée est placée sur un pivot au milieu du cadre et porte une longue lame de bois qui dévie en même temps qu'elle et permet de constater plus exactement les déviations au moyen d'une ligne de repère. Le multiplicateur, le cadre sur lequel il est enroulé, et l'aiguille aimantée forment un appareil qu'on place sur l'alidade mobile d'un cercle divisé horizontal; la disposition du cadre est telle que l'aiguille aimantée se trouve naturellement parallèle à sa direction, lorsque le multiplicateur n'est traversé par aucun courant. Dès qu'un courant passe, l'aiguille aimantée dévie; alors on fait tourner l'alidade jusqu'à ce que la ligne de repère de la lame de bois se trouve revenue au même point du cadre qu'elle occupait avant le passage du courant. Dans ces conditions l'angle dont on a fait tourner l'alidade mesure par son sinus l'intensité du courant électrique.

M. Pouillet gradua cet instrument au moyen du pyromètre à air, et il lui donna des dimensions telles qu'il y eût 4 ou 5 degrés de déviation de l'alidade pour une différence de 100 degrés, entre la température du point où le platine et le fer sont incorporés et celle des points où les extrémités libres de ces deux corps sont jointes aux fils de cuivre qui les unissent au galvanomètre.

Cet appareil pyrométrique ne donne pas des variations angulaires proportionnelles aux différences de température. Les variations décroissent pour une même élévation de température, à mesure qu'on s'approche du rouge naissant; vers 1000°, elles reprennent la valeur qu'elles avaient près de 0°; au delà elles augmentent rapidement.

En employant le bismuth et le cuivre pour source thermo-électrique, M. Pouillet constata que la force du courant développé est proportionnelle à la différence des températures des soudures entre — 78° et + 100°.

XI

M. Becquerel s'est servi des courants thermo-électriques pour mesurer des différences de température qu'il aurait été fort difficile de constater avec les thermomètres ordinaires. Si l'on avait à reconnaître la différence qu'il peut y avoir entre la température de la bouche et celle d'un muscle, l'élément thermo-électrique serait très-bien approprié à ce genre de détermination. M. Becquerel emploie deux aiguilles, l'une de cuivre et l'autre d'acier, de 1 millimètre de diamètre, dont la soudure peut être portée sur le point à explorer. S'il s'agit de soumettre un muscle à l'épreuve, on y introduit le point de soudure, par le procédé de l'acupuncture. Ordinairement on a deux couples semblables, dont on relie les fils d'acier par un autre fil d'acier, et dont les bouts en cuivre sont mis en communication avec un galvanomètre très-sensible. L'une des soudures est placée à une température constante, et l'autre est introduite jusqu'au point voulu. S'il y a égalité de température entre les soudures, l'aiguille du galvanomètre reste dans sa position naturelle; pour peu qu'une différence de température se produise, l'aiguille du galvanomètre dévie et l'indique. Il est possible d'apprécier ainsi une différence d'un dixième de degré.

En plaçant l'une des soudures dans la bouche et l'autre dans un muscle, MM. Becquerel et Breschet ont trouvé que la température du muscle était inférieure à celle de la bouche, et que la différence s'élevait à quatre dixièmes de degré environ.

XII

Peltier s'est aussi servi d'un appareil thermo-électrique joint à un galvanomètre pour constater des variations de température, principalement dans les conducteurs hétérogènes qu'on fait traverser par un courant électrique. Son appareil se compose de deux couples de bismuth et d'antimoine dont les soudures sont placées en regard l'une de l'autre et à peu de distance. Le barreau d'antimoine de l'un des couples est uni par un fil de cuivre au bismuth de l'autre couple, et le circuit est fermé par le galvanomètre. En plaçant un objet quelconque entre les deux soudures opposées de cette pile à deux éléments, on s'assurera s'il est à la température de l'air environnant, ou à une température différente; il suffira de faire porter les deux couples par une pince à ressort, qui permettra d'appliquer les deux soudures contre l'objet que l'on veut éprouver.

C'est par l'usage de cette pince thermo-électrique que Peltier découvrit un phénomène curieux et important.

Lorsqu'on fait passer dans un fil métallique un courant d'électricité, on obtient généralement une production de chaleur continue en chaque point du fil. Nous avons examiné les lois générales qui règlent cette production, et nous avons dit qu'une partie quelconque du conducteur dégage dans l'unité de temps une quantité de chaleur proportionnelle au carré de l'intensité du courant. Mais le phénomène n'est pas tout à fait le même, lorsque l'on considère une petite partie du circuit qui comprend le point de soudure ou de contact de deux métaux différents. Dans cette partie le dégagement de chaleur suit une autre loi; en effet l'élévation de température n'y est pas la même suivant le sens dans lequel le courant la traverse; il peut même arriver qu'au lieu d'une élévation de température, lorsque le courant est dans le sens opposé à celui qui convient au maximum d'échauffement, on obtienne un refroidissement.

Ainsi, lorsque le courant traverse le point de jonction en allant du zinc au fer, dans un assemblage de ces deux métaux, on a une élévation de température plus petite qu'avec le même courant dirigé en sens contraire. La pince thermo-électrique de Peltier, appliquée à la soudure, permet d'apprécier facilement la différence d'effet.

Si on fait passer le courant dans un conducteur composé de deux barreaux de bismuth et d'antimoine soudés par deux de leurs extrémités, on trouve que la température s'élève au-dessus de celle de l'air ambiant, lorsque le courant va de l'antimoine au bismuth, et qu'elle s'abaisse au contraire lorsque le sens du courant est renversé. Il est à remarquer que, lorsqu'on forme un circuit en soudant le bismuth à l'antimoine, le courant produit par l'élévation de température de l'une des soudures se dirige du bismuth à l'antimoine, à travers la partie chauffée. C'est dans le même sens qu'il faut diriger un courant électrique dans l'appareil précédent, pour que la température de la soudure s'abaisse. Cette remarque est générale, et s'applique même au cas où l'on aurait, au lieu d'un refroidissement, une plus faible élévation de température.

Comme le fait d'un abaissement de température obtenu par le passage d'un courant était fort imprévu, Peltier chercha à le mettre hors de doute par la production d'un effet thermométrique ordinaire. Il plaça la soudure des deux aiguilles de bismuth et d'antimoine au milieu d'un ballon de verre dont le col, muni d'un tube qui lui était soudé, communiquait par ce tube avec un vase contenant de l'eau. Les deux baguettes métalliques sortaient du ballon par deux tubulures opposées dans lesquelles elles étaient mastiquées, et pouvaient ainsi conduire facilement un courant électrique à travers la soudure. Or cette soudure se refroidissait, lorsque le courant la traversait en allant du bismuth à l'antimoine, car on voyait l'eau s'élever dans le tube. Dans le cas d'un courant contraire, on reconnaissait que la soudure s'échauffait par la dépression que subissait la colonne d'eau.

XIII

L'heureuse idée qu'ont eue Fourier et Œrsted d'assembler en série les éléments thermo-électriques a exercé deux influences considérables sur la science. Nous avons vu comment on a été conduit à établir la loi générale qui règle l'intensité des courants des piles, ce qui est l'une des bases de la science de l'électricité. Nous allons maintenant examiner un autre usage qu'on a fait de l'invention de Fourier et d'Œrsted, et qui a eu les conséquences les plus importantes pour l'extension de la science du calorique rayonnant.

Nobili imagina de se servir de la pile thermo-électrique dans le but d'apprécier des différences de température trop faibles pour être constatées avec les thermomètres ordinaires; l'appareil employé fut perfectionné par Nobili et Melloni, et devint plus tard entre les mains de Melloni un instrument d'analyse fort précieux.

La pile dont on se sert dans les recherches sur la chaleur est composée, comme celle de Fourier et Œrsted, d'antimoine et de bismuth soudés entre eux. Afin de recevoir facilement la chaleur qui rayonne d'un corps sur toutes les soudures de même ordre et de maintenir les autres à la température de l'air, on donne à la pile, non pas la forme d'un rectangle, mais celle d'un polygone à angles tour à tour entrants et saillants. De cette manière on peut disposer toutes les soudures de même ordre sur un même plan et les autres sur un autre plan parallèle. Afin de faciliter l'absorption de la chaleur rayonnante, on noircit à la fumée les deux bases. Dans la forme adoptée par Fourier et Œrsted, les barreaux successifs étaient naturellement isolés les uns des autres; dans celle que devaient choisir Nobili et Melloni, les aiguilles métalliques sont très-rapprochées entre elles, et, pour éviter qu'elles ne se touchent, on les sépare à l'aide d'un corps isolant.

Fourier et Œrsted constataient l'intensité du courant au moyen d'une simple boussole de déclinaison. Mais cette méthode ne pouvait pas être employée dans l'appareil de Nobili et Melloni ; aussi le galvanomètre fut-il adjoint à la pile.

Fourier et Œrsted s'étaient servis du galvanomètre dans quelques essais, et ils avaient constaté que l'interposition de cet instrument affaiblit considérablement l'intensité du courant. De là, ils avaient conclu que le courant de la source thermo-électrique est produit par une force électromotrice très-faible, mais ils n'avaient pas cherché à perfectionner le multiplicateur de Schweiger et à l'adapter aux appareils thermo-électriques. D'après le fait même que Fourier et Œrsted avaient remarqué, Nobili fut conduit à construire le galvanomètre avec un fil de cuivre gros et court, afin de ne pas trop affaiblir l'intensité du courant par une résistance ajoutée au circuit de la pile, et de ne pas perdre ainsi par cet affaiblissement tout l'avantage qu'on tire de l'augmentation d'action sur l'aiguille aimantée provenant du nombre des plis du multiplicateur. Par tâtonnement il atteignit les dimensions convenables, et l'effet du courant sur l'aiguille du multiplicateur fut plus grand que si cette aiguille avait été placée sur le circuit fermé par un fil gros et très-court.

Nobili donna au galvanomètre multiplicateur une extrême sensibilité, en diminuant considérablement la force directrice qui tend à ramener l'aiguille dans le méridien terrestre et qui s'oppose à ce que les angles de déviation deviennent un peu notables pour les faibles courants. Plusieurs moyens peuvent être employés pour atténuer cette force. Le plus anciennement pratiqué consiste à placer dans le méridien magnétique un aimant dont les pôles agissent sur l'aiguille en sens contraire de l'action de la terre. C'est celui qu'appliquèrent Biot et Savart, lorsqu'ils déterminèrent la loi suivant laquelle un courant rectiligne indéfini agit sur un aimant. Le même procédé fut plus tard employé par Schweiger dans le but de donner plus de sensibilité à l'instrument qu'il avait inventé ; il plaçait en effet au-dessous du multiplicateur un aimant fixe, qui était dirigé dans le méridien magnétique, et qui, par la position de ses pôles, contrariait l'action terrestre dans une proportion plus ou moins grande. Ampère imagina un deuxième moyen de soustraire l'aiguille aimantée à l'action du globe : il donna à la boussole une disposition telle que l'on pouvait diriger l'axe de rotation de l'aimant dans le sens de l'aiguille d'inclinaison. Avec cet appareil il constata que le courant électrique place l'aiguille aimantée dans une direction qui lui est rigoureusement perpendiculaire. Il prouva de cette manière que si, dans les expériences d'Œrsted, la déviation de l'aiguille n'était jamais d'un angle droit, cela tenait uniquement à l'action directrice de la terre, et non pas à quelque autre cause inconnue.

Ampère inventa aussi un troisième moyen de soustraire à la même action non-seulement l'aimant, mais généralement tous les circuits électriques mobiles. Lorsqu'il eut découvert l'action que la terre exerce sur les courants, il voulut rendre ces courants astatiques, afin de pouvoir séparer, dans l'étude des phénomènes, ce qui est dû à la terre et ce qui devait être attribué aux appareils. Le moyen général qu'il employa consiste à former avec le fil conducteur deux figures égales à celle que l'on veut définitivement soumettre à l'observation, et à les disposer de telle manière que l'action de la terre s'équilibre sur les courants qui les parcourent. C'est ainsi qu'en suspendant à un même axe vertical deux hélices égales, à pôles opposés, et liées invariablement entre elles, il obtenait un assemblage astatique de deux aimants électriques. Nobili eut la pensée d'appliquer au galvanomètre ce dernier mode de contre-balancer l'action directrice de la terre; il se servit de deux aiguilles aimantées aussi égales que possible, qui étaient attachées à un fil de cuivre, de manière à avoir leurs pôles opposés en regard.

En suspendant cet assemblage à un fil de soie, il avait un appareil très-délicat et tout à fait propre à constater la circulation des courants très-faibles dans le multiplicateur. On y trouvait aussi l'avantage que l'une des aiguilles était dans le cadre du multiplicateur et l'autre au dehors. Celle-ci recevait des fils les plus voisins du multiplicateur une action qui favorisait l'effet produit sur la première. Ainsi tout avait été ingénieusement combiné pour donner la plus grande sensibilité à l'appareil. A la vérité, il n'est guère possible d'avoir deux aiguilles de forces directrices rigoureusement égales; mais on pouvait rendre leur différence très-petite, et d'ailleurs il y aurait eu de l'inconvénient à l'annuler, puisque alors tous les courants auraient fait dévier l'aiguille d'un angle droit, sauf l'effet des résistances qui se développent, et l'on n'aurait pu mesurer les intensités des courants inégaux.

Les détails sur cette application des piles thermo-électriques seront développés plus spécialement dans le rapport sur les progrès accomplis dans la science de la chaleur. Il suffit de montrer ici quel profit on a tiré des idées de Fourier et d'Œrsted, ainsi que de celles d'Ampère.

XIV

Les brillantes expériences de Melloni sur le rayonnement calorifique ont fait naître souvent l'espérance de pouvoir se servir de la pile thermo-électrique, associée au galvanomètre, pour mesurer exactement les températures elles-mêmes. La question a été examinée par M. Regnault; il a été reconnu que l'on n'est pas encore en état de fixer les conditions dans lesquelles les éléments thermo-électriques doivent être établis pour que les intensités des courants dépendent uniquement des températures.

M. Regnault a étudié spécialement le couple thermo-électrique que l'on obtient en soudant à l'argent un fil de platine avec un fil de fer, ou en incorporant, au blanc soudant, le platine au fer. Les deux soudures étaient portées à des températures que l'on déterminait avec des thermomètres à mercure, et on élevait la différence des températures en maintenant l'une des soudures à zéro ou à la température ordinaire, par le moyen d'un grand bain d'eau, et en plaçant l'autre dans une chaudière pleine d'huile. Le circuit de ce couple était fermé au moyen de l'un des fils d'un galvanomètre différentiel; dans l'autre fil on faisait passer en sens contraire le courant donné par un couple bismuth et antimoine, dont les soudures étaient mises dans deux vases remplis d'eau à des températures différentes, qu'on appréciait avec des thermomètres à mercure très-sensibles. En élevant convenablement la température de l'une de ces soudures, on pouvait neutraliser l'effet du courant produit par le couple fer et platine. Ce mode d'expérimentation était très-délicat; une différence de 1 degré de température entre les deux soudures du couple bismuth et antimoine imprimait à l'aiguille du galvanomètre une déviation de 17 degrés, et l'on pouvait apprécier le seizième d'un degré de la graduation.

Le couple bismuth et antimoine a une force électromotrice de beaucoup supérieure à celle du couple fer et platine. Ainsi, pour une différence de 14°,08 entre les deux soudures du premier couple, on neutralisait le courant que produisait dans le second couple une différence de 282°,25 de température.

Il restait à savoir si ces deux différences ou les analogues se correspondraient toujours; car, s'il en était ainsi, on pourrait affirmer que, toutes les fois que le courant du couple fer et platine serait contre-balancé par une différence de 14°,08 entre les températures des soudures du couple normal bismuth et antimoine, la différence des températures de l'autre couple serait de 282°, 25; et de même pour les autres différences obtenues dans une première série d'expériences. On aurait donc alors un véritable appareil propre à mesurer les hautes températures avec une exactitude comparable à celle des thermomètres à mercure. Malheureusement il n'en est pas ainsi, et, en construisant la table de comparaison à plusieurs reprises, on trouve qu'il n'y a pas toujours concordance entre les diverses tables, ce que l'on explique en admettant qu'il se produit des changements moléculaires dans les métaux, et que ces changements surviennent tantôt brusquement, tantôt lentement. On n'obtient même pas toujours la concordance des nombres dans une série d'expériences où la température de l'un des contacts du fer et du platine est d'abord ascendante et puis descendante.

Ces variations tiennent aux changements moléculaires que subit le couple fer et platine, et non à quelque changement analogue qui surviendrait au couple normal. En effet, dans les limites de température où l'on porte les soudures de ce dernier couple, lesquelles ne dépassent pas 15° et 33°, on a trouvé constamment une déviation de 17 degrés au galvanomètre pour 1 degré de différence entre les températures des deux soudures. Il est vrai qu'il est difficile de savoir si cela est rigoureux ou seulement approché; car, lorsque les deux soudures sont maintenues à une température constante, le courant varie un peu d'intensité avec le temps, et il reste une légère incertitude sur la valeur qu'il faut prendre pour l'angle de déviation.

XV

Après avoir examiné les variations de la force électromotrice qui sont causées principalement par l'élévation de température, il nous reste à indiquer par quels assemblages de métaux on a pu obtenir les plus grands effets.

Les piles thermo-électriques ordinaires n'offrent pas assez de résistance intérieure pour que l'on puisse produire avec elles des effets considérables, dès qu'il faut vaincre une résistance un peu notable. Cependant M. Ed. Becquerel a trouvé un assemblage de métaux qui jouit, sous ce rapport, de propriétés importantes. Il s'agit d'un couple formé avec des barreaux de maillechort et de sulfure de cuivre. Une pile de cinquante éléments de cette nature donne un courant capable de décomposer l'eau, d'aimanter le fer doux d'un électro-aimant, et de faire marcher un télégraphe.

CINQUIÈME PARTIE.

CHIMIE ÉLECTRIQUE.

1

On forme un élément voltaïque en plongeant dans de l'eau salée ou acidulée une lame de cuivre et une lame de zinc que l'on fait communiquer extérieurement par un fil de cuivre soudé à ces métaux. Le courant électrique qui se développe circule du cuivre au zinc dans la partie extérieure de l'élément, et du zinc au cuivre à travers l'eau.

Volta supposait que la force électromotrice était due au contact du zinc et du cuivre. Le liquide interposé qui, d'après lui, se trouvait nécessairement privé de la faculté de produire de l'électricité par son contact avec les métaux, ne jouait que le simple rôle de conducteur.

Cette théorie, prise en toute rigueur, avait pour conséquence que l'électricité était fournie par la pile sans aucune dépense. Cependant cette force, qui ne coûtait rien, était capable de produire de la chaleur, de la lumière, des décompositions chimiques, même du travail mécanique; il y avait donc là quelque chose d'analogue à la question du mouvement perpétuel.

D'un autre côté, on remarquait que les liquides étaient actifs, du moins au point de vue chimique, puisque l'un des deux métaux se trouvait toujours attaqué; et il paraissait difficile d'admettre que l'action chimique n'entrât pour rien dans le développement d'électricité.

Enfin, l'on ne voyait pas pourquoi, par le seul fait qu'il serait liquide, un corps se trouverait privé de toute action électromotrice de contact, surtout lorsqu'on savait que le mercure n'était pas dans ce cas.

Pour ces diverses raisons, la théorie de Volta rencontra beaucoup d'adversaires.

Nous allons examiner par quelles expériences on a pu assigner aux actions chimiques leur véritable rôle dans la production de l'électricité voltaïque. Nous étudierons ensuite les expériences qui ont révélé la cause des imperfections que présentaient les anciennes piles de Volta. Après avoir fait connaître les nouveaux appareils à courants constants, nous exposerons les travaux par lesquels on a définitivement établi la loi générale qui règle le rendement électrique des piles. Enfin nous traiterons des propriétés chimiques des courants électriques et de leurs applications.

II

Comme la question relative à l'origine de l'électricité voltaïque est très-délicate, il sera bon de rappeler ici, avant d'indiquer les anciennes expériences de M. Becquerel et d'autres savants, la lettre écrite en 1843, du fort de Ham, par le prince Louis Napoléon à Arago, et dans laquelle le secrétaire perpétuel de l'Académie des sciences signalait la netteté des raisonnements et des résultats.

« L'idée que je vous soumets aujourd'hui est relative à une théorie que j'ai conçue des fonctions de la pile voltaïque.

« La source de l'électricité galvanique a été attribuée par Volta au contact de deux métaux dissemblables. Davy a partagé cette opinion; mais depuis, des savants, et entre autres l'illustre Faraday, ont émis l'opinion que la décomposition chimique des métaux était la seule cause de l'électricité.

« Adoptant cette dernière hypothèse, j'ai raisonné ainsi : Comme, dans la pile, il n'y a jamais qu'un des deux métaux qui soit oxydé, si l'électricité n'est due qu'à l'action chimique, le second métal ne doit jouer, dans cet accouplement, qu'un rôle secondaire. Quel est ce rôle? *C'est, je crois, d'attirer et de conduire l'électricité développée par le premier d'une manière analogue à ce qui se passe dans la machine électrique ordinaire.* En effet, dans celle-ci, l'électricité dégagée par le frottement traverse un milieu conducteur *imparfait*, qui est l'air, et est attirée et conduite par un *conducteur parfait*, qui est le métal. Dans la pile, l'électricité produite par l'oxydation d'un métal quelconque traverse un milieu *imparfait conducteur*, qui est le liquide, et est recueillie et transmise par un *conducteur parfait*, qui est le métal adjacent.

« Cette idée m'ayant paru si claire et si simple, je cherchai le moyen d'en prouver l'exactitude par l'expérience, et je fis cet autre raisonnement : S'il est vrai qu'un des deux métaux employés dans la pile ne serve que de conducteur, on pourra le remplacer par un métal identique à celui qui s'oxyde, pourvu qu'il soit plongé dans un liquide qui, tout en permettant à l'électricité de passer, n'attaque pas ce métal.

« L'expérience est venue confirmer mes prévisions. Je construisis deux couples suivant le principe des piles à courants constants de Daniell, *mais avec un seul métal;* je plongeai un cylindre de *cuivre* dans un liquide composé d'eau et d'acide nitrique, le tout contenu dans un tube de terre poreuse, et j'entourai ce tube d'un autre cylindre de *cuivre* plongeant dans de l'eau acidulée avec de l'acide sulfurique, mélange qui n'attaque pas le cuivre. Ayant établi les communications comme on le pratique ordinairement, je décomposai, avec cette pile de deux couples, de l'iodure de potassium dissous; et, ayant placé aux extrémités des pôles deux plaques de cuivre plongeant dans une dissolution de sulfate du même métal, je recueillis au pôle qui était en rapport avec le *cuivre attaqué* un dépôt de cuivre.

« Je fis une seconde expérience avec du zinc seulement. Je mis dans le tube poreux du zinc avec de l'eau et de l'acide sulfurique, et j'entourai ce tube d'un autre cylindre de zinc plongeant dans de l'eau pure tiède. Avec deux couples semblables, je décomposai également l'iodure de potassium, et j'obtins, en prenant les précautions nécessaires, un dépôt de cuivre au pôle qui était en relation avec le zinc attaqué, comme précédemment.

« Enfin, je renversai l'ordre habituel des métaux, et mis le cuivre dans le centre d'une auge plongeant dans de l'eau et de l'acide nitrique, et j'entourai le tube poreux d'un cylindre de zinc plongeant dans de l'eau pure, et j'obtins ainsi une pile assez forte.

« J'aurais voulu pouvoir mesurer avec soin les différentes forces des courants électriques produits, mais il m'a été impossible de le faire, faute d'un *galvanomètre*. Mes efforts pour en construire un ne réussirent pas, parce que les aiguilles aimantées furent toujours déviées par l'attraction des barreaux de fer qui entourent mes fenêtres.

« Cependant, d'après les expériences que j'ai pu faire, il me semble démontré :

« 1° Que, dans la pile, la cause de l'électricité est purement chimique, puisque deux métaux ne sont pas nécessaires pour produire un courant;

« 2° Que le métal qui n'est pas oxydé ne fait que transmettre l'électricité;

« 3° Enfin, que chaque métal est positif ou négatif à lui-même ou à d'autres, suivant le liquide dans lequel on le plonge.

« Je vous transmets, Monsieur, ces réflexions avec une extrême réserve, car je n'ai point fait de la chimie et de la physique mon étude spéciale; et c'est seulement l'hiver dernier que, pour abréger les heures de ma captivité, je me suis livré à quelques expériences en étudiant avec le plus vif intérêt les ouvrages des hommes illustres. »

III

Cette lettre nous dispense d'un long exposé d'expériences pour traiter la question importante de l'origine de l'électricité voltaïque. Nous rappellerons cependant les travaux les plus caractéristiques qui ont servi à élucider cette question.

M. Becquerel montra, par de nombreuses expériences, que toutes les actions chimiques sont accompagnées d'un dégagement d'électricité. Une des plus remarquables consiste à produire un courant voltaïque par la réaction de l'acide azotique et de la potasse en dissolution. Le platine est le seul métal employé; il n'est pas attaqué, et son rôle est seulement de recueillir et de conduire les électricités. La dissolution de potasse est contenue dans un tube de verre fermé par en bas avec du kaolin, et plongé en partie dans l'acide azotique d'un vase. Deux lames de platine sont placées dans les liquides et peuvent aboutir au dehors à un galvanomètre. L'acide azotique prend l'électricité positive, que recueille la lame voisine de platine, et qui est conduite par elle dans le circuit extérieur; la dissolution de potasse prend l'électricité négative, qui est transmise de la même manière dans le galvanomètre, mais en sens contraire. Lorsque le kaolin est tassé convenablement, la combinaison de l'acide et de la base s'opère lentement et produit un courant de longue durée. Cet appareil a fourni le premier exemple d'un élément ou d'une pile à courant constant.

On peut remarquer qu'en traversant les deux liquides le courant entraîne l'hydrogène de l'eau vers le platine qui plonge dans l'acide azotique; mais le gaz se trouve absorbé par l'acide. Quant à l'oxygène, il remonte le courant et se dégage au pôle opposé. Lorsque de l'azotate de potasse y est décomposé, l'acide remonte aussi le courant et se rend dans la dissolution de potasse, qui se combine avec lui et l'empêche de se déposer sur la lame de platine. Il en est de même de la base qui descend le courant et se combine avec l'acide vers lequel elle se rend. C'est à l'absence de dépôts sur les pôles de platine qu'il faut attribuer la constance du courant.

M. Becquerel varia beaucoup la forme de cette expérience, afin de mettre à l'abri de toute objection la démonstration de ce principe que les actions chimiques sont toujours accompagnées d'un dégagement d'électricité. Par une méthode analogue il fit voir que les acides sont positifs par rapport aux bases, à l'eau et aux métaux; que ces corps en agissant les uns sur les autres dégagent de l'électricité, et qu'il en est de même des dissolutions salines.

M. Pouillet constata, de son côté, que la combustion du carbone ou de l'hydrogène dégage de l'électricité. Ces deux éléments prennent l'électricité négative, tandis que l'acide carbonique ou la vapeur d'eau emportent l'électricité positive. C'est avec l'électromètre condensateur que ces diverses électricités étaient recueillies.

IV

Il nous reste à examiner l'application de ces principes généraux au couple même de Volta, qui est un des plus importants pour la production de l'électricité.

Afin de simplifier, nous supposerons qu'au lieu de zinc du commerce, on emploie ce métal à l'état de pureté. Lorsqu'on plonge dans l'acide sulfurique étendu d'eau une lame de zinc pur, on ne remarque aucune action chimique. M. Delarive a constaté, en effet, que le zinc distillé est à peine attaqué; et plus tard M. d'Almeïda, qui avait préparé, par la méthode galvanoplastique, du zinc aussi pur que possible, reconnut que ce métal était inattaquable dans l'acide sulfurique étendu de neuf fois son volume d'eau, et que, pour le dissoudre avec l'acide bouillant, il fallait plusieurs heures. Le zinc amalgamé jouit à peu près de la même propriété.

Si l'on met dans l'acide étendu deux lames, l'une de zinc pur et l'autre de platine, on n'aura évidemment aucune action chimique; mais il n'en sera plus de même si l'on joint extérieurement le zinc et le platine par un fil de ce dernier métal. Dès que le contact a lieu, il se produit à la fois un courant électrique et une action chimique. La présence du courant se reconnaît à l'aide de l'aiguille aimantée; quant à l'action chimique, elle se révèle par le dégagement du gaz hydrogène et par la dissolution du sulfate de zinc, qu'il est facile de constater. Aussitôt que le contact du zinc et du platine cesse, l'action chimique est suspendue, et l'on n'a plus évidemment de courant électrique. On peut rétablir et interrompre le contact des deux métaux autant de fois que l'on veut, et par suite faire naître ou faire cesser en même temps le courant électrique et l'action chimique. Ainsi le dégagement d'électricité et la réaction chimique sont deux phénomènes qui ne vont pas l'un sans l'autre.

Il est à remarquer que, dans cette expérience, l'action chimique se présente avec des conditions spéciales. L'oxygène ne se dégage pas, puisqu'il se combine avec le zinc et forme un oxyde qui se dissout dans l'acide sulfurique. Quant à l'hydrogène qui se sépare de l'eau, il ne se dégage pas sur le zinc, là où l'oxygène abandonne l'eau pour se combiner au métal; mais il s'échappe au loin sur la lame même de platine, en sorte qu'il y a non-seulement décomposition de l'eau, mais, en outre, transport de l'hydrogène.

V

Quoi qu'il en soit, il est aisé de constater que l'électricité produite n'est pas développée au contact même du platine et du zinc, ou du cuivre et du zinc, si l'on se sert du cuivre pour former l'élément voltaïque, mais que la force électromotrice a son siége au contact même du zinc et du liquide qui l'attaque chimiquement. C'est à Peltier qu'on doit une démonstration directe de ce fait.

Un arc formé de zinc et de cuivre soudés plonge par ses deux bouts dans un même liquide, que contiennent deux vases isolés. L'un des liquides est mis en communication avec la terre, à l'aide d'un fil de platine; un second fil de platine, tenu par un manche de gomme laque, peut faire communiquer avec un électromètre condensateur un point quelconque du couple voltaïque et lui transmettre l'électricité libre de ce point.

Supposons que le liquide voisin du cuivre soit en communication avec le sol; si, avec le fil mobile de platine, on touche ce liquide ou le cuivre, on n'obtient aucun signe d'électricité, ce qui est conforme à la théorie du contact; mais on ne trouve pas non plus d'électricité sur le zinc, et ce fait est complétement opposé à la théorie qui fait siéger la force électromotrice au contact des métaux hétérogènes, et qui, dans cette expérience, attribue de l'électricité positive au zinc. Au premier abord, on pourrait supposer que le procédé de Peltier n'est peut-être pas assez délicat pour constater l'électricité que le zinc doit avoir; mais cela n'est pas admissible, car, si la tige mobile vient à toucher le liquide voisin, elle fait passer immédiatement de l'électricité positive sur le plateau correspondant de l'électromètre condensateur : la surface qui sépare le zinc du liquide est donc le siége de la force électromotrice.

La même conclusion peut se tirer de cette autre expérience : on isole le liquide voisin du cuivre, et l'on fait communiquer avec le sol le liquide qui est du côté du zinc; alors le fil mobile ne donne aucun signe d'électricité, lorsqu'il touche ce dernier liquide, ce qui est naturel, mais il fournit au condensateur de l'électricité négative, en touchant soit le zinc, soit le cuivre, soit le liquide voisin de ce dernier métal. La surface qui sépare le zinc du liquide adjacent sert donc aussi de séparation entre les parties qui sont ou ne sont pas électrisées, tandis que, d'après Volta, cette séparation devrait être à la soudure du zinc et du cuivre.

Il résulte de ces expériences de Peltier que la force électromotrice a son siége à la surface de contact du métal attaqué et du liquide qui agit chimiquement sur lui. Cette démonstration s'accorde dans ses conclusions avec les expériences par lesquelles on a déjà prouvé que l'électricité ne se développe qu'avec l'action chimique. La production de l'électricité n'est pas due au contact des corps hétérogènes, mais elle est liée par un rapport intime avec l'action chimique. Cette liaison sera mise en évidence d'une autre manière, lorsque nous ferons voir que le couple voltaïque fournit par heure une quantité d'électricité qui est toujours proportionnelle au poids du zinc dissous, bien que l'on fasse varier la production absolue dans de très-grands rapports, en changeant les dimensions et la nature des diverses parties du circuit. Si l'on employait une pile au lieu d'un seul couple, ou bien si l'on modifiait la source voltaïque, l'électricité pourrait être plus ou moins coûteuse; mais, pour un appareil donné, nous verrons que la dépense en électricité est proportionnelle à la dépense en action chimique.

VI

Après avoir montré que, dans la pile voltaïque, l'électricité ne se produit pas sans qu'il y ait action chimique, il nous faudrait examiner les lois qui règlent le rendement électrique de ces piles et le comparer à l'action chimique correspondante. Mais, avant de traiter cette question fondamentale, il convient d'indiquer comment on est parvenu à éviter le grave inconvénient qu'avaient les anciennes piles de s'affaiblir avec rapidité. La construction des piles à courant constant nous sera très-utile, non-seulement pour les recherches théoriques, mais aussi pour les diverses applications de l'électricité.

Faisons passer un courant voltaïque à travers de l'eau acidulée, au moyen de deux fils de platine, dont l'un amène le courant dans cette eau, et l'autre le reçoit à la sortie. Lorsque la durée de ce courant aura été suffisante, supprimons la communication des fils de platine avec la pile, et relions-les aux extrémités d'un galvanomètre. Nous verrons aussitôt l'aiguille aimantée dévier et indiquer un courant de direction opposée à celle du courant primitif de la pile. Quelle est la cause de ce nouveau courant? On avait d'abord pensé que les fils de platine avaient subi une modification spéciale par l'effet du courant voltaïque, mais M. Becquerel prouva que telle n'était pas la cause. En effet, en prenant des fils un peu longs et en plongeant dans l'eau acidulée les parties extérieures de ces fils, qu'on avait coupées, on n'obtenait plus de courant au galvanomètre. Les parties des fils de platine qui étaient immergées pendant que le courant voltaïque traversait le liquide avaient donc seules la propriété de développer le courant secondaire. Or, pendant l'action du courant voltaïque, ces parties se recouvrent, l'une d'hydrogène et l'autre d'oxygène, qui restent partiellement adhérents aux fils. Lorsque le courant voltaïque a cessé et qu'on relie entre eux les deux fils de platine, on obtient un courant par l'action de l'hydrogène et de l'oxygène restés adhérents, et le sens du courant produit ainsi s'accorde avec celui qu'indique l'observation.

Il résulte de ces considérations que, lorsque le courant voltaïque passait à travers le liquide, il se produisait sur les fils de platine des dépôts gazeux, et en même temps une nouvelle force électromotrice due à ces gaz et capable d'affaiblir le courant voltaïque. Cette explication de M. Becquerel s'applique encore de la même manière, lorsqu'il se dépose sur les bouts de fil de platine des acides et des bases, ou bien lorsqu'un métal retiré de la dissolution par le courant voltaïque se dépose sur l'un des fils et qu'il peut être chimiquement attaqué par le liquide environnant.

Les courants secondaires dont nous venons de considérer la formation ont été primitivement découverts par Ritter et expliqués par Volta d'une manière générale. M. Becquerel, en opérant sur un élément isolé, a pu analyser nettement le phénomène et la cause, et il a trouvé dans ce fait la véritable raison de l'affaiblissement rapide que subissait le courant des anciennes piles voltaïques. Ces piles portaient en effet en elles-mêmes la cause de leur affaiblissement, car, dans chaque couple, le courant opérait des décompositions du liquide et entraînait les éléments tels que l'hydrogène, les métaux et les bases, sur les plaques métalliques vers lesquelles il se dirigeait, tandis que l'oxygène et les acides remontaient le courant et se déposaient en totalité ou en partie sur les plaques opposées aux précédentes. Il y avait donc, par l'effet de la réaction de ces éléments, une force électromotrice qui produisait à son tour un courant électrique; mais ce courant, inverse du courant principal, affaiblissait ce dernier promptement, et finissait par le rendre presque insensible.

La cause d'affaiblissement étant connue, il fallait, pour l'éliminer, imaginer des dispositions d'appareils avec lesquelles on n'aurait pas de dépôts secondaires. M. Becquerel, qui avait indiqué la voie, réussit à construire plusieurs éléments dont la force restait à peu près constante. C'est ce qui arrive à l'élément dont nous avons déjà parlé et dans lequel l'électricité se développe par l'action chimique de l'acide azotique et de la potasse en dissolution. Les deux lames de platine qui recueillent les électricités, dans cet appareil, ne se couvrent en effet d'aucun dépôt, puisque le liquide environnant absorbe les éléments transportés, sauf l'oxygène, qui se dégage. M. Becquerel put également obtenir un élément à peu près constant pendant une heure, en employant le zinc et le cuivre plongés dans de l'eau rendue conductrice par l'acide sulfurique, et contenue dans deux compartiments distincts, qu'une membrane de baudruche reliait. C'est en versant de petites quantités d'acide azotique dans le compartiment où se trouvait la lame de zinc, qu'il empêchait les dépôts nuisibles et qu'il rendait le courant à peu près invariable.

Il restait à construire une pile qui serait constante dans ses effets, et dont la puissance pourrait être utilisée dans la science et dans les applications industrielles. C'est M. Daniell qui résolut ce problème important. Plus tard, M. Grove et M. Bunsen firent aussi connaître des piles énergiques et constantes qui rendent de grands services.

VII

M. Marié-Davy a construit une pile de cette espèce et dont l'emploi offre de remarquables avantages dans certaines applications, par exemple dans la télégraphie électrique.

L'élément Marié-Davy a deux compartiments séparés par un vase poreux. Un prisme de charbon et une pâte d'oxydule de mercure sont placés dans le vase, et un cylindre de zinc est mis avec de l'eau dans le second compartiment. Pour fermer le circuit on fait communiquer le charbon au zinc avec des lames soit de plomb, soit de cuivre verni. Dès que le circuit est fermé, le courant s'établit; en même temps le sulfate de mercure se décompose en révivifiant le mercure, et le zinc se dissout en donnant du sulfate de zinc. Le mercure est ensuite repris et traité par l'acide sulfurique étendu, et transformé de nouveau en sulfate d'oxydule de mercure, de manière que ce métal peut, en quelque sorte, servir indéfiniment. Le sel de mercure employé, étant presque insoluble, ne passe pas à travers le vase poreux et ne l'obstrue pas.

Si l'on compare les éléments Marié-Davy et Daniell, on trouve qu'en leur donnant une même résistance, on retire du premier un courant plus intense dans le rapport de 18 à 13, ce qui indique une plus grande force électromotrice.

Il est vrai que la résistance propre du premier élément est notablement plus grande que celle de l'élément Daniell, puisqu'elle la surpasse de $\frac{4}{7}$. C'est peu important dans les applications auxquelles on destine ordinairement la pile Marié-Davy, mais il n'en est pas de même de sa supériorité au point de vue de la force électromotrice. Par exemple, dans les applications à la télégraphie électrique, on ajoute à la pile la résistance d'un long fil de ligne, en sorte que la résistance totale du circuit diffère fort peu de celle du fil additionnel; alors l'intensité du courant produit se trouve sensiblement en raison inverse de la résistance extérieure et proportionnelle à la force électromotrice de l'appareil. On voit donc que l'élément le plus énergique au point de vue de la force électromotrice est aussi celui qui conserve l'avantage dans les applications qui comportent de grandes résistances extérieures.

VIII

Les piles à courant constant nous permettant de prendre des mesures précises d'intensité, il nous devient plus facile d'étudier expérimentalement la loi générale du rendement électrique des piles voltaïques. C'est le problème qu'il s'agit maintenant de traiter.

Nous avons déjà examiné une question analogue, à l'occasion des piles thermo-électriques. Nous avons vu que Fourier et OErsted avaient découvert, en 1823, la loi générale du rendement électrique de ces appareils; il résultait en effet de leurs expériences que l'intensité du courant fourni par un couple thermo-électrique déterminé varie en raison inverse du circuit parcouru, en comprenant la résistance du couple dans celle du circuit, et que le courant d'une pile formée de couples égaux se compose de la somme des courants partiels fournis par chaque couple et diminués dans la proportion de la longueur du couple à la longueur totale du circuit de la pile.

Cette loi générale jouit d'un caractère de simplicité tel qu'on est naturellement porté à l'étendre aux courants fournis par les diverses sources, comme le faisait Ampère, spécialement à ceux des appareils voltaïques. Aucune expérience n'avait été indiquée par Fourier et Œrsted à ce nouveau point de vue. Cependant la question est d'une grande importance, à cause même des usages auxquels les piles voltaïques sont destinées. Aussi divers savants s'en sont-ils occupés; parmi eux nous citerons, à l'étranger, Ohm et Lenz, et en France M. Pouillet.

La loi générale a été démontrée d'une manière directe par M. Pouillet, soit sur un seul élément de Daniell, soit sur un assemblage d'éléments en forme de pile.

Supposons qu'il s'agisse d'une pile de Daniell, ou d'un seul élément de pile. Fermons le circuit au moyen d'une boussole de tangentes, et mesurons l'intensité du courant produit. Cela posé, allongeons le circuit extérieur au moyen d'un fil de cuivre, ce qui fait diminuer l'intensité du courant. On conçoit que, par tâtonnement, on puisse réduire ainsi l'intensité du courant à sa moitié. Il est clair qu'alors la longueur de fil ajoutée produira une résistance équivalente à celle de la pile et de la boussole, si la loi de Fourier et Œrsted s'applique à ce genre de sources électriques. On pourrait trouver encore cet équivalent de résistance en allongeant assez le fil additionnel pour réduire l'intensité du courant au tiers ou au quart, etc. Car la longueur ajoutée qui produira la réduction sera double, triple, etc. de l'équivalent de résistance de la pile et de la boussole. Si les diverses mesures que nous indiquons s'accordent à donner la même valeur à la résistance propre à la pile et à la boussole, on en conclura que la loi générale de Fourier et d'Œrsted se vérifie, c'est-à-dire que les intensités des courants produits sont en raison inverse des résistances des circuits intérieur et extérieur. Il est clair qu'il n'est pas nécessaire de s'astreindre à réduire l'intensité du courant dans l'exacte proportion de la moitié, du tiers, du quart, etc. Il suffit en effet d'opérer les réductions dans des rapports connus, qui sont déterminés par la boussole des tangentes, pour que la vérification de la loi puisse se faire et pour qu'on puisse calculer la longueur du fil équivalente à la résistance soit de la pile, soit de la pile et de la boussole. Il faudra constater si les intensités des courants sont en raison inverse des longueurs des fils ajoutés, augmentées chacune d'une constante inconnue et représentant la résistance de la pile et de la boussole.

C'est par des expériences de cette nature que M. Pouillet soumit la loi générale à une vérification très-minutieuse; elles portèrent principalement sur cinq éléments de Daniell, étudiés par cette méthode, soit séparément, soit lorsqu'ils étaient disposés en série. L'accord de la loi et de l'expérience fut constamment trouvé aussi satisfaisant que possible.

Les mesures de conductibilité que M. Pouillet avait déjà prises à l'aide des méthodes que nous avons exposées permettaient de calculer la résistance des fils qui faisaient communiquer les pôles de la pile à la boussole, et celle de la boussole. En les retranchant des résistances totales, on pouvait avoir celles de la pile et de chaque élément.

Restait encore la question de savoir si le courant de la pile était la somme des courants partiels fournis par chaque élément. Or cela pouvait se vérifier, bien que les éléments de la pile ne fussent pas tous égaux. En effet, le courant de chaque élément s'affaiblissait dans le rapport de la résistance de l'élément à la résistance totale du circuit formé par la pile, ses conducteurs, la boussole des tangentes et le fil ajouté. Ce rapport pouvait se calculer au moyen des données fournies par les expériences précédentes, puisque la résistance propre à chaque élément avait été déterminée, ainsi que la résistance de l'élément uni à la boussole; l'intensité du courant fourni par l'élément uni à la boussole était d'ailleurs connue. Il n'y avait donc plus qu'à faire la somme des intensités partielles ainsi calculées, et à voir si cette somme reproduisait l'intensité totale du courant qui parcourait tout le circuit déjà indiqué. L'épreuve, répétée dans diverses conditions, a toujours été favorable à cette application de la loi générale.

D'après tant d'expériences précises et variées, on peut regarder la loi de Fourier et d'Œrsted comme s'étendant rigoureusement aux courants des appareils voltaïques.

On pourrait chercher maintenant à comparer l'intensité du courant fourni par un élément ou une pile au travail chimique correspondant; mais la comparaison trouvera naturellement sa place lorsque nous aurons étudié les propriétés chimiques des courants électriques.

IX

La plupart des faits généraux qui servent de base à la chimie électrique ont été découverts au commencement de ce siècle, et peuvent se résumer ainsi :

Les éléments des corps traversés par le courant électrique se séparent sous l'influence de cet agent. Les uns, tels que l'hydrogène et les métaux, se dirigent dans le même sens que le courant; les autres, tels que l'oxygène, le chlore, le cyanogène et les acides, vont en sens contraire [1]. S'il ne se produit pas d'action subséquente, les premiers de ces éléments deviennent libres au pôle négatif, c'est-à-dire à la surface par laquelle le courant sort de la substance décomposée, et les seconds au pôle positif ou à la surface par laquelle le courant s'introduit dans le liquide. Après ce fait général de séparation des éléments et de leur transport aux deux pôles, il peut se produire des actions chimiques, lorsque ces éléments trouvent,

[1] Voir les *Recherches* de M. d'Almeïda *sur la décomposition des dissolutions salines saturées.*

dans la substance même qui forme les pôles ou dans le liquide qui les environne, des corps avec lesquels ils puissent se combiner. Dans chaque opération l'art consistera à favoriser ces combinaisons ou à les écarter, suivant le but qu'on veut atteindre.

Les travaux contemporains ont eu pour objet, les uns d'établir le rapport qui existe entre le travail chimique effectué par le courant et la quantité d'électricité nécessaire pour le produire, les autres d'appliquer la puissance du courant à révivifier les métaux, et, par suite, de s'en servir pour une foule d'opérations dont la science, l'industrie et les arts ont tiré le plus heureux parti [1].

X

Lorsqu'un même courant traverse successivement plusieurs substances contenues dans des vases différents, il se produit un travail chimique dans chacun de ces vases, ainsi que dans les éléments de la pile. Y a-t-il un rapport défini entre tous ces travaux simultanés, et quel est ce rapport? Cette question fondamentale a été traitée par M. Faraday et ensuite par divers physiciens, entre autres par M. Matteuci et M. Ed. Becquerel; voici les résultats principaux.

Si l'on recueille les éléments qui se révivifient au pôle négatif de chaque vase à décomposition, et que l'on compare les poids obtenus, pendant qu'il se dégage 1 gramme d'hydrogène dans un voltamètre type à eau acidulée, on trouve :

Qu'il se dégage 1 gramme d'hydrogène dans les dissolutions concentrées des acides chlorhydrique, bromhydrique, iodhydrique et cyanhydrique;

Qu'il se dépose 104 grammes de plomb métallique dans les vases qui contiennent un sel de ce métal, tel que le chlorure et l'acétate de plomb fondu, ou l'acétate de plomb en dissolution concentrée ;

59 grammes d'étain, avec le protochlorure de ce métal en fusion;

[1] Voir les *Recherches* de MM. Frémy et Ed. Becquerel *sur les propriétés chimiques de l'étincelle électrique et sur la formation de l'ozone.*

108 grammes d'argent avec l'azotate d'argent fondu ou en dissolution concentrée;

32 grammes de cuivre pour un sel de protoxyde de cuivre, et le double de cette quantité pour un sel de sous-oxyde;

Les deux tiers de 49 grammes d'antimoine, pour la dissolution de protochlorure d'antimoine, et ainsi de suite.

On voit que les poids des éléments séparés simultanément dans divers composés par le courant électrique sont entre eux comme les équivalents chimiques de ces éléments. La même loi s'applique aux décompositions chimiques qui ont lieu dans les divers éléments de la pile, lorsqu'on les compare aux actions produites dans le circuit extérieur. Ainsi, pendant que 1 gramme d'hydrogène se dégage dans le voltamètre type, il se dégage aussi 1 gramme de ce gaz dans chaque élément de la pile de Smée, ou bien il se dépose 32 grammes de cuivre dans chaque élément de la pile de Bunsen.

Figurons-nous le circuit tout entier parcouru par le courant, et nous voyons que, dans toutes les parties de ce circuit, dans les éléments de la pile, comme au dehors, il se décompose, pour le même temps et pour l'action d'un même courant, des quantités de corps qui sont chimiquement équivalentes. Si nous regardons ces quantités comme représentant des travaux chimiques équivalents, nous pouvons dire que, dans tout le circuit, le travail chimique du courant est le même en chacun de ses points.

Cette loi fondamentale, qui est l'une des plus remarquables de la chimie électrique, nous conduit à chercher dans quel rapport se trouve le travail chimique effectué avec la quantité d'électricité nécessaire pour le produire.

XI

L'intensité du courant électrique se mesure par l'action qu'il exerce sur l'aiguille aimantée, et il y a lieu de chercher si, dans un temps donné, le travail chimique devient double, triple, quadruple, etc. lorsque l'intensité du courant varie dans ces proportions, en un mot si le travail chimique est proportionnel à l'intensité du courant. M. Pouillet a reconnu, par des expériences très-précises, qu'il en est ainsi. Pour cette comparaison le courant de la pile est employé à produire deux effets, une action sur l'aiguille aimantée et une action chimique; on le fait passer dans une boussole de sinus, qui donne immédiatement l'intensité du courant par le sinus de l'angle dont on tourne l'alidade de la boussole pour ramener l'aiguille aimantée à son point de repère. Ce même courant est employé à décomposer de l'eau dans un voltamètre; on mesure le volume d'hydrogène dégagé dans un temps que l'on détermine à l'aide d'un chronomètre, et l'on en déduit le volume qu'on aurait obtenu dans un temps donné, tel que 500 secondes. De cette manière on a tous les éléments de la comparaison qu'on veut faire. On trouve ainsi que le volume d'hydrogène dégagé en 500 secondes devient double, triple, quadruple, etc. lorsque l'intensité de courant devient aussi double, triple, quadruple. Il n'est pas nécessaire de s'astreindre à ces proportions simples; il suffit de faire varier l'intensité dans des rapports arbitraires, et la proportionnalité des deux effets peut se reconnaître très-facilement.

En faisant ces expériences, M. Pouillet opéra sur de l'eau rendue plus ou moins conductrice par des quantités inégales d'acide; il varia la nature des fils ou lames métalliques qui servaient de pôles au voltamètre, de manière à produire des actions chimiques subséquentes, telles que l'oxydation du pôle positif lorsque ce pôle est de cuivre. Malgré la diversité des circonstances, il trouva constamment que le volume d'hydrogène dégagé dans un temps donné était proportionnel à l'intensité du courant, et, ce qui en est la conséquence, que pour un même courant il se produisait le même volume d'hydrogène dans un même temps. C'est là une nouvelle démonstration du rapport défini qui existe entre l'intensité du courant et sa puissance chimique.

Pour démontrer la loi de proportionnalité dont nous venons de parler, on n'est pas obligé de mesurer les courants avec une unité d'intensité déterminée, puisqu'on ne doit se servir que des rapports d'intensité. Cependant il est intéressant de connaître l'intensité absolue qu'il faut donner au courant pour décomposer 9 grammes d'eau dans un temps donné, tel qu'une minute, et par conséquent pour décomposer un équivalent d'un corps quelconque exprimé en grammes. C'est à ce nouveau point de vue que nous allons maintenant examiner la question.

XII

L'intensité de courant que l'on peut prendre pour terme de comparaison doit être définie de manière qu'on puisse toujours la retrouver. Or un couple thermo-électrique de bismuth et de cuivre peut servir à cet objet. Il suffit pour cela de donner à son circuit des dimensions connues et aux deux soudures des températures également connues. On peut, par exemple, former ce couple au moyen d'un fil de cuivre de 1 millimètre de diamètre et de 20 mètres de long, et d'une double équerre de bismuth ayant 20 millimètres de diamètre pour chacun de ses trois barreaux, 150 millimètres de longueur pour le barreau intermédiaire, et 50 millimètres pour les deux autres. En plaçant les deux soudures à 0° et à 100° on aura un circuit défini, dans lequel le courant se produira avec une intensité qui sera constamment la même si les métaux sont parfaitement purs. C'est à ce courant que M. Pouillet compare les autres.

Dans l'une des expériences de M. Pouillet sur la décomposition de l'eau, on obtenait, avec un courant mesuré par une boussole de sinus, 2 centimètres cubes d'hydrogène en 500 secondes. Ce courant était donc capable de décomposer 9 grammes d'eau en 46560^{mi},375. En comparant l'intensité de ce courant avec celle du courant produit par le couple normal de bismuth et cuivre, M. Pouillet a trouvé que le rapport d'intensité était 2,665. Il suit de là que, pour décomposer 9 grammes d'eau ou un équivalent chimique d'un corps quelconque exprimé en grammes, il faut faire durer l'action du courant pendant $46560^{mi},375$, si l'intensité du courant employé est les 2665 millièmes de l'intensité du courant fourni par le couple normal bismuth et cuivre.

Un courant qui décomposerait l'eau acidulée, en conservant une intensité constante et égale à celle du courant produit par le couple normal bismuth et cuivre, mettrait donc 124083 minutes pour décomposer 9 grammes d'eau et par conséquent pour décomposer un équivalent d'une autre substance.

XIII

Nous avons vu que le courant électrique, lorsqu'il traverse une série de liquides contenus dans des voltamètres successifs, décompose simultanément des quantités de ces liquides qui sont représentées par leurs équivalents chimiques, et que la même loi s'appliquait à chacun des éléments de la pile qui fournit le courant. Nous avons également fait voir que les quantités de liquide décomposé dans un voltamètre sont proportionnelles à l'intensité du courant mesurée par son action sur l'aiguille aimantée. De ces deux faits généraux on peut tirer diverses conséquences.

Considérons un élément de Smée à zinc amalgamé, à platine platiné et à dissolution d'acide sulfurique dans l'eau. Si l'on réunit les deux métaux par un fil extérieur, on pourra faire varier l'intensité du courant produit et en même temps le poids du zinc dissous, ou le poids de l'hydrogène dégagé. Si l'intensité du courant est réduite à la moitié, au tiers, au quart, etc. la quantité de zinc dissous dans un intervalle de temps constant, tel qu'une demi-heure, sera également réduite à la moitié, au tiers, au quart. Or la quantité d'électricité qui est produite dans un temps donné, et qui traverse chaque tranche du circuit, est proportionnelle à l'intensité du courant. On peut donc exprimer le fait précédent en disant que l'électricité fournie en une demi-heure par l'élément de Smée est proportionnelle à la quantité de zinc dissous dans cette demi-heure. Ainsi il y a une liaison intime entre ces deux sortes de quantités, et cette liaison est une nouvelle preuve que, dans les appareils voltaïques, l'électricité n'est pas indépendante de l'action chimique, comme le suppose la théorie du contact, mais qu'elle ne se produit pas sans que l'action chimique se manifeste, et même se manifeste dans une mesure déterminée.

Au lieu d'un élément de Smée, supposons qu'on emploie une pile de cinq éléments, et que l'on ajoute un circuit extérieur tel que l'intensité du courant soit la même qu'avec un seul élément et son circuit. Alors la même quantité d'électricité est produite dans le même temps par les deux appareils, mais la dépense qu'elle entraîne n'est pas la même. En effet, dans chacun des cinq éléments il doit se dissoudre la même quantité de zinc que dans l'élément isolé, puisque l'intensité du courant est supposée égale. Donc, pour produire la même quantité d'électricité dans une demi-heure, il faudra dépenser cinq fois plus de zinc avec une pile de cinq éléments qu'avec un seul élément. Néanmoins, si l'on fait varier la résistance du circuit de la pile à cinq éléments, et qu'on réduise à la moitié, au tiers, au quart l'intensité du courant, on n'obtiendra que la moitié, le tiers, le quart de l'électricité primitive dans le même intervalle de temps; mais aussi la pile ne dissoudra que la moitié, le tiers, le quart du zinc primitivement dissous. Des considérations analogues se tirent de l'emploi des autres piles, et l'on en déduit, comme conclusion, qu'il y a, pour chaque appareil, un rapport défini entre la quantité d'électricité produite et la quantité d'action chimique qui a lieu dans le même temps, ce qui est un argument très-favorable à la théorie électro-chimique des piles.

XIV

La révivification électrique des métaux et leur dépôt galvanique sur le pôle négatif sont la base de la métallurgie électrique.

Cette partie de la science appliquée se présente sous deux points de vue : tantôt on n'a pour but que l'extraction même du métal, tantôt on se propose d'obtenir le métal avec une densité et une cohésion analogues à celles que l'on obtiendrait par la fusion, et par conséquent de mouler les métaux sans l'opération du feu.

Au premier point de vue, nous aurons à étudier l'extraction de l'aluminium; seulement nous rappellerons ici que c'est par les procédés de la métallurgie électrique que M. Becquerel a pu extraire l'or et l'argent de leurs minerais.

Au second point de vue, nous examinerons quelle est, en France, la situation actuelle de l'art général de la galvanoplastie, art qui a été créé par M. Jacobi et par M. Spencer, et qui a pris chez nous un développement extraordinaire[1].

XV

L'alumine, si répandue dans la nature, contient un métal dont les propriétés très-remarquables ont été étudiées, la plupart même découvertes, par M. H. Deville. C'est par le courant de la pile que le savant chimiste a d'abord obtenu l'aluminium en quantité suffisante pour apprécier l'importance de ce métal; il a ensuite imaginé des méthodes purement chimiques pour le préparer en grand et à un prix de revient moins élevé. Voici quel est, dans la belle expérience de M. Deville, le rôle de l'électricité.

Le chlorure double d'aluminium et de sodium fond à 185° et se volatilise à une température très-élevée. C'est à travers ce sel double en fusion que M. Deville fait passer le courant de la pile. L'aluminium se dépose sur la lame de platine qui sert de pôle négatif; vers ce pôle se rend en outre du chlorure de sodium, pendant que le chlore et le chlorure d'aluminium se transportent vers un cylindre de charbon qui sert de pôle positif. On voit qu'il est indispensable de séparer les deux pôles: c'est ce qu'on fait aisément, au moyen d'un cylindre d'argile poreux suspendu dans un

[1] Voir les *Recherches* de M. Becquerel *sur la formation de divers corps par des courants électriques faibles mais de longue durée, et sur la coloration des métaux produite par dépôts galvaniques.*

creuset de porcelaine vernie; on entretient en fusion le sel double placé dans ces deux vases, et l'on plonge la lame négative de platine dans le liquide du creuset pendant que le charbon positif est dans le cylindre d'argile.

L'aluminium et le sel marin sont, de temps en temps, détachés de la lame de platine, que l'on retire, à cet effet, du liquide. Après le refroidissement de la matière brute, on enlève une grande partie de sel marin par l'eau; la poudre grise qui reste est ensuite réunie en culot par plusieurs fusions successives sous du chlorure double d'aluminium et de sodium employé comme fondant. Le métal s'obtient ainsi dans son état de pureté, lorsque le sel employé est pur lui-même.

L'alumine n'avait pu être réduite par Davy à l'aide de la pile, et son métal ne fut isolé qu'en 1827, par M. Wöhler, qui fit réagir le potassium sur le chlorure d'aluminium préparé d'après une méthode que Thénard avait indiquée. C'est le 20 mars 1854 que M. H. Deville présenta de l'aluminium préparé par le courant électrique.

L'aluminium, tel que M. Deville l'a obtenu, a montré des propriétés fort imprévues, et qui l'ont fait promptement entrer dans les applications industrielles. Il est, en effet, inaltérable à l'air; il décompose à peine l'eau aux températures les plus élevées; il peut être réduit en feuilles très-minces, comme l'argent; il est difficilement attaqué par l'acide sulfhydrique, qui noircit promptement ce dernier métal; il ne s'amalgame pas avec le mercure; il forme avec le cuivre des alliages plus tenaces que le fer et susceptibles d'un beau poli. Ce métal est aussi remarquable par sa faible densité, qui dépasse à peine le quart de celle de l'argent. La couleur de l'aluminium est d'un blanc légèrement bleuâtre.

XVI

La dorure du cuivre, du laiton et de l'argent s'obtenait, il y a peu de temps encore, en appliquant sur ces métaux de l'amalgame d'or que l'on chauffait progressivement pour l'étendre avec plus de facilité et pour chasser ensuite le mercure. C'était une opération funeste à la santé des ouvriers.

Pour dorer l'acier, on le plongeait dans une dissolution éthérée de chlorure d'or. Bientôt une couche de ce métal recouvrait l'acier, et alors l'épaisseur de l'or cessait d'augmenter; d'ailleurs cette dorure était peu adhérente.

L'application de l'électricité à la dorure a complétement transformé cet art. En 1841, l'Académie des sciences accorda un prix de 3,000 francs à M. Delarive, qui avait le premier doré les métaux par le courant galvanique; un prix de 6,000 francs à M. Elkington, pour ses procédés de dorure et d'argenture galvaniques; enfin un autre prix de 6,000 francs à M. de Ruolz, pour la découverte et l'application industrielle d'un grand nombre de moyens propres soit à dorer les métaux par la pile, soit à les argenter, soit à les platiner, soit aussi à déterminer économiquement la précipitation des métaux les uns sur les autres. Depuis cette époque, l'industrie relative à cette partie de la métallurgie électrique s'est considérablement développée en France, grâce à M. Christofle.

En principe, l'opération est très-simple, puisqu'elle est fondée sur la loi générale de la chimie électrique. Le courant qui traverse une dissolution d'or la décompose et transporte l'or sur le pôle négatif: on n'a donc qu'à former ce pôle avec le métal que l'on veut dorer.

Dans la pratique, le succès de l'opération exige que certaines conditions soient remplies; car il ne s'agit pas seulement de déposer de l'or sur le pôle négatif, il faut encore que cet or forme une couche adhérente.

Pour atteindre le but, la meilleure dissolution à employer est celle du cyanure d'or dans un excès de cyanure de potassium, et ce bain doit être maintenu à une température assez élevée, 70 degrés environ.

A mesure que le courant électrique dépose de l'or sur le pôle négatif, la dissolution s'appauvrit et la résistance que le courant éprouve en la traversant change en même temps. Il en résulte des différences de cohésion dans la couche d'or, différences qu'il faut éviter en maintenant la dissolution au même titre. Cela s'obtient par le procédé de M. Jacobi, en profitant de ce que le cyanogène se dégage au pôle positif et en prenant pour ce pôle une lame d'or qui plonge dans le bain et qui se combine avec le gaz mis en liberté. De cette manière, il se forme au pôle positif autant de chlorure d'or qu'il s'en décompose au pôle négatif. Le cyanure d'or est formé de 196 parties d'or et de 78 parties de cyanogène; pendant qu'il se dépose sur la pièce à dorer 196 milligrammes d'or, il se dégagerait au pôle positif 78 milligrammes de cyanogène, s'il ne s'y produisait pas une action chimique subséquente. Mais les 78 milligrammes de cyanogène se combinent avec 196 milligrammes d'or pris au pôle positif, et la dissolution reçoit ainsi par ce pôle exactement ce qu'elle perd sur le pôle opposé. Son titre ne change donc pas.

D'autres précautions sont encore nécessaires pour que la dorure galvanique soit de bonne qualité; mais nous n'insisterons pas ici sur un sujet qui se représentera du reste bientôt.

XVII

L'application sur les métaux d'une couche d'argent assez adhérente et assez épaisse pour offrir une résistance convenable se fait d'après les mêmes principes que la dorure galvanique.

C'est encore le cyanure d'argent dissous dans un excès de cyanure de potassium qui sert à former le bain à travers lequel on fait passer le courant électrique. Ce courant est introduit dans le liquide à l'aide d'une lame d'argent, qui sert de pôle positif et qui se dissoudra à mesure que le cyanogène viendra l'attaquer; il sort de la dissolution par la pièce métallique qu'on veut argenter et qui sert de pôle négatif. L'intensité du courant est réglée de manière que le dépôt d'argent ait de la cohésion et adhère sur le métal.

On peut à volonté, sans changer le titre du bain et l'intensité du courant, déposer de l'argent mat ou brillant pour couverture de la pièce qu'on désire argenter. Le dépôt mat s'obtient sans aucune modification du bain. On produit le dépôt brillant en ajoutant au bain de 2 à 4 millièmes de son volume d'une dissolution composée d'un mélange de sulfure de carbone et d'éther qu'on a laissé digérer pendant huit jours au contact d'un grand excès de bain ordinaire d'argent. M. Planté a pu avoir un dépôt brillant, en introduisant dans le bain de cyanure une quantité excessivement petite de sulfure d'argent et en réglant convenablement l'intensité du courant électrique. Il est naturel de penser que l'effet produit par le sulfure de carbone tient à ce qu'il se forme dans le bain une très-petite quantité de sulfure d'argent. L'influence qu'exerce sur les propriétés physiques de l'argent déposé une quantité si petite de matière étrangère est un fait intéressant.

Pour argenter de l'acier, par exemple des lames de couteau, si l'on appliquait directement le procédé qui précède, on obtiendrait des couches d'argent non adhérentes et qu'il serait très-facile d'enlever tout d'une pièce. On réussit au contraire à avoir une bonne argenture, en déposant sur l'acier d'abord une couche de cuivre adhérent, ce qui se fait avec un bain de cyanure de cuivre, puis en argentant la surface de cuivre.

Lorsqu'un vase est argenté, si l'on veut dorer certains ornements, il suffit de couvrir d'un vernis toutes les parties de la surface qui ne doivent pas recevoir l'or, de plonger ensuite le vase dans le bain d'or suivant la méthode ordinaire, puis d'enlever le vernis[1].

On peut emprunter aux machines de l'atelier un léger mouvement de va-et-vient pour les diverses tringles qui soutiennent les pièces à argenter dans le bain. Les stries liquides qui se forment par les différences de densité entre la dissolution qui dépose de l'argent et le liquide voisin, seraient représentées par des stries sur l'argenture, et il est bon de les supprimer à l'aide du mouvement horizontal de va-et-vient dont nous venons de parler.

[1] On voit à l'Exposition universelle un magnifique surtout de table destiné à la ville de Paris; c'est par les procédés indiqués ci-dessus qu'il a été argenté et doré.

XVIII

Les fontaines des places Louvois et de la Concorde, les colonnes rostrales et les candélabres de la ville de Paris sont en fonte recouverte de cuivre galvanique. La fonte ne résiste pas à l'oxydation lorsqu'elle est exposée à l'air libre. Si elle était recouverte d'une couche de cuivre, elle serait protégée contre l'oxydation, à la condition toutefois qu'aucun point de la fonte ne serait mis à jour, car alors l'oxydation ferait des progrès rapides. Mais il est difficile d'admettre que la couche de cuivre reste intacte malgré les chocs et les accidents divers qui peuvent se produire. Il y a donc une difficulté à vaincre pour obtenir un cuivrage utile. M. Oudry l'a surmontée en appliquant le cuivre non pas directement sur la fonte, mais sur une couche de peinture au minium dont on la recouvre préalablement. Si une déchirure venait à se produire, comme les métaux ne seraient en contact sur aucun de leurs points, on n'aurait pas à craindre l'oxydation galvanique, qui est désastreuse pour la fonte.

Pour déposer galvaniquement du cuivre sur l'enduit, on le couvre d'abord de plombagine, ce qui lui donne une surface conductrice, et l'on se sert de cette surface comme pôle négatif.

L'opération doit être disposée de manière à réduire autant que possible la dépense. Aussi le courant galvanique est-il employé d'une autre manière que dans les procédés de dorure et d'argenture.

D'après la loi générale des décompositions électro-chimiques, on sait que, dans chaque élément de la pile et dans chaque voltamètre, il se produit le même travail ou des travaux équivalents. Si l'on se sert d'une pile de Smée et d'un voltamètre à sulfate de cuivre, pour 32 grammes de cuivre qui se déposeront sur le pôle négatif du voltamètre, il se dissoudra 33 grammes de zinc au pôle positif de chaque élément de la pile. Ces 32 grammes de cuivre révivifié exigeront donc une dépense de zinc plus ou moins grande, suivant le nombre d'éléments de la pile : il faudra cinq fois

33 grammes de zinc avec une pile de cinq éléments, et seulement trois fois 33 grammes avec une pile de trois éléments.

Pour décomposer le sulfate de cuivre et obtenir un dépôt de cuivre sur le pôle négatif, on peut appliquer d'une autre manière la loi générale que nous venons de citer. Au lieu d'un élément de Smée, employons, par exemple, un élément de Daniell, un peu modifié. L'eau acidulée et le zinc seront contenus dans un vase de terre poreuse, qui plongera dans un bain de sulfate de cuivre, et le moule sera mis dans ce bain et uni extérieurement au zinc. Ici il faut remarquer que le zinc doit être considéré comme pôle positif ou comme pôle négatif, suivant qu'il s'agira du circuit intérieur ou du circuit extérieur; dans les mêmes conditions le moule sera un pôle négatif ou un pôle positif. Nous avons en effet désigné par pôle positif la surface par laquelle un courant s'introduit dans une partie du circuit, et par pôle négatif la surface par laquelle il sort de cette partie.

Or, dans l'élément à deux liquides, l'acide prend l'électricité positive, et le zinc l'électricité négative; le courant circule donc du moule au zinc dans la partie extérieure à l'élément, et du zinc au moule dans le liquide. Dans le premier cas le moule est considéré comme pôle positif, et, dans le second, comme pôle négatif. Or c'est le second cas que nous avons ici à examiner. Le courant décompose le sel de cuivre et transporte le métal sur le moule qui est un pôle négatif. Pour 32 grammes de cuivre déposé, on ne dépensera que 33 grammes de zinc.

Le second procédé que nous venons de décrire est souvent employé dans les opérations industrielles, à cause de l'économie qu'il présente. Seulement il faut éviter l'inconvénient de l'appauvrissement de la dissolution, ce qui n'est pas difficile, comme on le verra bientôt.

C'est évidemment par cette méthode que M. Oudry devait chercher à couvrir de cuivre l'enduit des pièces de fonte. Voici du reste quelques détails sur l'opération.

Supposons qu'il s'agisse de revêtir de cuivre un fût de candélabre. La pièce de fonte qui représente ce fût, d'abord retouchée à la lime dans ses parties défectueuses, est couverte au pinceau d'une couche très-mince de peinture au minium, qu'on laisse sécher et sur laquelle on passe successivement deux autres couches de cette peinture. Lorsque l'enduit est sec, on le recouvre au pinceau de plombagine très-fine, afin de lui donner une surface propre à conduire le courant électrique et dont on puisse faire un pôle négatif.

Le fût, ainsi préparé, est placé horizontalement et soutenu dans un bain de sulfate de cuivre, et l'on introduit dans ce bain une série de cylindres de porcelaine poreuse contenant chacun de l'eau rendue acide par l'acide sulfurique et une lame de zinc. On constitue ainsi un grand élément de Daniell. Pour établir le courant électrique, on relie entre eux les divers zincs employés, et en outre chacun de ces derniers est uni par un fil de cuivre à l'un des points de la colonne de fonte qu'on a choisis pour conduire le courant. De cette manière le cuivre de la dissolution se dépose sur la colonne et la recouvre bientôt entièrement. Six à sept jours suffisent pour avoir une épaisseur convenable de cuivre. Les cylindres de porcelaine qui contiennent les zincs sont disposés tout autour de la colonne de fonte, de façon que les divers points de cette colonne en soient à peu près également éloignés, afin que le dépôt se fasse partout avec régularité; leur nombre est réglé pour obtenir un dépôt de cuivre bien adhérent.

Dans cette méthode, la dissolution de sulfate de cuivre s'appauvrirait continuellement, et la conductibilité changerait, ainsi que les qualités du dépôt de cuivre, si l'on n'avisait au plus tôt. La première méthode ne présente pas ce genre d'appauvrissement du bain, puisque le courant s'introduit par un pôle positif qui se dissout continuellement, et qui, étant de même nature que le métal déposé au pôle négatif, compense les pertes. Mais ici le pôle positif est de zinc; et ce qui remplace le cuivre déposé, c'est le zin quic entre en dissolution; il se fait donc du sulfate de zinc et non du sulfate de cuivre. Pour empêcher l'appauvrissement de la liqueur, il suffit de plonger dans le bain une auge de bois percée de trous et remplie de cristaux de sulfate de cuivre, qui, en se dissolvant sans interruption, maintiennent la liqueur saturée. Le sulfate de zinc qui se dissout présenterait à la longue des inconvénients, mais on renouvelle les bains quand cela est nécessaire. Ce sulfate est retiré par voie de cristallisation et livré au commerce.

En résumé, le cuivrage de l'enduit qui recouvre les colonnes de fonte s'obtient par les procédés ordinaires de la galvanoplastie.

M. Oudry agit de même pour recouvrir d'une couche épaisse de cuivre les plaques de blindage ainsi que les gros clous et les vis destinés à fixer ces plaques.

XIX

Nous venons de voir comment on dore et argente les métaux qui sont bons conducteurs de l'électricité. Si l'on veut pratiquer la même opération sur des paniers ou des corbeilles en vannerie, il faut auparavant rendre leurs surfaces conductrices. Un des moyens les plus simples consiste à recouvrir les joncs dont le panier ou la corbeille se compose avec une couche très-mince de sulfure d'argent, qui est un corps bon conducteur de l'électricité. A cet effet, on passe au pinceau sur les joncs une dissolution alcoolique d'azotate d'argent; puis on dirige sur eux du gaz hydrogène sulfuré, qui produit sur place du sulfure d'argent. La corbeille est alors propre à servir de pôle négatif; on y dépose une légère couche de cuivre, suffisante pour la rendre rigide, puis on l'argente ou on la dore par les procédés galvaniques ordinaires.

XX

L'École des Beaux-Arts possédait une collection de plâtres qui représentaient les diverses parties de la colonne Trajane; mais ces plâtres étaient détériorés par l'effet du temps. L'Empereur les fit refaire dans l'intérêt de l'école et dans celui de l'art; il voulut aussi que la France possédât une reproduction en cuivre galvanoplastique d'un monument aussi remarquable. Il s'agissait d'une œuvre de dimension colossale et qui devait rencontrer d'assez grandes difficultés d'exécution. M. Oudry l'accomplit avec succès dans l'intervalle de huit mois. Il moula les diverses pièces avec de la gutta-percha très-épaisse, et, selon les règles de la galvanoplastie, il rendit la surface intérieure des moules conductrice de l'électricité en la revêtant au pinceau d'une légère couche de plombagine fine. Cette surface pouvait alors devenir un pôle négatif. Le moule de gutta-percha fut plongé dans un bain de sulfate de cuivre, et des vessies contenant de l'eau acidulée et une lame de zinc furent disposées dans le bain devant la surface plombaginée des moules. Le zinc étant mis en communication avec la plombagine, le courant s'établit, et le cuivre, se déposant sur la surface de plombagine, se moula exactement sur elle.

On avait soin, comme cela se pratique dans les opérations de galvanoplastie, de mettre le zinc devant le moule, de manière que le courant électrique eût la même intensité sur toute la surface plombaginée, afin d'avoir un dépôt uniforme. La dissolution était au reste maintenue saturée par des cristaux de sulfate de cuivre qui s'y dissolvaient continuellement.

Une des difficultés que l'on rencontre dans ce genre d'opération, comme dans toutes les opérations de la galvanoplastie, consiste à régler convenablement l'intensité du courant, ce que l'on obtient facilement avec un peu d'habitude et de pratique. On sait en effet que, non-seulement le dépôt s'accomplit avec lenteur, mais encore que le cuivre prend un aspect cristallin et se trouve cassant, si le courant est trop faible; que, s'il est au contraire trop fort, le dépôt se fait trop vite et sous forme d'une poudre non cohérente. Il y a une intensité convenable, qui dépend de la température, du titre de la dissolution, de la proportion des surfaces des deux pôles et de l'activité de l'action chimique. Lorsqu'on atteint cette intensité, le dépôt de cuivre a une forte cohésion et de bonnes qualités optiques.

XXI

La gravure sur bois ne peut guère fournir 10,000 épreuves au tirage, sans qu'il arrive quelque accident; or de telles gravures coûtent beaucoup de travail, souvent elles exigent plusieurs mois de main-d'œuvre. On conçoit d'après cela que les éditions ne puissent pas se faire rapidement, ce qui est un grave obstacle pour les publications très-recherchées. Les planches galvaniques ont produit une importante transformation à ce point de vue, car quelques jours suffisent pour la reproduction sur cuivre galvanique d'une gravure sur bois.

Ces planches s'obtiennent de la manière suivante : la gravure sur bois est placée sur une forme, au fond d'un cylindre de fonte composé de deux parties que l'on unit avec un cercle de fer. La surface de la gravure ayant été plombaginée, on applique sur elle une boule de gutta préalablement ramollie à 60°, malaxée jusqu'à ce qu'elle n'ait plus de bulles d'air et qu'elle soit bien sèche. On met au-dessus une plaque de fer et des poids pour exercer une pression suffisante. La gutta prend, sous cette pression, l'empreinte du moule, et on la laisse se refroidir pendant un temps convenable, que l'ouvrier connaît sans s'y tromper. Lorsqu'elle est retirée, elle ne doit pas être tout à fait refroidie, parce qu'elle risquerait de se déformer; néanmoins elle doit pouvoir bien conserver l'empreinte qu'elle a prise. Le moule de gutta est ensuite couvert de cuivre par le procédé ordinaire de la galvanoplastie, c'est-à-dire qu'il est enduit de plombagine et introduit dans un bain de sulfate de cuivre où se trouve un vase de porcelaine poreuse avec de l'eau acidulée et une lame de zinc; la plombagine de la gutta est prise pour pôle négatif, et elle se recouvre de cuivre. Afin de ne pas cuivrer des surfaces inutiles, on coupe préalablement la gutta autour du moule, ce qui limite la plombagine. On y adapte d'ailleurs une languette de gutta à la partie postérieure, afin qu'on puisse y suspendre un poids qui maintienne le moule vertical. Le cuivrage ne dure pas plus de vingt-quatre heures, ce qui ne fournit qu'une mince couche de métal d'un vingtième de millimètre environ, et par conséquent insuffisante pour offrir la résistance d'un cliché. Mais on lui donne de la force en coulant sur son revers de l'alliage des caractères d'imprimerie fondu. Après le refroidissement, cette pièce est dressée sur un tour et reçoit une épaisseur de 2 à 3 millimètres, ce qui lui permet de résister à la pression des machines. On gagne ainsi beaucoup de temps, puisque cette épaisseur de 2 ou 3 millimètres ne pourrait être obtenue par la continuation du dépôt galvanique de cuivre qu'après plusieurs semaines de séjour dans le bain électrique.

C'est exclusivement par cette méthode, très-expéditive et peu coûteuse, que les gravures des publications illustrées sont aujourd'hui obtenues.

Les planches galvaniques d'une gravure sur bois peuvent fournir jusqu'à 80,000 tirages. Le texte et les gravures du *Magasin pittoresque* sont ainsi produits.

XXII

L'aciérage galvanique des gravures sur cuivre a modifié dans certains cas l'emploi des planches dans le tirage. On conçoit que, si l'on dépose par l'électricité une mince couche de fer sur une planche gravée, de manière que cette pellicule soit cohérente malgré sa ténuité extrême, et qu'elle adhère bien au cuivre, on n'altérera pas les traits de la gravure, et l'on obtiendra l'avantage de produire avec une même planche autant de tirages que l'on voudra. Lorsque, par l'effet de 500 ou 1,000 tirages, on verra se produire une teinte rouge, annonçant que le fer commence à disparaître par usure, on sera par cela même averti qu'il faut aciérer de nouveau la planche. On pourra donc, sans altérer la plaque primitive et en renouvelant à propos sa couverture de fer, continuer pour ainsi dire indéfiniment l'opération du tirage.

Pour aciérer la planche gravée, on la met en communication avec le pôle négatif d'une pile de Bunsen dont le pôle positif est relié à une plaque de fer qui est plongée dans un bain de chlorure de fer ammoniacal; puis on l'introduit dans ce bain. Le courant galvanique dépose alors sur elle une couche de fer bien adhérente et d'une bonne cohésion. La pellicule est bientôt suffisante pour l'opération du tirage. Il va sans dire que préalablement la planche de cuivre a été parfaitement nettoyée par les procédés de lavage qu'on emploie dans les cas analogues.

En introduisant dans le bain une très-petite quantité d'un sel de nickel, on rend la pellicule de fer moins oxydable.

Quant au bain, on le fait en décomposant une dissolution de chlorhydrate d'ammoniaque, à l'aide d'un courant galvanique. Le courant s'introduit dans le bain par une large plaque de fer, et en sort par une plaque de cuivre correspondante. Le fer qui sert de pôle positif se dissout, et le bain est convenablement préparé lorsqu'il est sur le point de déposer du fer sur la plaque négative de cuivre.

Celle-ci est plus large que la planche gravée dont la surface doit être aciérée; on la fait communiquer avec elle afin que l'adhérence du fer soit aussi parfaite sur les bords que sur le milieu de la gravure.

C'est M. Garnier qui a imaginé cette application des procédés galvaniques et qui l'a introduite dans l'industrie.

XXIII

L'aciérage galvanique est employé pour former, sur des plaques de laiton ou de cuivre, des dessins qu'on peut ensuite soumettre au tirage. Supposez qu'on trace avec de l'encre un dessin sur une plaque métallique, et que, par une préparation préalable de la plaque, on puisse remplacer les traits d'encre par un dépôt galvanique de fer adhérent; on conçoit que l'encre d'impression pourra ne s'attacher que sur le fer, et qu'elle servira, de cette manière, à tirer des épreuves sur papier.

Voici comment M. Garnier conduit l'opération, quand il s'agit d'une plaque de laiton.

On trace sur papier, à l'encre ordinaire, le dessin que l'on veut imprimer; puis, après l'avoir exposé à la vapeur d'iode, qui se fixe sur les traits d'encre, on le couche sur la plaque de laiton, où le dessin se reproduit par pression.

Quelques gouttelettes de mercure sont alors étendues sur la plaque à l'aide d'un peu de coton, et l'on amalgame ce métal, qui ne prend le mercure que sur les parties déjà attaquées par l'iode. La plaque est ensuite saupoudrée de bitume de Judée, qui n'adhère pas à l'amalgame, s'attache sur tout le reste et se convertit en couverture par la chaleur et la fusion. Avec de l'azotate acide d'argent on attaque le mercure, puis avec le courant voltaïque on dépose une légère couche de fer, qui adhère dans tous les points attaqués, c'est-à-dire sur le dessin. La benzine enlève le bitume, et la planche est frottée avec du mercure, qui amalgame le laiton et ne s'attache pas aux traits de fer.

Si l'on fait passer un rouleau d'encrage sur cette planche, l'encre ne s'attachera pas à l'amalgame, mais adhérera au fer, c'est-à-dire sur le dessin à reproduire. On pourra donc procéder au tirage sur papier.

XXIV

Quand il s'agit d'une plaque de cuivre rouge, M. Garnier modifie l'opération de la manière suivante.

La plaque de cuivre est d'abord aciérée par l'action galvanique, et c'est sur cette surface de fer qu'on applique le dessin à l'iode, en s'y prenant de la même manière que pour la plaque de laiton.

On verse alors sur la plaque une encre autographique, qui est de l'encre d'imprimerie dissoute dans du savon. Cette encre est décomposée par l'iode, et il se précipite sur tous les traits du dessin, et pas ailleurs, un corps gras insoluble. Par un lavage à grande eau, on enlève le reste de l'encre, et sur le fer ainsi mis à nu en dehors du dessin on verse de l'azotate acide de mercure, qui enlève ce fer et amalgame ensuite le cuivre sous-jacent. Alors on dissout avec la benzine le précipité produit par le savon, qui laisse maintenant à nu le fer primitivement préservé par lui.

La planche, soumise à un tampon d'encre d'imprimerie, prend cette encre sur les traits de fer et non sur l'amalgame. On peut donc imprimer le dessin sur papier.

XXV

M. Dulos emploie l'action galvanique de la manière suivante pour obtenir des planches gravées.

On trace au crayon gras, sur une plaque de cuivre, le dessin que l'on veut produire, puis on acière galvaniquement cette plaque, qui se recouvre d'une très-mince couche de fer dans toutes les parties que le crayon n'a pas touchées. Les parties grasses étant enlevées avec la benzine, la plaque est plongée dans un bain d'argent, de manière à y former un pôle négatif, et elle se recouvre d'une mince couche d'argent, qui adhère sur le cuivre et non sur le fer. Le dessin se trouve donc tracé à l'argent sur la plaque. Du mercure appliqué avec un peu de coton s'attache sur toutes les parties qui sont argentées et forme au-dessus d'elles une surface convexe, dont la hauteur change en chaque point, si le trait recouvert a une largeur variable. Cette hauteur est très-petite là où le trait a une faible largeur; elle est plus grande lorsque la largeur s'accroît, et elle s'élève ainsi jusqu'à une certaine limite.

La plaque est donc maintenant couverte d'un relief de mercure formant un dessin déterminé, celui-là même que l'on veut obtenir en relief sur une planche de cuivre galvanique.

Pour passer de là à la planche gravée, on met sur la plaque de cuivre du plâtre gâché, qui se moule sur elle et prend en creux tous les reliefs avec leurs formes. Lorsque le plâtre s'est durci, on l'enlève et l'on s'en sert comme matrice pour obtenir une planche de cuivre galvanique à l'aide des procédés usités dans ce cas. On l'imprègne de cire, on le couvre d'une couche de plombagine, et l'on en fait un pôle négatif dans une dissolution de cuivre. La planche obtenue de cette manière peut servir à divers usages, par exemple, à gaufrer des plaques de cuir.

Rien n'empêche d'ajouter à la planche d'autres dessins, que l'on peut tracer soit sur les parties planes, soit sur les parties convexes. Il suffit d'agir sur cette planche comme sur la plaque primitive qui a servi à la former. Ainsi l'on tracera sur elle au crayon gras des dessins nouveaux, on aciérera galvaniquement, on lavera à la benzine, puis on argentera, on recouvrira de mercure, on coulera du plâtre et l'on tirera de cette nouvelle matrice une nouvelle planche; et ainsi de suite.

L'alliage fusible est substitué avec avantage au mercure, parce qu'en se refroidissant il conserve les formes qu'il avait prises lorsqu'il était liquide. Ces formes sont alors celles d'un corps solide; elles permettent d'éviter le moulage en plâtre et d'obtenir par la galvanoplastie une matrice et une planche en relief.

XXVI

Le courant galvanique a été employé par M. Georges d'une manière utile pour corriger les planches gravées, lorsqu'on veut leur faire subir des modifications.

Il s'écoule ordinairement neuf ou dix ans depuis le moment où les derniers travaux ont été effectués sur le terrain jusqu'à celui où l'on peut faire le tirage d'une feuille de carte topographique. La feuille, supposée levée au $\frac{1}{40000}$, est réduite au $\frac{1}{80000}$, ce qui exige au moins deux ans; puis elle est gravée, ce qui coûte de cinq à huit ans de travail. Pendant ce long intervalle, le terrain subit ordinairement des transformations diverses : des routes sont rectifiées, des chemins de fer sont tracés, exécutés et ouverts; des canaux sont creusés, des établissements industriels sont créés, et des terres qui étaient couvertes de bois sont défrichées. Il résulte de là que la carte ne reproduit plus fidèlement le terrain lorsqu'elle est sur le point d'être livrée au public; elle a besoin d'être corrigée, et les corrections se renouvellent sans cesse.

Cependant la planche gravée a exigé beaucoup de temps, et elle a quelquefois coûté jusqu'à 20,000 francs. On ne doit donc pas chercher à la refaire : il n'y a qu'un parti à prendre, c'est celui de la rectifier dans ce qu'elle a de suranné.

La retouche de la gravure s'opère habituellement en supprimant avec le grattoir la partie défectueuse et en comblant le vide ainsi produit par le refoulement du métal voisin, que l'on obtient à l'aide du marteau. Or les coups de marteau ne peuvent refouler le métal dans les vides qu'aux dépens des parties voisines, ce qui altère la gravure tout autour du point que l'on veut corriger. Les nouveaux détails que l'on gravera seront exacts; mais, jusqu'à une certaine distance, les parties anciennes qui doivent être conservées n'auront pas les proportions voulues, celles mêmes qu'on leur avait données. C'est là un très-grave inconvénient du procédé de correction par repoussage; ajoutez que, sous l'action du marteau, les planches se voilent, se couvrent d'ondulations et prennent une épaisseur inégale; que, par suite, le tirage devient moins facile et tend à altérer plus promptement les parties qui ont conservé leur première épaisseur. Enfin le repoussage demande souvent que l'on prenne sur la gravure plus d'étendue que ne comporte la partie corrigée, lorsque cette dernière a de petites dimensions.

M. Georges a imaginé d'appliquer aux planches gravées un procédé de correction qui satisfait à toutes les exigences. Après avoir enlevé au grattoir la partie qu'il faut refaire, il recouvre de cire la planche, sauf la partie évidée, et dans le vide il dépose galvaniquement du cuivre très-adhérent. Le métal ainsi déposé fait saillie; mais, en l'entourant d'une feuille de papier, on peut enlever à la lime presque tout le surplus, et, avec le grattoir, on achève de niveler la planche. Une épreuve prise sur papier représente en blanc les parties à corriger; on y trace les nouvelles lignes que l'on veut introduire, et que le graveur reporte sur la planche.

Pour déposer galvaniquement du cuivre adhérent dans la cavité que l'on a pratiquée sur la planche, on élève autour d'elle une auge de cire assez grande; on verse dans cette auge une dissolution saturée de sulfate de cuivre, puis on y introduit un cylindre d'argile poreux, contenant de l'eau acidulée et une lame de zinc amalgamé. Aussitôt que le ruban de cuivre qui est soudé au cylindre de zinc est mis en communication métallique avec une partie quelconque de la planche, le sel de cuivre se décompose et son métal vient se déposer dans la partie de la planche qui n'est pas recouverte de cire, et qui forme pour le liquide un pôle négatif. Dans ces conditions, le dépôt se trouve tout naturellement adhérent, et il l'est assez pour résister à l'action de la lime et du grattoir.

XXVII

L'impression des timbres-poste exige qu'on puisse tirer d'une gravure sur acier un nombre très-considérable d'épreuves, sans altérer la fidélité du type, même dans les traits les plus délicats. C'est par la galvanoplastie qu'on atteint le but.

Avec le type on forme une matrice très-exacte, à l'aide des procédés galvaniques. Une deuxième matrice, tirée de la même manière, se trouvera identique à la première, et il en sera de même pour les autres que l'on formera successivement. Avec trois cents matrices qu'on réunit et dont l'assemblage, transformé en pôle négatif, est placé dans une dissolution saturée de sulfate de cuivre, on obtient par le courant galvanique une planche de cuivre qui représente en relief le type primitif répété identiquement trois cents fois. C'est avec cette planche galvanique qu'on procède au tirage. On conçoit que l'on puisse renouveler la planche tant que l'on veut, sans altérer en aucune manière le type primitif, ce qui est nécessaire, car les tirages sont excessivement multipliés : on fait chaque jour un million et demi de timbres. Le papier sur lequel ces timbres sont imprimés est enduit d'une encre blanche de sûreté, qui resterait avec l'encre colorée sur la pierre lithographique, si l'on voulait reporter le dessin du timbre-poste sur cette pierre, et donnerait au tirage une tache uniforme et non les lignes du dessin.

M. Hulot, qui a imaginé cette heureuse application de la galvanoplastie, s'était déjà servi de ce mode d'opération pour les nouveaux billets de banque émis en 1848, et, avant cela, pour reproduire les types des figures des cartes à jouer. Il obtient aussi des planches parfaites pour les gravures au burin, qui peuvent alors être multipliées par l'impression.

XXVIII

M. Fizeau a imaginé de reproduire galvaniquement les planches daguerriennes pour en tirer des épreuves. L'image positive est fixée au chlorure d'or, ce qui étend sur la plaque une couche d'or excessivement mince, et permet ainsi d'introduire la plaque dans un bain de sulfate de cuivre. Sur l'image daguerrienne, les ombres de l'objet sont représentées par les parties polies, et les clairs par les parties mates. Si donc on dépose galvaniquement du cuivre sur la plaque, dont on a fait un pôle négatif, la couche métallique qui s'appliquera sur elle aura des parties mates ou brillantes qui correspondront exactement aux parties analogues de la plaque.

XXIX

Dans les reproductions galvaniques précédentes, les objets sont représentés avec leurs dimensions propres. Il peut être utile d'obtenir des épreuves réduites ou amplifiées, sans que les proportions relatives soient altérées. Les expériences qui ont été faites dans cette voie à l'Imprimerie impériale et par M. Martin ont complétement réussi. L'objet est moulé à la gélatine, qui a la propriété de se gonfler dans l'eau et de se contracter dans l'alcool. Le moule peut donc être ou amplifié ou réduit. On traite ensuite ce moule par les procédés galvanoplastiques. Des médailles dont les détails étaient très-compliqués ont pu être fidèlement reproduites en cuivre galvanique sur d'autres dimensions plus grandes ou plus petites. Il en a été de même pour d'autres objets, tels qu'une coupe de Benvenuto Cellini, des types d'imprimerie étrangers, etc.

XXX

Le cuivre déposé par le courant électrique sur un moule pris pour pôle négatif reproduit avec une grande fidélité les détails de ce moule, en sorte que, si le moule provient d'un objet d'art excessivement fouillé par le ciseleur, le cuivre galvanique présente le même caractère, et avec une rare perfection. Il semble donc, au premier abord, que les coquilles de cuivre galvanique peuvent rivaliser avec les plus fines ciselures qui s'obtiennent à l'aide du cuivre fondu.

Il y a cependant une difficulté à vaincre. Lorsque la coquille de cuivre présente en relief des ciselures extrêmement fines, les parties saillantes correspondent sur l'envers à des creux; elles sont donc très-minces et offrent peu de résistance là où elles sont le plus exposées à être déformées ou usées.

M. Bouilhet est parvenu à remédier à cet inconvénient. On introduit des rognures de laiton dans les creux qui correspondent aux parties saillantes et fixes de l'extérieur; avec le dard du chalumeau à air et gaz de l'éclairage on les fond si instantanément que le cuivre n'éprouve pas le plus petit dommage; une force de résistance convenable est ainsi donnée aux parties délicates, et la coquille galvanique peut être comparée, non-seulement par la finesse des détails, mais aussi par la solidité, aux ornements remarquables que l'on produit avec le cuivre fondu.

C'est par ce procédé que M. Christofle exécute les ornements de bronze destinés aux chapiteaux de la nouvelle salle d'Opéra. C'est également ainsi qu'ont été exécutés les travaux de serrurerie et de bronze qui ornent les appartements de l'Impératrice, aux Tuileries.

XXXI

Mouler galvaniquement le cuivre pour faire des statues aussi parfaites que par l'art du fondeur est une opération qui a provoqué beaucoup de recherches et beaucoup d'essais. Aujourd'hui le problème est résolu, grâce à une heureuse idée de M. Lenoir, et au perfectionnement apporté à son procédé. M. Christofle et compagnie ont déjà exécuté des statues de plus de deux mètres; ils en préparent de quatre mètres et demi pour la nouvelle salle d'Opéra.

Le moule en gutta se compose de deux parties, qui représentent les deux moitiés de la statue; il est plombaginé à l'intérieur, et il servira de pôle négatif. Dans son intérieur on introduit un noyau de plomb percé de trous, et ayant d'une manière grossière la forme même de la statue; les parties correspondantes du noyau et du moule sont en regard; le noyau doit servir de pôle positif. Le moule et le noyau étant placés dans un bain de sulfate de cuivre que l'on maintient saturé, on met la plombagine en rapport avec le pôle négatif d'une pile, et le plomb avec le pôle positif. Le courant traverse le sel qui sépare le noyau et la coquille de gutta, et dépose du cuivre sur la plombagine. L'oxygène ainsi que l'acide se rendent sur le noyau de plomb, et l'oxygène se dégage par une ouverture pratiquée à la partie supérieure et aussi par des ouvertures que l'on ménage dans les parties courbes du moule. Au commencement de l'expérience la surface du plomb s'oxyde, et il se forme une couche de peroxyde insoluble dans l'acide sulfurique; mais bientôt l'oxygène peut se dégager sur la surface du noyau de plomb, comme il le ferait sur du platine.

Il importe que la dissolution se maintienne saturée comme dans toutes les expériences de galvanoplastie, afin que le courant possède la force convenable pour un dépôt de cuivre de très-bonne qualité. On y pourvoit par l'immersion dans le bain d'une poche de gutta percée de trous et remplie de cristaux. L'oxygène qui se produit sans intermittence au pôle positif sort par les diverses ouvertures; par ce moyen le liquide extérieur qui est saturé pénètre continuellement dans le moule. Il résulte de là un double mouvement, par l'effet duquel le liquide intérieur peut constamment recevoir du sel de cuivre nouveau, à mesure que le courant tend à s'épuiser.

Une statuette du poids de $2^{k},70$ est faite avec un moule dont la capacité intérieure égale $1^{lit},5$ environ, et contient par conséquent 90 grammes de cuivre dans le liquide qu'elle renferme, à raison de 60 grammes par litre. Il faut donc que le liquide se renouvelle complétement trente fois pour qu'il puisse déposer $2^{k},7$ de cuivre; ce qui se réalise par le mouvement qu'établit le dégagement de gaz oxygène.

Le procédé que nous venons d'indiquer et qui est pratiqué dans les ateliers de M. Christofle et Cie n'est pas précisément celui de M. Lenoir; il en diffère par le noyau intérieur. Dans la méthode de M. Lenoir, ce noyau était fait avec du fil de platine, c'est-à-dire par un procédé beaucoup moins économique, circonstance importante dans une exploitation industrielle. Le noyau de plomb s'obtient au reste très-facilement, car on n'a qu'à sacrifier un moule pour avoir une épreuve de cuivre galvanique plus ou moins approchée du modèle, et à mouler la lame de plomb sur cette épreuve.

Les statues et les divers ornements dont nous venons de parler sont capables de résister aux injures du temps au moins aussi bien que les objets de même nature faits avec le cuivre fondu, et surtout plus que les pièces de bronze. M. Bouilhet s'est assuré qu'une plaque de cuivre galvanoplastique ne se laisse pas traverser par l'eau comprimée sous vingt atmosphères, tandis que, pour la même épaisseur, des plaques de cuivre fondu commencent à laisser suinter l'eau comprimée sous douze atmosphères environ. La porosité du cuivre galvanoplastique est donc moindre que celle du cuivre fondu; c'est ce qui se démontre encore en comparant les densités. En effet, celle du cuivre galvanoplastique est de 8,86, c'est-à-dire plus grande que celle du cuivre fondu, qui est de 8,78; elle est cependant un peu inférieure à celle du cuivre laminé dont la valeur est de 8,95.

NOTES

SUR LA MÉCANIQUE ÉLECTRIQUE.

I

Afin d'avoir une idée précise des découvertes d'Ampère, il convient d'examiner les principaux résultats des travaux mathématiques qui ont servi à l'illustre physicien pour créer la science de l'électro-dynamique.

La loi fondamentale découverte par Ampère est exprimée par la formule suivante :

$$f = \frac{i\,i'\,ds\,ds'}{r^2}\left(\sin\alpha\sin\alpha'\cos\beta - \frac{1}{2}\cos\alpha\cos\alpha'\right).$$

f désigne la force avec laquelle s'attirent ou se repoussent deux éléments de courant de longueur ds, ds', et d'intensité i et i'. Cette force est supposée dirigée suivant la ligne qui joint les centres des éléments. r est la distance de ces centres; α et α' sont les angles que les éléments de courant font avec la ligne de jonction prolongée d'un seul côté; β est l'angle que font entre eux deux plans menés par cette ligne des centres, et successivement par chaque élément.

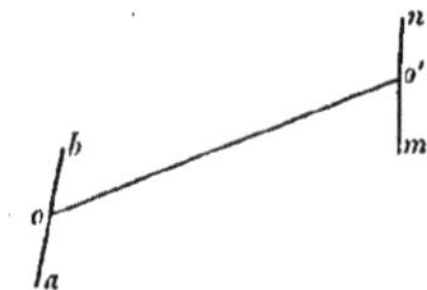

La loi élémentaire d'Ampère est plus compliquée que la loi de Newton sur la pesanteur universelle, à cause de la fonction d'angles qu'elle renferme; c'est pour cela que les calculs électro-dynamiques offrent d'assez grandes difficultés. Il est remarquable que, dans un très-court intervalle de temps, Ampère ait pu faire sortir de sa formule tant de théorèmes importants, et de si élégantes démonstrations de ces théorèmes.

On sait que, rejetant toute hypothèse sur la cause de la gravitation, Newton regarda comme un fait d'observation la tendance générale qu'ont les corps de s'approcher les uns des autres, et demanda à l'observation même la loi élémentaire de l'attraction universelle. C'est sur ce fondement inébranlable que s'est élevée la mécanique céleste, un des plus beaux et des plus vastes monuments de l'intelligence humaine.

Ampère, qui portait en lui le génie newtonien, ne voulut pas non plus établir sur des hypothèses la loi élémentaire de l'électro-dynamique. C'est à l'expérience qu'il s'adressa pour découvrir la formule que nous venons de citer. Il plaça donc l'électro-dynamique sur une base aussi solide que celle de la mécanique céleste. La brillante imagination d'Ampère ne resta pas, il est vrai, impuissante devant la cause des attractions et des répulsions électriques, elle put même tirer d'une hypothèse probable la forme générale que présente la loi élémentaire. Toutefois Ampère, imitant la prudente prévoyance de Newton, ne s'appuya pas sur cette hypothèse; et il éleva son monument non sur le sable mouvant, mais sur le roc vif.

II

Nous n'avons aucune notion précise sur la position, la direction et l'intensité des courants électriques qui circulent dans la terre, et nous admettons que les uns décrivent des circuits excessivement courts autour des particules des corps; que d'autres parcourent des espaces finis tels que 1, 10 ou 100 mètres; qu'il en est peut-être dont la circulation se fait autour de la terre. La théorie électro-dynamique du globe terrestre doit rester indépendante de toute hypothèse sur l'état des courants. C'est l'expérience qui donne en chaque point de la terre la direction et l'intensité de la pesanteur, indépendamment de toute supposition sur la disposition et la nature des matériaux intérieurs du globe; c'est aussi l'expérience qui doit déterminer pour chaque lieu la direction et l'intensité de la force électro-dynamique qui sollicite un élément de courant. Quand il s'agit de la pesanteur, le problème est plus simple, car l'action du globe sur un point matériel se réduit à une force dont la direction est constante en chaque lieu, et dont l'intensité, rapportée à l'unité de masse, est indépendante de la nature du point matériel. Lorsque l'on considère l'action électro-dynamique du globe sur un élément de courant dont le centre est en un point déterminé, on trouve que la direction de la force n'est pas constante et dépend de celle de l'élément de courant, et qu'il en est de même de l'intensité. Voyons comment Ampère a défini le problème qu'il y avait à résoudre.

III

Ampère a démontré que l'action exercée par un système quelconque de circuits fermés sur un élément de courant est toujours perpendiculaire à la direction de cet élément. Cette proposition s'applique évidemment aux courants électriques de la terre, puisqu'elle ne suppose aucune forme ni aucune position spéciale des circuits.

Ampère a fait voir, en second lieu, que, pour toutes les directions d'un élément de courant dont le centre reste au même point, l'action exercée sur cet élément par un système quelconque de courants fermés est toujours dirigée dans un plan fixe, qu'on nomme, pour cette raison, *plan directeur.*

Cette action a la même énergie pour tous les éléments qui sont dans le plan directeur; pour les autres, elle est proportionnelle au sinus de l'angle que l'élément fait avec la normale de ce plan.

Ainsi, en chaque lieu de la terre il y a un plan directeur à déterminer et une intensité d'action à mesurer pour un élément de courant quelconque situé dans le même plan. Lorsque ces deux quantités seront connues, on pourra constater si la constitution électro-dynamique de la terre se maintient ou change avec le temps. D'ailleurs ces données sont nécessaires pour trouver par le calcul l'action de la terre sur un système quelconque de courants, de la même manière que la direction et l'intensité de la pesanteur suffisent pour déterminer l'action de la gravité sur les corps.

La direction d'un plan se détermine par celle de sa normale. Nous aurons donc à trouver cette normale en chaque lieu du globe. Elle sera connue par la direction du plan vertical qui la contient et par l'angle qu'elle fait avec l'horizon. Pour abréger, nous donnerons à ce plan vertical le nom de *méridien électrique;* à l'angle qu'il fait avec le méridien terrestre, celui de *déclinaison électrique;* enfin nous appellerons *inclinaison électrique* l'angle que la normale du plan directeur fait avec l'horizon. Nous verrons que le méridien, la déclinaison et l'inclinaison électriques coïncident respectivement avec les quantités analogues qui se rapportent au magnétisme, et nous donnerons la raison de cette coïncidence.

IV

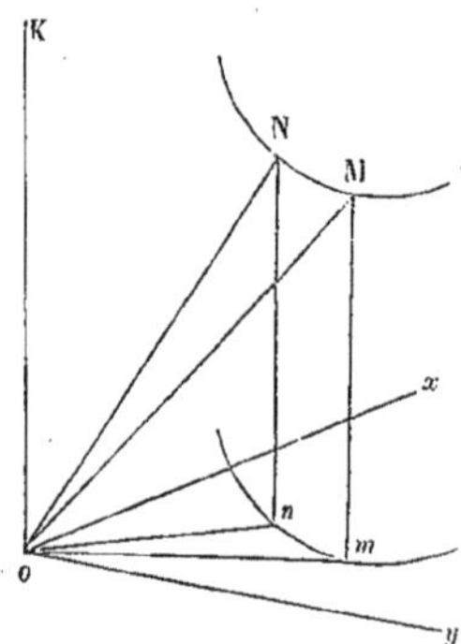

Je suppose que la ligne oK représente la normale au plan directeur xoy dans le lieu o du globe terrestre. Tout élément de courant dont le milieu est placé au point o se trouve sollicité par une force qui est dirigée dans le plan directeur xoy; la grandeur de cette force est maximum lorsque l'élément est dans le plan directeur même et ne dépend pas de sa direction dans ce plan. Pour avoir cette grandeur, il faut projeter sur le plan directeur xoy les divers éléments MN du système de courants fermés ou indéfinis dans les deux sens qui peuvent agir, puis former les triangles tels que *omn*, en joignant le point *o* aux extrémités *m*, *n* des éléments projetés. On multiplie l'intensité du courant qui traverse l'élément MN par l'aire du triangle projeté *omn*, et l'on divise ce produit par le cube du rayon vecteur de l'élément; la somme ou l'intégrale des quotients analogues pour tous les éléments des circuits terrestres sera proportionnelle à la force que nous cherchons. Si l'on désigne par F cette force, et que l'on pose

$$V=\int\frac{2\,i.\,mon}{oM^3},$$

on aura

$$F=-\frac{1}{2}\,Vi'\,ds$$

On indique par i l'intensité du courant qui traverse l'élément MN, par ds' la longueur de l'élément placé en o dans le plan directeur, et par i' l'intensité du courant qui le parcourt.

Lorque l'élément ds' fait un angle ω avec la normale du plan directeur, la force qui le sollicite est dans le plan directeur et suivant la perpendiculaire à la projection de l'élément sur ce plan. Si l'on désigne par φ cette force, on a

$$\varphi=F\sin\omega.$$

V

Supposons maintenant qu'on mène le plan directeur du point O; que OA représente son intersection avec le plan vertical qui lui est perpendiculaire, et qu'à la distance quelconque OA, on mène la ligne horizontale MN du plan directeur.

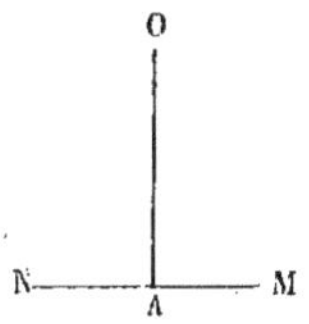

O

N A M

Il est facile de voir qu'un courant rectiligne indéfini dirigé suivant MN, dans un sens convenablement choisi, et doué d'une intensité suffisante, agira sur tous les éléments de courants que l'on peut mener du point O, de la même manière que l'ensemble des courants terrestres, et peut par conséquent remplacer ces derniers. En effet, ce courant rectiligne indéfini MN agit sur tous les éléments dont le milieu est en O, suivant des forces qui sont toutes dans un même plan, c'est-à-dire dans le plan directeur relatif au point O et au courant MN; or il est aisé de reconnaître que ce plan directeur n'est autre chose que celui de la terre. En effet, on sait par les premiers principes de l'électro-dynamique que le courant rectiligne MN est sans action sur un élément de courant dont le milieu est en O, lorsque cet élément est dirigé perpendiculairement au plan OMN; or cette direction est celle de la normale du plan directeur, puisque l'action est en général proportionnelle au sinus de l'angle que l'élément fait avec cette normale; donc ONM est le plan directeur relatif au point O et au courant rectiligne indéfini MN. Comme ce plan est aussi le plan directeur pour le point O et les courants terrestres, il en résulte que le courant MN et les courants terrestres correspondent au même plan directeur pour le point O. Tout élément dont le milieu est en O est donc soumis à une force qui a la même direction, que cette force provienne soit de la terre, soit du courant rectiligne MN; l'action varie dans les deux cas proportionnellement au sinus de l'angle que l'élément fait avec la normale du plan directeur. Il n'y a donc plus qu'à régler l'intensité du courant MN, de manière que la force ait la même valeur absolue.

Je désigne par V' la valeur que prend V lorsqu'on rapporte cette quantité au courant MN. On voit presque immédiatement que

$$V' = \frac{2J}{a},$$

en désignant par a la distance OA et par J l'intensité du courant MN. Si l'on désigne par F' et φ' les forces analogues à F et à φ, on a

$$F' = -\frac{J\,i'ds'}{a}, \quad \varphi' = F'\sin\omega.$$

Il suit de là que F' sera égal à F et φ' à φ, si l'on a

$$\frac{2J}{a} = V.$$

Or, quelle que soit la valeur inconnue de V, on peut toujours prendre pour J une valeur telle que, lorsque l'on donne a, l'équation précédente soit satisfaite. Ainsi l'on peut toujours remplacer l'action des courants terrestres en un lieu déterminé par celle d'un courant horizontal, rectiligne, indéfini, d'une intensité convenable et situé dans le plan directeur terrestre. Afin que les actions ne varient pas sensiblement, lorsque l'on considère des éléments placés dans des points voisins de O, il faudra supposer que la valeur de a est très-considérable par rapport aux distances de ces points.

C'est ce courant rectiligne et horizontal qui joue un si grand rôle dans les démonstrations élémentaires d'Ampère.

VI

Il nous faut maintenant déterminer la déclinaison et l'inclinaison électriques. Nous commencerons par la première de ces quantités.

Nous avons vu qu'un courant vertical et ascendant AB, lorsqu'il est mobile autour d'un axe vertical CD, se transporte à l'ouest et s'y place dans une position d'équilibre stable. Il est aisé de conclure de ce phénomène la déclinaison électrique. En effet, OCD est le plan dans lequel s'arrête le courant AB. Un élément *mn* de ce courant est sollicité par la terre suivant une force αR, qui est toujours perpendiculaire à *mn*, d'après un théorème général déjà cité. Cette force est donc horizontale; d'ailleurs elle passe par l'axe de rotation à cause de l'état d'équilibre; elle est donc contenue dans le plan vertical DCO. Mais cette force doit être dans le plan directeur du point α; la normale à ce plan est donc perpendiculaire à αR; cette normale est donc parallèle au plan DCN, qui est perpendiculaire à DCO. Ainsi, pour le lieu α et conséquemment pour tous les lieux voisins, la normale au plan directeur est dans le vertical DCN ou se trouve parallèle à ce plan. L'angle que la trace horizontale CN de ce plan fait avec la méridienne terrestre est donc la déclinaison électrique, qui est ainsi déterminée par l'observation. Comme l'observation montre d'autre part que CN est la direction de la boussole de déclinaison, il s'ensuit que les déclinaisons électrique et magnétique ne font qu'une et même chose. Il y aura plus tard à rendre raison de cette coïncidence.

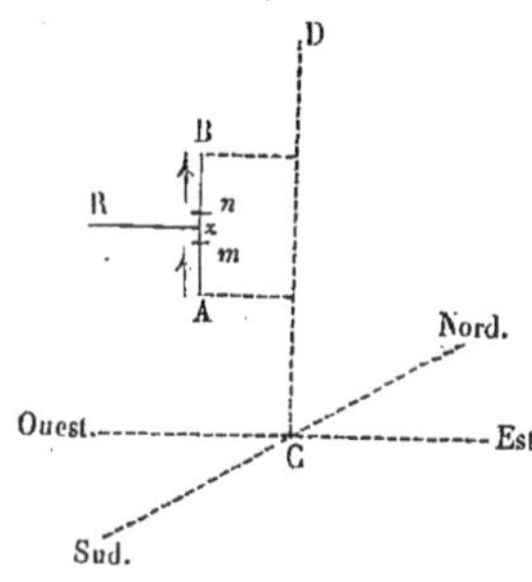

La démonstration précédente suppose des théorèmes d'un ordre un peu élevé; mais on arrive au même résultat très-facilement en ayant recours au courant rectiligne horizontal par lequel Ampère remplace les courants terrestres. Dans ce cas la démonstration d'Ampère est très-simple et se trouve dans la plupart des traités.

VII

Cherchons maintenant l'inclinaison électrique. Ampère a fait voir d'abord que le plan directeur est incliné vers le midi et non vers le nord; il s'est servi pour cela de la curieuse expérience dans laquelle un rayon horizontal et mobile autour de l'une de ses extrémités se met de lui-même à tourner dès qu'il est parcouru par un courant électrique.

Chaque élément *m α n* de ce rayon est soumis à une force qui est dans le plan directeur du point *α* ou qui est parallèle au plan directeur du point O, centre de rotation du rayon OA. Ce n'est pas cette force tout entière qui produit le mouvement, mais sa composante dans le plan horizontal du rayon. Or la force étant perpendiculaire à l'élément *mn* se projette suivant une perpendiculaire *α*R à cet élément sur le plan horizontal, et c'est cette projection qu'il s'agit d'examiner. Ampère en a donné l'expression. La force qui sollicite *mn* a pour valeur

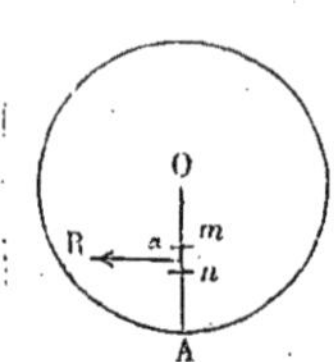

$$\varphi = F \sin \omega,$$

φ, F, ω désignant les mêmes quantités que dans la formule analogue déjà citée. Si l'on désigne par ψ sa projection sur le plan horizontal, on trouve

$$\psi = F \cos \omega',$$

en désignant par ω' l'angle que le plan directeur fait avec le plan horizontal. Cette composante est indépendante de la direction de l'élément *mn* dans ce plan, elle est donc constante pendant que le rayon tourne. Il suit de là que le mouvement de rotation serait uniformément accéléré sans les résistances des milieux. De cette manière se trouve démontrée cette remarquable propriété qu'a le rayon mobile d'accroître sa force vive à chaque tour de révolution. Cela n'aurait pas lieu si la loi fondamentale d'Ampère ne contenait pas une fonction d'angle, et si la force ne variait qu'en raison de la distance des éléments agissants, de la grandeur de ces éléments et de l'intensité des courants. On voit que le fait d'observation vient confirmer la forme qu'Ampère a trouvée pour sa loi. Au reste, s'il y a accroissement de force vive dans le mouvement du rayon, il faut remarquer qu'il y a aussi une dépense continuelle de zinc ou tout autre travail chimique dans la pile qui fournit le courant.

Quant à la conclusion qu'on peut tirer de cette expérience pour la position septentrionale ou méridionale du courant rectiligne horizontal qui équivaut aux courants terrestres, il y a lieu de remarquer que cette expérience ne peut pas la définir à elle seule. En effet, si le courant terrestre est au sud en MN, il devra se diriger de l'est à l'ouest pour produire le mouvement de rotation observé, et qui transporte le rayon de l'est à l'ouest en passant par le sud, lorsque le courant est dirigé, dans ce rayon, de la circonférence au centre. Mais le même mouvement se produirait si le courant terrestre était au nord, en M'N', pourvu qu'il fût dirigé de l'ouest à l'est. Il pourrait encore être produit pour toute autre position telle que M"N", si l'on choisissait convenablement la direction. Or il n'y a à hésiter qu'entre les positions MN et M'N', d'après l'expérience sur la direction que prend un courant mobile vertical. Comme cette dernière expérience indique que le courant est dirigé de l'est à l'ouest, la position M'N' n'est pas admissible, lorsqu'on le suppose sous l'horizon; il n'y a donc que la position MN qui soit possible dans les mêmes conditions.

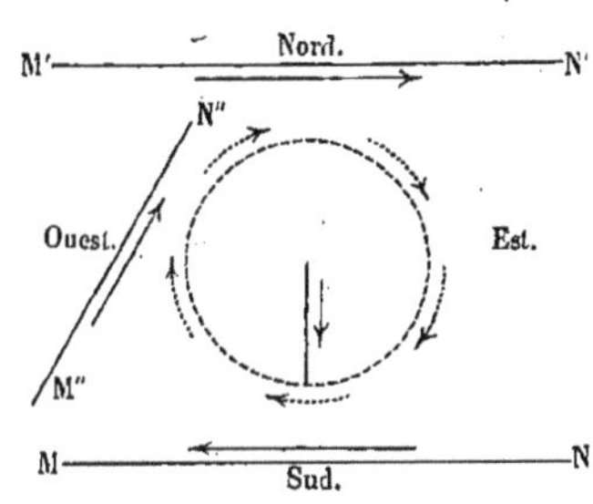

VIII

Puisque le courant terrestre est au sud, il faut en conclure que le plan directeur qui le contient est incliné vers le sud, s'il n'est pas horizontal. Il reste à trouver l'inclinaison de ce plan par rapport à l'horizon.

L'expérience du rectangle mobile autour d'un axe perpendiculaire au méridien électrique ou magnétique donne évidemment le plan directeur, et l'observation fait voir que la normale à ce plan est dirigée comme l'aiguille aimantée d'inclinaison. Ainsi les inclinaisons électrique et magnétique sont les mêmes.

Au lieu d'un élément de solénoïde, on pourrait considérer un solénoïde mobile autour de son centre de gravité, pour déterminer la direction qu'il doit prendre sous l'action des courants terrestres. Cette question a conduit Ampère à des résultats remarquables.

Supposons qu'il s'agisse d'un solénoïde dont le centre de gravité est en G et dont les extrémités de l'axe sont en O et O'. Ampère a fait voir que l'action du système quelconque de courants fermés de la terre sur le solénoïde se réduit à deux forces P et P', qui passent par les extrémités de l'axe OO' du solénoïde; ces deux forces sont respectivement dirigées suivant les normales aux plans directeurs relatifs à ces extrémités O et O'. Si HH' est la normale au plan directeur du point G, comme les points O et O' sont très-peu éloignés de G par rapport aux distances qui les séparent des divers points des courants électriques terrestres, les plans directeurs de O et O' seront sensiblement parallèles au plan directeur du point G et auront leurs normales parallèles à HH'. Ainsi les forces P et P' sont parallèles à HH', et

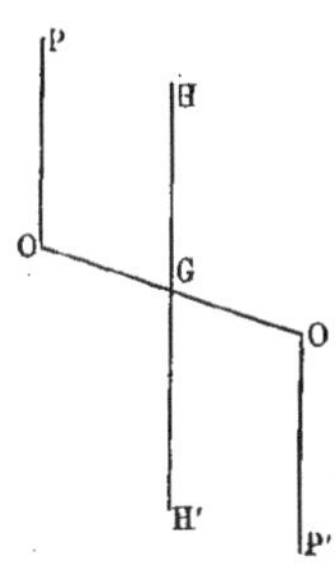

par conséquent parallèles entre elles. D'ailleurs ces forces sont égales, si l'on néglige la distance OO' par rapport aux distances des points O, O' aux centres d'action de la terre.

D'après cela, si le solénoïde est libre de tourner en tous sens autour du centre de gravité G, il se dirigera suivant une ligne parallèle à HH', ou à la normale du plan directeur pour le lieu de l'observation.

Il suit de là qu'en chaque lieu du globe, l'axe d'un cylindre électro-dynamique, ou d'un solénoïde, ou d'une hélice électrique, se dirige comme la ligne des pôles de l'aiguille d'inclinaison, lorsque cet appareil électrique peut librement tourner en tous sens autour de son centre de gravité. Cela revient à dire que l'hélice électrique est l'image de la boussole, au point de vue de l'action du globe terrestre.

Quant à l'expression de la force P, Ampère a trouvé que l'on a

$$P = \frac{\lambda V J}{2\varepsilon}$$

en désignant par V la quantité dont nous avons déjà donné la valeur, par J l'intensité du courant qui circule dans les diverses génératrices du solénoïde, par λ l'aire de ces génératrices, et par ε la distance de deux génératrices consécutives comptée sur la directrice du solénoïde. V dépend de la position et de l'intensité des courants terrestres ainsi que du lieu de l'observation.

Nous avons déjà vu que l'action exercée par les courants terrestres sur un élément de courant ds', d'intensité i', et placé dans le plan directeur du lieu considéré, a pour valeur absolue

$$F = \frac{i' V ds'}{2}.$$

On tire de ces deux formules

$$F = \frac{\varepsilon}{\lambda} \cdot \frac{i'}{J} ds' . P,$$

ce qui fait connaître F, lorsqu'on a déterminé la force P, ou, au moins, une quantité proportionnelle à F, si l'on regarde $\frac{\varepsilon}{\lambda}$ comme une constante de l'appareil.

IX

On peut généraliser la question précédente, puisque le système de courants fermés qu'on vient d'indiquer est tout à fait resté quelconque dans ces considérations.

Supposons que l'on ait un système de courants fermés donné arbitrairement. Déterminons pour un point quelconque O de l'espace la normale OK du plan directeur correspondant à ces courants et au point O. Sur cette direction prenons un point très-voisin O′, et déterminons de même la direction O′K′ de la normale au plan directeur du point O′; puis sur O′K′, très-près de O′, prenons encore un point O″, pour lequel nous déterminerons la normale O″K″ du plan directeur correspondant, et ainsi de suite; la courbe, qui passe par les points OO′O″, que l'on peut appeler, pour abréger, *courbe électrique*, jouit des propriétés suivantes. Si l'on place le centre de gravité d'une hélice électrique très-courte sur un point quelconque O″ de la courbe, l'axe de l'hélice se dirigera suivant la ligne O″K″ ou la tangente à la courbe électrique, lorsque l'hélice sera soumise à l'action du système proposé de courants fermés.

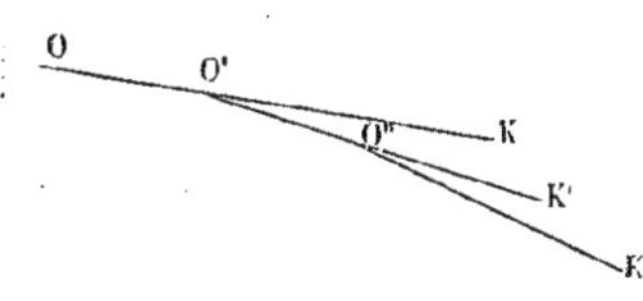

En second lieu, si l'on place au point quelconque O″ de la courbe électrique le milieu d'un élément de courant, et que l'on dirige cet élément suivant la tangente à la courbe, l'élément n'éprouvera aucune action de la part du système de courants fermés.

Si l'élément de courant est dirigé normalement à la tangente à la courbe électrique, l'action qu'il éprouvera sera maximum.

Si l'élément de courant est oblique à la tangente, l'action exercée sur lui sera proportionnelle au sinus de l'angle que l'élément de courant fait avec la tangente. Elle sera d'ailleurs perpendiculaire à l'élément de courant et à la tangente de la courbe.

Si l'on remplace les hélices électriques par de très-petites aiguilles aimantées, ces aiguilles se dirigeront suivant la tangente aux courbes électriques.

Si l'on projette de la limaille de fer, cette limaille tracera d'elle-même les diverses courbes électriques sur le papier qui la reçoit.

Ces deux dernières applications supposent que, par anticipation, on admet l'assimilation des hélices et des aimants.

Enfin si, par anticipation, on admet encore qu'un assemblage quelconque d'aimants de forme arbitraire et de distribution magnétique arbitrairement donnée n'est autre chose qu'un système de courants fermés, alors les courbes électriques seront ce que l'on appelle ordinairement les *courbes magnétiques;* on voit que nous avons appris à les déterminer dans les conditions les plus générales et que nous venons d'en indiquer les propriétés, soit par rapport aux éléments de courant électrique, soit par rapport aux hélices et aux aimants.

X

Nous avons déjà vu que l'action d'un système quelconque de courants fermés sur un élément *mn* du courant dont le milieu est en *o* se réduit à une force qui est perpendiculaire à l'élément *mn* et se trouve toujours comprise dans le plan directeur relatif au point *o* et au système donné de courants. Dans le cas où ces courants forment un solénoïde indéfini dont l'extrémité est au point donné A, la normale au plan directeur passe toujours par le point A. La ligne A*o* est donc cette normale.

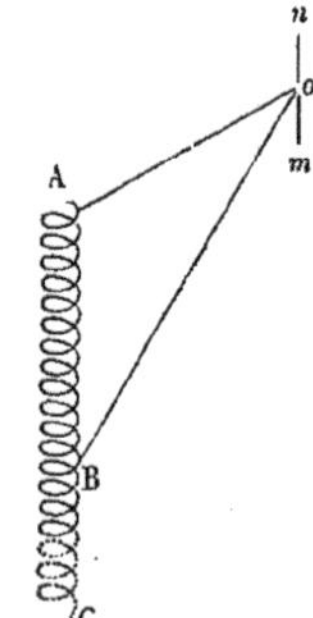

D'après les théorèmes généraux que nous avons déjà indiqués, l'action sur l'élément *mn* est perpendiculaire au plan A*on*, et elle est proportionnelle au sinus de l'angle que l'élément *mn* fait avec la normale au plan directeur, ou avec le rayon vecteur A*o*; elle sera d'ailleurs en raison inverse du carré de A*o*.

Si on veut limiter le solénoïde en un second point B, il n'y a qu'à faire circuler dans le reste du solénoïde indéfini un courant contraire et de même intensité que le précédent. Il est clair que le solénoïde fini AB agira comme les deux solénoïdes indéfinis dont nous venons de parler et qui ont leurs extrémités respectivement en A et en B. L'action se composera donc de deux forces perpendiculaires aux plans *mn*A, *mn*B, et l'intensité de chaque force sera proportionnelle au sinus des angles que fait *mn* avec les rayons vecteurs *o*A, *o*B, et en raison inverse des carrés de ces rayons.

L'expérience montre qu'avec les aimants on a les mêmes lois.

Si l'on désigne par Q l'action que le solénoïde indéfini exerce sur l'élément ds' placé en *mn*, on a

$$Q = \frac{\lambda J i' ds' \sin\omega}{2\varepsilon\rho^2},$$

en désignant par J l'intensité du courant qui circule dans les génératrices du solénoïde, par λ l'aire commune de ces génératrices, par ε la distance de deux génératrices consécutives comptée sur la directrice, par ρ la distance A*o*, par i' l'intensité du courant *mn*, et par ω l'angle que *mn* fait avec A*o*.

Puisque l'action d'un solénoïde fini sur un élément de courant ne dépend que de la position de ses extrémités, des quantités λ, J, i', ds', ε, ω, ρ et des quantités analogues à ω et ρ pour la deuxième extrémité du solénoïde, on peut supposer que les extrémités du solénoïde s'approchent jusqu'au contact. En effet, la forme de la directrice n'entre pour rien dans l'expression de la force Q et de ses analogues. Alors on a un solénoïde fermé. Les deux forces appliquées à l'élément étant égales et directement opposées se détruisent. De là cette propriété importante qu'un solénoïde fermé n'exerce aucune action sur un courant extérieur dont les diverses parties sont éloignées du solénoïde fermé de quantités très-grandes par rapport aux dimensions de la génératrice.

XI

L'action d'un solénoïde indéfini terminé en A sur un second solénoïde indéfini terminé en B se réduit à une force dirigée suivant AB et dont la grandeur est en raison inverse du carré de la distance des pôles A et B. D'ailleurs elle est proportionnelle au produit des intensités des courants qui parcourent les deux solénoïdes, ainsi qu'au produit des aires enfermées par les courants dans chaque élément des solénoïdes. Cette force ne dépend pas de la forme et de la position qu'on donne aux directrices des solénoïdes, tant que les extrémités restent en A et en B.

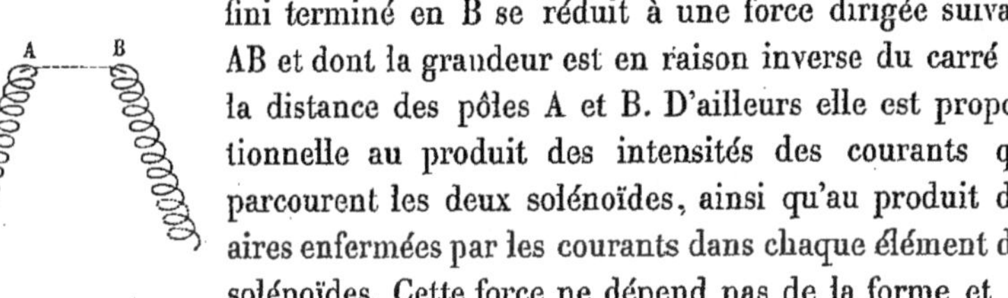

Si les deux solénoïdes sont limités, chacun d'eux peut être considéré comme la différence de deux solénoïdes indéfinis; on aura donc quatre forces pour représenter l'action de l'un de ces systèmes sur l'autre; les forces passent par les extrémités mêmes des solénoïdes, et elles sont en raison inverse des carrés des distances polaires.

Si l'on désigne par ρ la distance AB des pôles de deux solénoïdes indéfinis et par R la force avec laquelle l'un des solénoïdes agit sur l'autre, force qui est dirigée suivant AB, on a

$$R=\frac{\lambda\lambda' JJ'}{2\varepsilon\varepsilon'\rho^2},$$

en désignant par J, J' les intensités des courants qui circulent dans les deux solénoïdes, par λ, λ' les aires des génératrices de ces solénoïdes, par ε, ε' les distances de ces génératrices comptées respectivement sur les deux directrices.

Si les solénoïdes étaient finis, on aurait quatre forces analogues aux précédentes[1].

[1] Les expériences d'électro-dynamique étant très-variées et fort nombreuses, il est difficile de les faire dans les cours sans y consacrer beaucoup de temps. M. Billet a imaginé une heureuse disposition d'appareils qui permet de les exécuter très-promptement.

XII

Nous avons fait connaître, dans le rapport général, les nombreuses et puissantes analogies qui ont conduit Ampère à la révélation de la nature électrique des aimants. Il ne sera pas sans quelque utilité d'insister ici sur cette grande conception.

Il a été établi par une suite d'expériences comparées sur les aimants et les hélices électriques qu'un fil d'acier aimanté est l'équivalent d'un cylindre électro-dynamique ou d'une hélice, et c'est à la constitution électrique intérieure de l'acier qu'on a attribué cette équivalence.

Mais comment l'aiguille aimantée peut-elle être l'équivalent d'une hélice, et où sont les courants électriques qu'il faut supposer dans l'acier?

Pour concevoir nettement cette constitution de l'aimant, il faut remarquer qu'un système d'hélices égales, parallèles, et ayant leurs pôles de même nom sur un plan perpendiculaire à la direction du système, forme un faisceau équivalent à une seule hélice qui l'envelopperait. L'aiguille d'acier aimanté, qui a les mêmes propriétés qu'une hélice, peut donc être regardée comme un faisceau d'hélices parallèles à l'axe de l'aiguille, ayant toutes leurs pôles homologues du même côté. Or ces hélices peuvent avoir des diamètres aussi petits qu'on veut et par suite égaux aux dimensions des particules de l'acier. Pour produire les effets de l'aimant, il suffit donc que chaque particule d'acier aimanté se trouve entourée d'un courant électrique et que tous ces courants particulaires soient égaux, de même sens et parallèles entre eux. L'ensemble de ces courants n'est autre chose qu'un faisceau d'hélices électriques, ou, pour parler plus exactement, de cylindres électro-dynamiques, et se trouve équivalent à une hélice électrique qui l'envelopperait.

Le théorème qui conduit à cette conséquence importante est celui-ci : l'action qu'exerce au dehors un circuit fermé de très-petites dimensions est égale, en grandeur et en direction, à celle qu'exercerait tout autre circuit, de même centre de gravité, tracé dans le plan du premier circuit, pourvu que les intensités des deux courants soient en raison inverse des aires enfermées dans les deux circuits; la forme des courants n'influe pas sur cette action. Il résulte de là qu'on peut remplacer un circuit

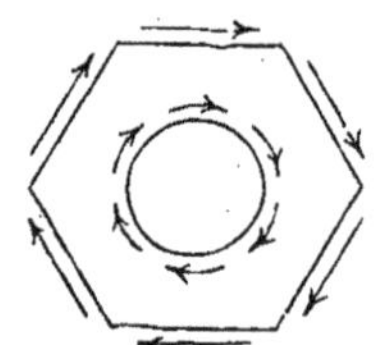

par un autre de forme polygonale quelconque, ayant même plan et même centre de gravité; seulement, si son aire est double, triple, quadruple, il faudra donner au courant une intensité deux fois, trois fois, quatre fois moindre.

Coupons maintenant, par un plan perpendiculaire à leur direction commune, un faisceau de cylindres électro-dynamiques de sections très-petites, de même intensité, de même longueur et ayant leurs pôles de même nom sur un plan perpendiculaire à la direction du faisceau. Nous aurons dans ce plan sécant une série de courants de même intensité et de même aire, ayant d'ailleurs une forme et une position relative quelconques. Traçons un circuit fermé qui enveloppe tous ces courants, et divisons par des polygones l'intérieur de ce circuit en autant de parties qu'il y a de courants électriques, toutes ces parties ayant même aire et même centre de gravité que le courant électrique enfermé dans chacune d'elles. Chaque courant électrique pourra être remplacé, au point de vue de son action au dehors, par un courant circulant dans le même sens autour du polygone qui l'enferme, et tous les courants polygonaux auront même intensité, puisqu'ils sont de même aire. Chaque côté intérieur des polygones se trouve dès lors parcouru par deux courants égaux et opposés qui se détruisent, et il ne reste plus que les courants des côtés extérieurs des polygones, dont l'ensemble forme un courant qui enveloppe la section. Chaque tranche du faisceau d'hélices agit donc comme si elle était entourée d'un courant qui circulerait sur son contour, et l'ensemble de tous ces courants extérieurs constitue un cylindre électro-dynamique, ou, ce qui revient au même, une hélice électrique. C'est par ce théorème que nous sommes conduit à regarder un cylindre d'acier régulièrement aimanté comme composé d'une infinité de courants électriques particulaires, circulant tous dans le même sens et dirigés, sinon rigoureusement, au moins à peu près, perpendiculairement à l'axe du cylindre.

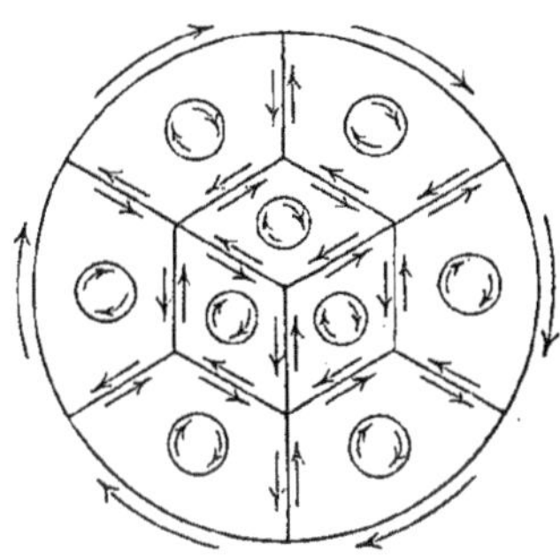

Si l'hypothèse d'Ampère sur les courants particulaires de l'acier aimanté est vraie, nous pouvons en vérifier une conséquence immédiate. Les courants particulaires d'une même tranche se trouvent dirigés en sens contraires dans les parties les plus voisines, puisque la circulation générale est partout de même sens; ces parties voisines doivent donc se repousser, ce qui tend à produire un déplacement des courants et à altérer le parallélisme de leurs plans. Dans un faisceau d'hélices ordinaires dont toutes les parties sont fixes les unes par rapport aux autres, les pôles du faisceau sont sur les plans extrêmes

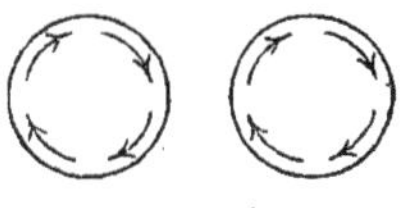

qui contiennent les pôles des hélices; mais dans l'aimant, les choses ne peuvent pas se passer ainsi. L'électricité n'est pas obligée de suivre autour d'une particule un chemin fixe, et elle peut se déplacer sur la surface de la particule; les courants particulaires peuvent donc obéir, dans une certaine mesure, aux répulsions qu'ils éprouvent des parties les plus voisines des autres courants. Les pôles de l'aimant ne devront donc pas être aux extrémités mêmes du cylindre d'acier; ils se rapprocheront du centre de l'aimant d'autant plus, pour une même longueur, que le diamètre de l'aimant sera plus considérable. Or l'expérience confirme ces prévisions théoriques, car on sait depuis longtemps que les pôles des aimants sont plus ou moins éloignés de leurs extrémités, et d'autant plus éloignés que les diamètres sont plus grands pour la même longueur des barreaux. En général, les courants électriques particulaires doivent avoir une direction telle que chaque élément de courant se trouve en équilibre sous l'influence des forces qui le sollicitent et qui proviennent soit des courants extérieurs, soit des courants particulaires intérieurs.

Si nous examinons maintenant ce qui arrive à un barreau de fer doux qu'on met dans l'hélice électrique à la place du fil d'acier dont nous venons d'étudier les propriétés, nous arriverons à des conséquences tout à fait analogues, au moins tant que le fer restera sous l'influence du courant électrique. Dans ces conditions, nous serons amené à regarder le fer doux comme jouissant des mêmes propriétés que si l'hélice extérieure s'était moulée à sa surface, ou, si l'on aime mieux, comme l'équivalent d'un faisceau d'hélices électriques dont les pôles de même nom sont en regard. Ainsi, pendant l'aimantation du fer doux, les particules de ce corps se trouvent entourées de courants électriques qui circulent dans le même sens sur des plans sensiblement perpendiculaires à l'axe du barreau de fer.

Supposons maintenant que le courant de l'hélice soit supprimé : aussitôt le fer doux perd son aimantation; il faut donc alors que les courants électriques ou disparaissent ou prennent à l'intérieur des directions qui empêchent tout effet au dehors de se manifester. Ranimons l'hélice, puis supprimons encore le courant, et de nouveau les courants particulaires s'établiront perpendiculairement à l'axe du barreau de fer, puis disparaîtront ou prendront des directions intérieures propres à masquer leur effet au dehors. On pourra produire cette alternative autant de fois que l'on voudra. La manière la plus simple d'expliquer ces phénomènes consiste évidemment à supposer que les courants préexistent à l'action de l'hélice électrique extérieure, et que l'effet de cette hélice est de diriger les courants particulaires. Dès que son action cesse, les courants particulaires, obéissant aux lois qui les régissent, se dirigent de nouveau comme avant cette action et masquent leur effet à l'extérieur. D'après cette manière de voir, qui est celle d'Ampère, chaque particule de fer doux serait douée de force électromotrice, c'est-à-dire qu'elle aurait la propriété de décomposer le fluide neutre, de la même manière que la pile de Volta; l'un des fluides se porterait à la surface de la particule en l'un de ses points, et l'autre fluide au point opposé. Comme la particule est formée d'une substance conductrice, les deux fluides se rejoindraient par la surface et par les diverses lignes qui sur cette surface vont de l'un des points d'écoulement à l'autre. Une section faite par un plan passant par les deux points d'écoulement contiendrait deux circuits fermés dont les parties intérieures à la particule seraient dirigées dans le même sens, et les parties extérieures en sens contraire. L'ensemble de ces doubles courants pour tous les plans que l'on peut mener par les deux points d'écoulement constitue un solénoïde fermé, et Ampère ainsi que Savary ont démontré que l'action d'un solénoïde fermé est nulle au dehors, ce qui est confirmé rigoureusement par l'expérience.

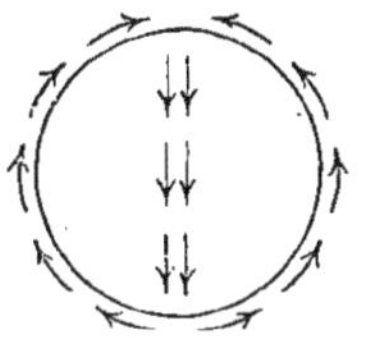

La particule d'un corps magnétique est donc, d'après Ampère, une source de courants électriques dirigés dans tous les sens autour d'elle et ne révélant pas son action au dehors tant qu'aucune action extérieure ne vient changer cette condition. Si l'on fait agir sur cette particule un courant électrique, les courants de la particule qui peuvent se déplacer puisqu'ils sont sur un bon conducteur obéissent à cette action, et se portent vers la partie de la surface de la particule où les attire le courant extérieur, et là se dirigent dans le même sens que ce courant. Telle est la raison pour laquelle le fer doux, placé dans une hélice électrique, a tous ses courants particulaires dirigés dans le même sens que ceux de l'hélice. Lorsque l'action de l'hélice cesse, les courants de la particule reprennent les directions primitives et reconstituent un solénoïde fermé, si rien ne s'y oppose.

D'après cette manière de voir le courant électrique extérieur ne crée pas les courants électriques particulaires du fer doux par son influence, mais dirige les courants que la particule produit continuellement par une cause indépendante du courant influent.

Considérons maintenant l'aimantation du fil d'acier. Les courants particulaires que l'hélice a dirigés se maintiennent dirigés lorsque l'hélice cesse d'être animée. Il y a là une différence importante entre le fer doux et l'acier; mais rien n'empêche d'admettre la même théorie pour les deux corps et de regarder chaque particule d'acier comme douée de force électromotrice par une cause indépendante de l'hélice qui a produit l'aimantation. Si les courants dirigés ne reprennent pas les directions propres au solénoïde fermé, quand l'influence de l'hélice cesse, c'est qu'il y a dans la constitution de l'acier quelque cause qui s'oppose à ce genre d'effet, cause que l'on est convenu d'appeler *force coercitive.* Au reste, le fer doux lui-même est doué d'une force coercitive qui peut être rendue très-faible, mais qu'on peut augmenter par des actions mécaniques, en sorte qu'on ne peut pas adopter pour le fer et pour l'acier des théories d'aimantation différentes.

FIN.

RAPPORT SUR LES PROGRÈS

ACCOMPLIS DE NOS JOURS

DANS

LA SCIENCE DE LA CAPILLARITÉ.

RAPPORT SUR LES PROGRÈS

ACCOMPLIS DE NOS JOURS

DANS

LA SCIENCE DE LA CAPILLARITÉ.

I

Vers 1830, il s'éleva, au sujet des phénomènes capillaires, un débat scientifique que grandissaient les noms de Laplace et de Poisson. La théorie contestée, œuvre d'un homme de génie, avait régné près d'un quart de siècle, et passait pour l'une des plus ingénieuses et des plus élégantes de la physique. L'attaque venait d'un géomètre illustre; elle était vive et pressante. Poisson supposait cette théorie désastreuse, et, sur le terrain déblayé, il élevait une théorie nouvelle. Entre de telles autorités, beaucoup de bons esprits restaient en suspens.

Les lois découvertes par Laplace semblaient du moins inattaquables, car elles se retrouvaient toutes dans la nouvelle théorie de Poisson, et, dès l'origine, elles avaient reçu d'un physicien excessivement habile la sanction de l'expérience.

Cependant les mesures de Gay-Lussac étaient peu nombreuses et avaient été prises dans des conditions très-restreintes. On voulut les multiplier et les varier, et alors il se trouva que les lois elles-mêmes, bien que ressortant de deux théories différentes, ne tenaient pas devant l'expérience.

L'incertitude s'accroissant ainsi, l'Académie des sciences évoqua, en 1852, le procès devant elle, et distribua ses récompenses en 1863.

Le but de ce rapport est d'indiquer le fond même de la discussion et les principaux résultats qui ont été finalement obtenus.

II

Malgré les efforts de physiciens distingués et de géomètres éminents, la vraie cause des phénomènes capillaires restait fort obscure, lorsque Laplace résolut les difficultés de ce sujet délicat et découvrit les lois générales de la capillarité.

D'après l'une de ces lois, l'élévation ou la dépression d'un point quelconque de la surface capillaire par rapport au niveau général du liquide est proportionnelle à la somme des courbures principales en ce point; le coefficient de cette proportionnalité caractérise chaque liquide et varie avec l'intensité de l'action moléculaire[1].

Une autre loi fait connaître la valeur de l'angle capillaire et montre comment cet angle dépend des actions exercées par le liquide sur lui-même et sur le corps dont le vase est formé[2].

---

[1] Cette loi s'exprime par l'équation suivante :

$$(1)\quad z = \frac{a^2}{2}\left(\frac{1}{R} + \frac{1}{R'}\right).$$

z est la distance d'un point quelconque de la surface capillaire au niveau général; R et R' sont les deux rayons principaux de courbure en ce point; a^2 est le coefficient de proportionnalité dont la valeur est

$$(2)\quad a^2 = \frac{\pi d}{4g}\int_0^{\infty} \rho^4 f(\rho)\, d\rho.$$

On a désigné par $mm' f(\rho)$ l'action qu'exercent l'une sur l'autre deux masses élémentaires de liquide, m, m', lorsqu'elles sont placées à la distance ρ; θ est la densité du liquide, et g l'intensité de la pesanteur.

[2] Si l'on mène un plan tangent à la surface capillaire en un point de cette surface

III

Pour obtenir ces lois, Laplace s'appuie sur deux hypothèses et sur le principe mathématique de l'équilibre des liquides dans les canaux.

Il admet d'abord, ce qui n'a jamais été contesté, que les actions moléculaires varient assez rapidement avec la distance pour devenir très-grandes lorsque la distance des molécules est suffisamment petite, et négligeables quand cette distance est sensible.

Laplace suppose, en second lieu, que les liquides sont incompressibles.

L'hypothèse n'est pas, il est vrai, rigoureusement conforme à la nature des choses, mais cela n'est pas une raison suffisante pour rejeter comme inexactes les conséquences que l'on en déduit. S'il en était autrement, toute la mécanique rationnelle des solides et des liquides se trouverait ébranlée ; aucune formule ne résiste-

---

qui soit situé à une distance insensible de la paroi du vase, mais néanmoins plus grande que le rayon d'activité moléculaire, ce plan fera avec la partie opposée de la paroi un angle qu'on appelle l'*angle capillaire.* Cet angle est indépendant de la forme de la paroi et son cosinus est donné par la formule

$$(3)\qquad \cos\omega = \frac{2a'^2 - a^2}{a^2},$$

en posant

$$(4)\qquad a'^2 = \frac{\pi d'}{4g}\int_0^\infty \rho^4 f_1(\rho)\,d\rho.$$

d' est la densité de la substance dont ce vase est formé, et f_1 (ρ) exprime l'action moléculaire du liquide sur le vase, rapportée à l'unité de masse et à la distance ρ.

On peut regarder les quantités $\frac{a^2}{2}$ et $\frac{1}{2}(2a'^2 - a^2)$ qui entrent dans les équations (1) et (2), comme deux constantes de la capillarité. La première ne dépend que de la nature du liquide, et la seconde dépend à la fois du liquide et du vase.

rait, pas même celle du pendule, qui suppose l'inextensibilité du fil.

Cependant c'est sur ce point que portèrent, comme on le verra bientôt, les principales objections de Poisson.

Ces hypothèses étant admises, Laplace considère un filet liquide, à section constante, et aboutissant normalement, d'une part, à un point quelconque de la surface capillaire, et, de l'autre, au niveau général. Il énumère d'une manière complète les forces qui sollicitent ce filet; il applique à ces forces le principe mathématique de l'équilibre des canaux, et il obtient la première loi générale que nous avons indiquée, une des belles découvertes de cet illustre géomètre.

Ce n'est pas un procédé aussi direct et aussi général que Laplace suivit pour déterminer l'angle capillaire. Il cherche d'abord quel est le volume soulevé ou déprimé dans le cas particulier d'un tube cylindrique ou prismatique plongé verticalement dans un liquide. Pour en avoir la valeur, il suppose que la surface intérieure du tube soit prolongée dans le liquide, puis recourbée et enfin relevée normalement jusqu'au niveau général; il analyse les forces appliquées au liquide qui est contenu dans le tube et dans le canal fictif; enfin il se sert du principe de l'équilibre dans les canaux. De cette manière, il trouve que le volume cherché est proportionnel au contour intérieur du tube, et il fait voir comment le coefficient de proportionnalité dépend des actions exercées par le liquide sur lui-même et sur la matière du vase[1].

Dans le cas du tube cylindrique, Laplace peut déterminer une

---

[1] Le volume U du liquide soulevé ou déprimé dans un tube homogène et vertical, de forme intérieure quelconque, est donné par la formule

$$(5) \quad U = \frac{1}{2}(2a'^2 - a^2)c.$$

c désigne le contour intérieur du tube, et a^2, a'^2 sont les quantités définies par les équations (2) et (4).

seconde expression du volume soulevé ou déprimé en s'appuyant sur la première loi générale; il montre de nouveau que le volume est proportionnel au contour intérieur du tube, mais il obtient pour le coefficient de proportionnalité une forme différente de la précédente. Ce coefficient se compose en effet de deux facteurs, dont l'un est le cosinus de l'angle capillaire, et l'autre le multiplicateur du binôme des courbures de la première loi générale[1].

La comparaison des deux résultats obtenus ainsi donne immédiatement l'expression du cosinus de l'angle capillaire en fonction des actions moléculaires et des densités.

Ce mode de démonstration est sans doute tout à fait suffisant quand il s'agit d'appliquer la théorie à l'explication des phénomènes. Cependant il laisse à désirer au point de vue de la généralité mathématique. Un travail de Gauss, publié en 1830, a comblé la lacune. Le géomètre allemand se fonde, comme Laplace, sur l'hypothèse de l'incompressibilité. Au lieu d'avoir recours au principe mathématique de l'équilibre dans les canaux, il applique à la masse entière du liquide le principe des vitesses virtuelles, qui a l'avantage de donner en même temps et l'équation générale de la surface capillaire et celle du contour. Gauss retrouve ainsi les lois de Laplace, avec des constantes qui sont les mêmes, lorsqu'on admet que les actions moléculaires deviennent négligeables dès que la distance des molécules est sensible[2].

Dans cette dernière méthode, on n'a pas à faire usage d'une troisième constante, qui joue un rôle important dans les démonstrations de Laplace, mais qui disparaît finalement des équations,

---

[1] Dans le cas du tube cylindrique vertical, le volume calculé par la seconde méthode a pour expression

$$(6) \quad U = \frac{1}{2} a^2 c \cos \omega.$$

[2] C'est en comparant les équations (5) et (6), pour le même tube, que Laplace obtient l'équation (3). Gauss arrive immédiatement aux équations (1) et (3) par une méthode générale.

c'est-à-dire de la quantité par laquelle se trouve exprimée l'action qu'un liquide homogène et terminé par une surface plane exerce sur un filet normal, cylindrique et indéfini[1].

IV

La science de la capillarité était arrivée à ce degré de perfection, lorsque Poisson fit paraître sa nouvelle théorie. Au lieu de supposer les liquides dans un état abstrait d'incompressibilité, qui n'existe jamais, il les considère comme jouissant de leurs propriétés naturelles.

Alors le problème se présente avec des difficultés d'un ordre élevé. Tenter de les vaincre était un effort digne de l'éminent géomètre. Mais Poisson ne s'est pas borné à porter des lumières dans ces questions très-obscures, il a réagi contre la théorie de Laplace et il s'est appliqué à la ruiner de fond en comble.

Ce n'est pas dans les lois générales découvertes par Laplace que Poisson chercha un argument contre le mode de raisonnement adopté par son illustre devancier. Il ne le pouvait pas, puisqu'il trouvait les mêmes lois dans sa propre théorie. Ce sont les trois constantes dont Laplace fait usage qui lui ont servi de moyen d'attaque.

Ces constantes sont exprimées à l'aide des lois qui régissent les actions moléculaires, et elles ne peuvent pas être calculées numériquement *à priori*, puisque nous ignorons ces lois. Mais Poisson détermina chacune d'elles *à posteriori*, en suivant, comme il le suppose, un mode de raisonnement qui convient à l'hypothèse de

---

[1] Si l'on désigne par $K\sigma$ l'action exercée par un liquide à surface plane sur un filet normal, indéfini et de section σ, on a pour la valeur de K

$$(7)\quad K = \frac{2}{3}\pi d^2 \int_0^\infty \rho^3 f(\rho)\, d\rho .$$

Les trois constantes de la théorie de Laplace sont : $\frac{a^2}{2}$, $\frac{1}{2}(2a'^2 - a^2)$, K.

l'incompressibilité des liquides. Or les valeurs qu'il obtient sont évidemment inadmissibles, et Poisson en conclut qu'il fallait rejeter une théorie dont les conséquences étaient contraires à l'observation.

V

Lorsqu'un liquide est en équilibre, on peut, sans troubler cet équilibre, supposer que les distances des molécules deviennent invariables dans une partie quelconque; et alors, si on isole cette partie, en lui conservant cependant les forces qui lui étaient appliquées lorsqu'elle faisait corps avec le reste de la masse, on aura un solide sur lequel ces diverses forces devront s'équilibrer. C'est en choisissant convenablement trois de ces parties dans la masse totale du liquide, et en exprimant les conditions d'équilibre des forces appliquées, que Poisson peut trouver des équations qui contiennent séparément les trois constantes générales de la capillarité et qui en font connaître les valeurs, sans qu'on ait besoin pour cela des lois de l'action moléculaire.

L'une des masses choisies par Poisson est un filet cylindrique, normal à la surface libre du liquide et d'une longueur *finie*. L'équilibre de cette masse permet de calculer la troisième constante de la capillarité, c'est-à-dire la quantité qui exprime l'action d'un liquide terminé par une surface plane sur un filet cylindrique, normal et d'une longueur *indéfinie*. D'après le résultat du calcul, cette quantité perdrait son caractère de constante, deviendrait variable, et pourrait même passer d'une valeur positive à une valeur négative, suivant l'intensité de la pression atmosphérique et la longueur donnée au filet.

L'objection est certainement très-grave, et une théorie qui conduirait à un résultat aussi inadmissible devrait être rejetée comme inexacte. Mais voici une autre objection qui est bien plus désastreuse.

En exprimant les conditions d'équilibre d'un filet de longueur finie, de forme non cylindrique et de direction normale à la surface libre, Poisson détermine la première constante de la capillarité, et il trouve que cette valeur est nulle ou insensible. Ainsi donc le binôme des courbures devrait être multiplié par une quantité insensible pour donner l'élévation ou la dépression de chaque point de la surface capillaire, ce qui aplatirait toujours cette surface et l'abaisserait constamment au niveau général. Les phénomènes capillaires n'existeraient donc pas! Singulier sort d'une théorie qui, au lieu d'expliquer les faits, les réduirait à néant.

C'est en considérant l'équilibre d'une mince tranche de liquide appuyée normalement sur la surface du tube, que Poisson détermine la constante relative à l'angle capillaire. Or cette valeur est telle que le volume du liquide soulevé ou déprimé dans un tube vertical serait indépendant de la nature du tube, et que la surface capillaire serait toujours concave pour l'élévation comme pour la dépression du liquide. Cette dernière conséquence est trop évidemment contraire aux observations les plus élémentaires pour qu'elle ne soit pas rejetée.

Ainsi voilà de graves objections qui, si elles étaient fondées, démoliraient complétement la théorie de Laplace. Reste à savoir si les résultats inadmissibles auxquels Poisson s'est trouvé conduit ne seraient pas dus à la manière particulière et toute personnelle dont il conçoit cette théorie, et non à la théorie même.

VI

Voici maintenant une objection de nature différente et de grande importance. Après ces critiques, Poisson donne une nouvelle théorie des phénomènes capillaires, en tenant compte de la compressibilité des liquides, et il retrouve la première loi générale de Laplace. C'est donc en multipliant le binôme des courbures principales par une constante, que, dans l'une et l'autre théorie, on obtient l'élévation ou la dépression. Mais Poisson déclare que ce multiplicateur constant n'est pas le même suivant que l'on regarde le liquide comme compressible ou non; les hauteurs absolues de chaque point de la surface capillaire, pour la même valeur du binôme des courbures, ne seraient donc pas les mêmes dans les deux théories.

Cette objection serait très-considérable, puisqu'elle tendrait à inspirer de la défiance dans l'emploi de l'ancienne méthode, en montrant qu'on pourrait être conduit à des résultats inexacts et désavoués par la théorie véritable. Une objection analogue se reproduit au sujet de la constante qui donne le cosinus de l'angle capillaire.

VII

En examinant les premières objections de Poisson, M. Quet reconnut qu'elles avaient leur fondement dans la manière dont l'éminent géomètre présente la théorie des fluides incompressibles. En effet, il n'y est tenu aucun compte des forces de liaison que l'on est pourtant obligé d'admettre, si l'on veut que des liquides supposés incompressibles soient capables d'appuyer plus ou moins fortement leurs éléments les uns contre les autres et de transmettre les pressions à l'intérieur. La suppression de ces forces de liaison fait disparaître non-seulement les phénomènes capillaires, mais aussi l'hydrostatique entière et l'hydrodynamique, et il n'est pas besoin de calcul pour le voir. Sans elles, les conditions d'équilibre sont nécessairement incomplètes, et il y aurait lieu de s'étonner qu'on ne fût pas conduit à de flagrantes contradictions par une méthode qui ne tient pas compte de toutes les causes. En reprenant les mêmes questions que Poisson, M. Quet a fait voir que les contradictions signalées disparaissent dès qu'on introduit dans le calcul les forces de liaison, et qu'on retrouve, par le nouveau mode de raisonnement, les lois générales de Laplace.

Quant aux deux objections tirées de la théorie de Poisson, M. Quet a montré qu'elles sont seulement apparentes, et que, si les constantes des deux théories semblent, au premier abord, différer entre elles, Poisson n'a pas prouvé que cette différence soit réelle. Supposons qu'il s'agisse du coefficient du binôme des courbures. D'après la théorie de Poisson, ce coefficient se compose de deux termes dont l'un provient de l'action du ménisque sur le filet normal, et l'autre de l'action exercée sur ce filet par la tranche liquide qui le limite. Le coefficient analogue de la théorie de Laplace n'a qu'un seul terme, celui qui provient de l'action du ménisque. De cette comparaison Poisson conclut que les deux coefficients ne sont pas les mêmes. Mais M. Quet fait remarquer que le filet n'est pas constitué de la même manière dans les deux théories; qu'il a une densité constante lorsqu'il s'agit d'un liquide incompressible, et une densité variable sur sa longueur et très-rapidement variable dans les conditions naturelles de compressibilité, sans compter que la quantité de chaleur change elle-même d'un point à l'autre. Dans les deux cas il s'agit, il est vrai, d'un ménisque agissant sur un filet; mais le filet n'est pas le même, et il n'est pas évident que les deux actions aient la même valeur; on ne voit donc pas pourquoi la différence des termes correspondants dans les coefficients de la capillarité ne serait pas compensée par le deuxième terme introduit par Poisson. Il appartenait à l'éminent auteur de la nouvelle théorie de montrer que les valeurs numériques étaient inégales, et Poisson ne l'a pas fait.

VIII

Après la critique théorique viennent les objections fondées sur les résultats de l'expérience. C'est à ce nouveau point de vue que nous allons maintenant nous placer.

Les phénomènes capillaires qui se prêtent le mieux aux mesures précises sont, sans contredit, les ascensions des liquides, soit dans les tubes verticaux à section circulaire, soit entre les lames verticales et parallèles. Or, d'après la théorie de Laplace, ces phénomènes sont soumis aux lois suivantes :

Dans les tubes de même nature, la hauteur *moyenne* de la surface capillaire au-dessus du niveau général varie en raison inverse des diamètres pour chaque liquide[1].

Entre deux lames parallèles verticales et de même nature, la hauteur *moyenne* de la surface capillaire, pour un liquide déterminé, varie en raison inverse de leur distance[2].

Si l'on compare[3] les hauteurs *moyennes* de la surface capillaire

---

[1] Dans le cas d'un tube à section circulaire de rayon r, le contour intérieur c est égal à $2\pi r$. Si donc on désigne par H la hauteur *moyenne* de la surface capillaire, le volume U du liquide soulevé sera égal à $\pi r^2 H$, et l'équation (6) deviendra

$$(8) \quad a^2 \cos\omega = rH.$$

De là on conclut que H varie en raison inverse de r et en raison directe de $\cos\omega$, pour un liquide donné. On remarquera qu'un même liquide peut atteindre des hauteurs très-diverses dans un tube de diamètre constant, lorsque la nature de ce tube change, puisque $\cos\omega$ varie en même temps. Cependant, comme $\cos\omega$ ne peut pas dépasser l'unité, la hauteur moyenne est susceptible d'un maximum, lorsque r est constant. Ce maximum a lieu lorsque l'angle capillaire est nul. Si la nature du tube reste constante, H varie en raison inverse de r.

[2] La théorie donne pour les plaques parallèles l'équation

$$(9) \quad H'd = a^2 \cos\omega,$$

en désignant par d la distance des deux plaques et par H' la hauteur *moyenne*. On suppose qu'il s'agit du même liquide que pour les tubes et que les plaques et les tubes sont de même nature, sans cela il faudrait changer les constantes a et ω.

Il résulte de l'expression précédente que, pour un même liquide et pour des plaques de même nature, la hauteur moyenne varie en raison inverse de la distance des plaques.

Entre deux plaques parallèles dont la distance est constante, un même liquide est susceptible de s'élever à des hauteurs très-diverses suivant la nature des plaques. Néanmoins ces hauteurs ne peuvent pas dépasser une valeur maximum qui correspond au cas où l'angle capillaire est nul.

[3] Si on compare les équations (8) et (9), lorsque le liquide est le même et que les tubes et les plaques sont de même nature, on a

$$Hr = H'd;$$

il faut donc que cette équation puisse se vérifier pour toutes les valeurs de r et de d

Dans le cas particulier où l'on a

$$2r = d,$$

il vient

$$H = 2H.$$

pour un même liquide qui s'élève, soit dans un tube vertical, soit entre deux lames parallèles, verticales et de même nature que le tube, la première de ces hauteurs doit être double de la seconde, lorsque le diamètre du tube est égal à la distance des plaques.

IX

On ne peut pas déterminer expérimentalement la hauteur mentionnée dans ces lois; ce qu'on mesure, c'est la hauteur du point central de la surface capillaire, c'est-à-dire du point où le plan tangent est horizontal. Cette hauteur est évidemment plus petite que la hauteur *moyenne*, et, bien que la différence soit peu notable lorsque les tubes sont très-fins, comme elle devient de plus en plus sensible à mesure que le diamètre du tube augmente, et qu'elle peut même acquérir une valeur beaucoup plus grande que la hauteur mesurée lorsque le tube est assez large, on est obligé d'en tenir compte pour contrôler la théorie par l'expérience.

Ce n'est pas chose aisée que de calculer la hauteur *moyenne* à l'aide de la hauteur observée, quand on veut laisser au problème toute sa généralité. Cependant, si les tubes sont très-fins, ou si les distances des plaques sont très-petites, la correction est facile. Laplace a trouvé en effet que, dans ces conditions restreintes, il suffisait, pour obtenir la hauteur *moyenne*, d'augmenter la hauteur observée du tiers du rayon, ou des 107 millièmes de la distance des plaques[1].

---

[1] Lorsque r et d sont très-petits, si on désigne par h et h' les hauteurs observées de la surface capillaire dans un tube vertical ou entre deux lames verticales parallèles, on a, d'après la théorie de Laplace et le degré d'approximation qu'il a adopté :

$$H = h + \frac{1}{3}r, \quad H' = h' + 0,107\,d.$$

d'après cela, les équations (8) et (9) deviennent :

$$(10) \quad a^2 \cos\omega = rh\left(1 + \frac{1}{3}\frac{r}{h}\right)$$

pour les tubes,

$$(11) \quad a^2 \cos\omega = dh'\left(1 + 0,107\,\frac{d}{h}\right)$$

pour les plaques.

X

C'est en suivant ces règles que Gay-Lussac vérifia la théorie. De nombreuses expériences avaient été faites avant l'éminent physicien, mais elles ne s'accordaient pas entre elles; il y avait donc là une difficulté à vaincre.

Heureusement, la théorie de Laplace faisait connaître la cause de ces discordances : elle montre, en effet, qu'un même liquide est susceptible d'un nombre infini d'états d'équilibre dans un tube vertical de diamètre donné, lorsque la nature de la surface intérieure ne reste pas la même, ce qui fait varier l'angle capillaire. Si donc on veut comparer les hauteurs de la surface capillaire dans des tubes différents, on doit tenir compte à la fois de ces angles et des diamètres des tubes.

Comme la mesure de l'angle capillaire ne peut pas s'obtenir avec assez de précision, il faut trouver un moyen de rendre cet angle tout à fait constant dans les expériences que l'on veut comparer. Cela semble peu aisé au premier abord; mais Gay-Lussac parvint à résoudre simplement la difficulté. L'angle capillaire ne varie dans les tubes que parce que leur surface intérieure n'est presque jamais la surface du verre, mais celle d'un voile très-mince de matière étrangère qui se dépose ordinairement sur le tube. Il fallait donc enlever ce voile et l'empêcher de se reformer, ou plutôt, il fallait le rendre constant, en déposant, si c'était possible, sur la surface intérieure du tube, un mince voile du liquide même sur lequel on opérait.

Pour arriver à ce résultat, Gay-Lussac prépara les tubes, en les lavant intérieurement avec les acides azotique et chlorhydrique, ou bien avec une dissolution de potasse, puis avec de l'eau pure, de manière à enlever toute substance étrangère au verre et à laisser une couche d'eau qui adhérait alors à la surface du tube. C'est ainsi que furent faites ses expériences sur l'ascension de l'eau. Pour les autres liquides capables de mouiller le verre, on opérait d'une manière analogue, et l'on terminait par des lavages faits avec ces liquides.

Avec des tubes ainsi préparés, le liquide monte dans une gaîne de sa propre substance et s'élève en glissant, non plus sur la surface d'un corps étranger, mais sur une couche de même nature que lui. Les frottements sont négligeables, et les forces mises en jeu sont celles dont la théorie tient compte; alors le tube solide ne sert que de support à la gaîne liquide qui est ainsi le véritable tube capillaire. Dans ces conditions, l'angle capillaire reste constant, et, si la théorie est exacte, cet angle est tout à fait nul; la hauteur *moyenne* de la surface capillaire est donc maintenant la plus grande de toutes celles qui peuvent s'observer dans le même tube non préparé. Si, dans deux expériences faites avec le même liquide et le même tube, on trouve des hauteurs différentes, c'est que, dans l'une d'elles au moins, on n'aura pas réalisé les conditions qui viennent d'être indiquées. La plus grande de ces deux hauteurs est évidemment celle que l'on doit préférer comme la meilleure ou comme s'approchant le plus de la hauteur qu'on veut déterminer. C'est par ce caractère très-simple qu'on peut reconnaître les mesures à rejeter ou à adopter, lorsque divers observateurs ont obtenu des résultats différents. Au reste, l'efficacité des moyens imaginés par Gay-Lussac est telle, que les mesures de ce physicien sont environ le double de celles que Newton, et plus tard Haüy, avaient obtenues.

C'est à l'aide de ce critérium que M. Quet a pu reconnaître que les expériences de Simon, de Metz, souvent citées contre la théorie de Laplace, n'ont pas été faites dans les meilleures conditions. Les hauteurs mesurées par cet expérimentateur dans une série de tubes ou de plaques parallèles sont en effet moindres que les hauteurs correspondantes observées par MM. Quet et Seguin, pour des tubes respectivement plus gros, ou pour des plaques respectivement plus éloignées.

Les mesures de Gay-Lussac, prises dans les conditions excellentes que nous venons d'indiquer, confirment pleinement les lois générales de Laplace, au moins dans le cas de tubes un peu fins ou de plaques très-rapprochées, mais elles sont peu nombreuses et ne se rapportent qu'à des espaces capillaires très-étroits.

XI

Édouard Desains fit plus tard, vers 1853, des expériences sur l'élévation des liquides dans les tubes et entre les plaques, et il prit toutes les précautions que Gay-Lussac avait imaginées. Les résultats qu'il obtint se trouvèrent d'accord avec la théorie de Laplace, soit pour des espaces capillaires plus étroits que ceux des tubes ou des plaques de Gay-Lussac, soit aussi pour des espaces plus larges. Cette vérification était importante, puisque la théorie de Laplace était alors battue en brèche dans ses principes et dans ses conséquences.

Néanmoins, des doutes pouvaient subsister encore. En effet, les tubes employés étaient assez étroits pour que la forme de la surface capillaire n'eût pas une influence bien marquée. Cette surface tend indéfiniment vers la forme sphérique lorsque le diamètre du tube décroît de plus en plus; mais elle en diffère considérablement lorsque les tubes sont très-gros. La correction de Laplace suppose que la surface capillaire est presque sphérique et n'est applicable qu'aux tubes très-fins; mais on ne sait pas *à priori* à quel degré de grosseur des tubes il faut s'arrêter pour que la formule de correction soit admissible. Poisson donna une autre formule plus approchée que celle de Laplace, et dans la suite Éd. Desains en proposa une nouvelle, qui était fondée sur l'assimilation de la surface capillaire à celle d'un ellipsoïde de révolution. Ces approximations, très-bonnes pour vérifier une théorie non contestée, laissent toujours quelque chose à désirer lorsqu'on est en présence de graves objections, car on ne sait pas d'avance dans quelles limites l'approximation est suffisante; et, lorsqu'il y a une différence entre l'observation et le calcul, on peut être tenté de supposer qu'elle tient moins à l'insuffisance de l'approximation qu'à la théorie elle-même, surtout lorsqu'on voit cette différence s'accroître considérablement dans les tubes très-larges, là où la forme de la surface capillaire s'écarte beaucoup de celle de la sphère ou de l'ellipsoïde.

XII

M. Quet, voulant vérifier la théorie dans les conditions les plus significatives, lorsque les tubes étaient très-larges ou les plaques très-écartées, chercha la solution générale du problème, qui consiste à déterminer la hauteur *moyenne* en fonction de la hauteur du point central de la surface capillaire. Alors les expériences pouvaient être plus variées, et la théorie de Laplace pouvait être soumise à un contrôle plus complet et plus caractéristique, puisqu'on aborderait le cas où la surface s'éloignerait beaucoup de la forme sphérique ou ellipsoïdale; la même question fut traitée dans le même sens pour les plaques parallèles.

M. Quet intégra l'équation générale de la surface capillaire pour les tubes cylindriques verticaux et à section circulaire, en employant tour à tour la méthode des coefficients et des exposants indéterminés, et celle qui est fondée sur la formule de Maclaurin. Il obtint, de cette manière, une série qui donne le rapport de la hauteur *moyenne* à la hauteur observée, en fonction de cette dernière quantité et du rayon du tube, et qui permet de vérifier la théorie de Laplace dans des tubes quelconques[1].

---

[1] Si l'on pose $P = \frac{H}{h}$, la formule (8) devient

$$a^2 \cos \omega = rhP. \tag{12}$$

M. Quet a trouvé que l'on a

$$P = 1 + A_1 + A_2 + A_3 + \dots\dots \tag{13}$$

en posant

$$\left\{\begin{aligned} A_1 &= \frac{1}{4}\frac{r^2}{a^2}, \\ A_2 &= \frac{1}{48}\frac{r^4}{a^4}\left(1 + 2\frac{h^2}{a^2}\right), \\ A_3 &= \frac{1}{1152}\frac{r^6}{a^6}\left(1 + 20\frac{h^2}{a^2} + 18\frac{h^4}{a^4}\right), \\ A_4 &= \frac{1}{46080}\frac{r^8}{a^8}\left(1 + 164\frac{h^2}{a^2} + 630\frac{h^4}{a^4} + 360\frac{h^6}{a^6}\right). \end{aligned}\right. \tag{14}$$

Cette série se réduit à la valeur approximative que Laplace a donnée pour le cas des tubes très-fins. Les calculs qui y conduisent font connaître l'équation de la surface capillaire, et l'on montre que cette surface tend indéfiniment vers la forme sphérique lorsque le diamètre du tube décroît.

Par une méthode analogue, M. Quet détermina, dans le cas des plaques parallèles, le rapport qui existe entre la hauteur *moyenne* et la hauteur observée, ce qui permet de soumettre au contrôle de l'expérience la théorie de Laplace dans le cas des plaques très-écartées[1].

La série (13) se réduit à $P = 1 + \frac{1}{3}\frac{r}{h}$ lorsque r est suffisamment petit; c'est l'approximation de Laplace qu'on obtient alors.

L'équation de la surface capillaire dans les tubes est donnée par la série suivante :

$$z = h\left\{1 + 2\,A_1\frac{x^2}{r^2} + 3\,A_2\frac{x^4}{r^4} + 4\,A_3\frac{a^6}{r^6} + \ldots\ldots\right\};$$

z est la distance d'un point quelconque de la surface capillaire au niveau général, et x est la distance de ce point à l'axe du tube.

Lorsque le rayon du tube est suffisamment petit, l'équation précédente peut être réduite à celle-ci :

$$z - h = \frac{r}{\cos\omega}\left[1 - \sqrt{1 - \frac{x^2\cos^2\omega}{r^2}}\right],$$

ce qui est l'équation d'un cercle dont le rayon est $\frac{r}{\cos\omega}$.

[1] Si l'on pose $P = \frac{H'}{h'}$, la formule (9) devient

$$(15)\qquad a^2\cos\omega = dh'\,P'.$$

M. Quet a trouvé que l'on a

$$(16)\qquad P' = 1 + B_1 + B_2 + B_3 + \ldots\ldots$$

en posant

$$(17)\quad \begin{cases} B_1 = \dfrac{1}{12}\dfrac{d^2}{a^2}, \\[2ex] B_2 = \dfrac{1}{480}\dfrac{d^4}{a^4}\left(1 + 6\dfrac{h^2}{a^2}\right), \\[2ex] B_3 = \dfrac{1}{40320}\dfrac{d^6}{a^6}\left(1 + 66\dfrac{h^2}{a^2} + 180\dfrac{h^4}{a^4}\right). \end{cases}$$

Ce rapport se réduit à la formule approximative de Laplace, lorsque la distance des plaques est suffisamment petite.

En suivant une méthode d'intégration qu'il avait déjà employée dans son Mémoire sur les gyroscopes, M. Quet trouva une nouvelle série qui donne immédiatement la distance des plaques en fonction de la hauteur *observée* et de l'angle capillaire. D'ailleurs il obtint l'équation de la surface capillaire sous une forme telle qu'on peut en tirer exactement, et sans passer par les séries, la valeur de la flèche, ce qui est avantageux, parce que les séries qui donnent la flèche convergent trop lentement et exigent le calcul assez pénible d'un grand nombre de termes[1].

Lorsque l'angle capillaire est nul et que la distance des plaques décroît indéfiniment, l'équation de la surface capillaire, qui est en général

$$z = h\left\{1 + 3\,B_1\frac{x^2}{\left(\frac{1}{2}d\right)^2} + 5\,B_2\frac{x^4}{\left(\frac{1}{2}d\right)^4} + 7\,B_3\frac{x^6}{\left(\frac{1}{2}d\right)^6} + \quad \dots\right\},$$

tend vers l'équation

$$z - h = \frac{1}{2}\,d\left\{1 - \sqrt{1 - \frac{x^2}{\left(\frac{1}{2}d\right)^2}}\right\}.$$

ce qui est l'équation d'un cercle. En même temps l'équation (15) tend indéfiniment vers l'expression

$$a^2 = hd\left\{1 + \frac{1}{2}\left(1 - \frac{\pi}{4}\right)\frac{d}{h}\right\},$$

ce qui est la formule d'approximation adoptée par Laplace.

[1] Si l'on pose $\omega' = \frac{\pi}{2} - \omega$; que l'on désigne par ε un angle auxiliaire défini par l'équation

$$\sin 2\varepsilon = \frac{a^2}{a^2 + h^2},$$

et par t la tangente de l'angle ε, on a, d'après le calcul de M. Quet :

$$(18)\qquad d = a\sqrt{2\,t}\left\{\sin\omega' + \frac{1}{2}\left(\omega' + \frac{\sin 2\,\omega'}{2}\right)t + \frac{1}{8}\left(5\sin\omega' + \sin 3\,\omega'\right)t^2 + \dots\dots\right\}.$$

Cette équation contient une série qui est assez rapidement convergente lorsque les plaques sont très-rapprochées, mais qui converge trop lentement lorsque les plaques sont un peu écartées.

XIII

Après avoir préparé des formules très-générales pour vérifier la théorie de Laplace dans les conditions les plus variées pour la grosseur des tubes et la distance des plaques, M. Quet a voulu s'adresser à l'observation, et, avec le concours de M. Seguin, il a pu déterminer, pour chaque tube, un très-grand nombre de mesures, dont la moyenne a été comparée au calcul théorique.

A l'aide de ces observations et de celles de Gay-Lussac et d'Édouard Desains, on a eu 14 déterminations de hauteur capillaire dans les tubes, 8 entre les plaques et 4 mesures de flèches.

Les hauteurs extrêmes de l'eau dans les tubes ont varié de 1 à 2300, tandis que le rapport des diamètres correspondants a été celui de 200 à 1. Le tube le plus large avait $27^{mm},85$ de diamètre, et l'eau s'y élevait à la hauteur de $0^{mm},09$.

Entre les plaques, les hauteurs extrêmes de l'eau ont varié dans le rapport de 1 à 70, et les distances correspondantes, dans celui de 33 à 1. La plus grande distance des plaques a été de $11^{mm},20$, et la hauteur de l'eau s'est trouvée, dans ce cas, de $0^{mm},71$, avec une flèche de $3^{mm},22$.

Ces 26 mesures, prises dans des conditions si variées, sont toutes d'accord avec les résultats des formules théoriques trouvées par M. Quet. Les différences ne se sont élevées qu'à quelques centièmes

---

La courbe capillaire peut se définir au moyen des deux équations suivantes :

$$z^2 = h'^2 + a^2 \sin u;$$

$$x = \frac{a\sqrt{t}}{2} \left\{ \sin u + \frac{1}{2}\left(u + \frac{\sin 2u}{2}\right) t + \frac{1}{8}\left(3 \sin u + \sin 3u\right) t^2 + \ldots\ldots \right\}.$$

u est l'angle que la tangente à la courbe, au point dont x et z sont les coordonnées, fait avec le niveau général. De la première de ces équations on tire, pour la valeur f de la flèche, l'expression

$$(19) \quad f = \sqrt{h'^2 + a^2 \cos\omega} - h'.$$

Cette formule permet de calculer la flèche avec toute l'exactitude que comportent les mesures de h' et de ω.

de millimètre pour les hauteurs, dans les gros tubes, et à quelques millièmes de millimètre pour les rayons des tubes fins.

XIV

On a encore objecté à la théorie une série de faits qui se sont révélés lorsqu'on a étudié expérimentalement l'influence de la chaleur sur les phénomènes capillaires. Pour examiner ces nouvelles critiques, il convient de distinguer deux cas généraux, suivant que le liquide communique librement avec l'atmosphère, ce qui limite son élévation de température, ou qu'il est en vase clos, ce qui permet de le porter jusqu'au point de sa volatilisation complète. Supposons d'abord qu'il s'agisse du premier cas.

L'expérience montre que la hauteur à laquelle un liquide s'élève dans un tube capillaire diminue à mesure que la température croît. Ce fait est conforme à la théorie, et ce n'est pas de ce côté que vient l'objection. La difficulté s'est présentée, lorsqu'on a mesuré de combien la hauteur capillaire diminue pour chaque degré de température, car cette diminution s'est trouvée de beaucoup supérieure à celle que Laplace avait indiquée. L'illustre géomètre avait en effet donné cette règle, que l'ascension du liquide est proportionnelle à sa densité, et que, par suite, les variations de cette ascension sont proportionnelles à celles de la densité. Or voici les conséquences de cette règle et leur comparaison avec les résultats de l'observation.

La densité de l'eau varie pour chaque degré dans un rapport qui n'est pas constant, mais qui est en moyenne de 0,00045, entre les températures de la glace fondante et de l'eau bouillante. C'est donc suivant cette proportion que la hauteur de la colonne d'eau devrait diminuer pour chaque degré, et l'expérience fait voir que cette hauteur décroît à peu près de la fraction 0,00185, qui est environ quatre fois plus grande que la précédente. Les nombres trouvés par MM. Brunner, Wolf, Éd. Desains, Quet et Seguin, ne sont pas rigoureusement les mêmes et diffèrent par quelques unités de l'ordre de la cinquième décimale; mais, bien que le coefficient dont il s'agit ne soit pas déterminé avec une rigueur extrême, il ne peut y avoir aucun doute, sur ce résultat, que la règle de Laplace est ici en défaut.

La même conclusion se tire d'expériences faites avec l'éther sulfurique et l'huile d'olive, dont les densités diminuent, pour chaque degré de température, dans les proportions 0,0015 et 0,0007, tandis que les coefficients relatifs à la hauteur capillaire sont de 0,0046 et 0,0014.

Si la règle de Laplace est contraire à l'observation, il ne s'ensuit pas que la théorie même de Laplace soit en défaut, et M. Quet a pu tirer de cette théorie une nouvelle règle, plus complète que la précédente, et conforme aux données de l'expérience[1]. Suppo-

---

[1] Lorsque l'angle capillaire est nul, l'équation (8) se réduit à

$$rH = a^2.$$

La quantité a^2, qui est donnée par la formule (2), se compose du facteur d et du facteur

$$\frac{\pi}{4g}\int_0^\infty \rho^4 f(\rho)\, d\rho.$$

L'action de deux masses m et m' du liquide placées à la distance ρ a été désignée par $mm' f(\rho)$; elle se compose de l'attraction de la matière pondérable, que l'on peut représenter par $mm' \varphi(\rho)$, et de la répulsion calorifique, que nous désignerons par $mm' \psi(\rho, t)$. Si nous désignons par d_0 la densité du liquide à la température arbitraire qui sert à compter les autres températures et qu'on peut supposer celle de la glace fondante, pour fixer les idées, nous pouvons poser

$$d = d_0(1 - \epsilon t),$$

en appelant ϵ le moyen coefficient de diminution de la densité entre les températures 0° et t°.

Si l'on exprime par $\psi'(\rho, t)$ la dérivée de $\psi(\rho, t)$ par rapport à la variable t, on a, d'après un théorème connu,

$$\psi(\rho, t) = \psi(\rho, 0) + t\,\psi'(\rho, \theta t),$$

en désignant par θ une quantité comprise entre 0 et 1. On tire de là

$$\int_0^\infty \rho^4 f(\rho)\, d\rho = \int_0^\infty \rho^4 \left[\varphi(\rho) - \psi(\rho, 0)\right] d\rho - t \int_0^\infty \rho^4 \psi'(\rho, \theta t)\, d\rho.$$

sons que le tube soit recouvert intérieurement d'une couche adhé-

---

Posons

$$A = \frac{\pi}{4g}\int_0^\infty \rho^4 \left[\varphi(\rho) - \psi(\rho, o)\right] d\rho, B = \frac{\pi}{4g}\int_0^\infty \rho^4 \psi'(\rho, 0t)\, d\rho.$$

Nous aurons

$$a^2 = d(A - Bt) = rH = d_o(1 - \epsilon t)(A - Bt).$$

Cette équation montre que le produit rH ne diminue pas seulement à cause du facteur $1 - \epsilon t$, qui se rapporte à la densité, mais aussi avec le facteur $A - Bt$, qui est relatif aux actions moléculaires.

Désignons par K la proportion suivant laquelle la moyenne hauteur capillaire varie pour chaque degré dans les limites de température considérées, et par α le coefficient de dilatation linéaire du verre, on aura

$$H = H_o(1 - Kt), r = r_o(1 + \alpha t)$$

$$\left(1 + \alpha t\right)\left(1 - Kt\right) = \frac{d_o A}{r_o H_o}\left(1 - \epsilon t\right)\left(1 - \mu t\right).$$

en désignant, pour abréger le quotient, $\frac{B}{A}$ par μ.

On peut remarquer qu'à la glace fondante on a

$$r_o H_o = d_o A,$$

d'après l'équation générale

$$rH = a^2,$$

ou d'après l'équation précédente; cette équation se réduit donc, après avoir divisé par t les deux membres, à l'expression

$$\alpha - K - \alpha Kt = \epsilon - \mu + \epsilon\mu t.$$

On peut, dans une première approximation, négliger les termes qui contiennent les produits des coefficients α, K, ϵ, μ, ce qui est toujours permis, lorsque la température t n'est pas trop élevée, vu que ces coefficients sont de petites fractions. On tire alors de l'équation précédente

$$K = \alpha + \epsilon + \mu.$$

Pour les tubes de verre, on a sensiblement

$$\alpha = 0{,}000\ 008\ 613.$$

Or l'observation donne la valeur de K avec une approximation qui s'étend au plus à la cinquième décimale; il est donc permis de négliger α, et de réduire l'équation à

$$K = \epsilon + \mu.$$

ϵ est donné par les tables de dilatation des liquides, mais μ n'est pas connu *à priori*. C'est peut-être pour cela qu'à défaut d'expériences propres à faire connaître la valeur de K, Laplace et Poisson ont négligé le second terme μ de cette quantité. Mais aujourd'hui l'expérience a fait connaître numériquement la valeur de K pour divers liquides, en sorte qu'on peut en déduire celle de μ, et voir que cette dernière, loin d'être négligeable par rapport à ϵ, est au contraire notablement plus grande qu'elle, au moins pour l'eau, l'éther sulfurique et l'huile d'olive.

rente de liquide, ce qui rend nul l'angle capillaire; dans ces conditions, le produit du rayon du tube par la hauteur moyenne de la surface capillaire peut se décomposer en deux autres facteurs, dont l'un est la densité du liquide, et l'autre est proportionnel à l'intensité de l'action moléculaire que le liquide exerce sur lui-même. Le premier de ces facteurs diminue, au moins en général, lorsque la température s'élève, et il en est de même du second facteur, car l'action moléculaire est la différence entre l'attraction de la matière pondérable et la répulsion calorifique qui augmente avec la température. La hauteur capillaire diminue pour deux causes, et non pas seulement parce que la densité diminue; les variations doivent donc se produire sur une proportion plus forte que celles de la densité, ce qui est conforme à l'observation et fait disparaître l'objection dont nous avons parlé.

Il est vrai que Laplace n'avait pas tiré de la théorie cette conséquence et s'était borné à tenir compte de la variation de densité. Peut-être avait-il négligé les changements que la température fait éprouver à l'action moléculaire, parce qu'on ne peut pas les déterminer numériquement *à priori*, et que, les expériences relatives à la température n'ayant pas encore été exécutées, on n'aurait eu aucun guide pour corriger les effets des changements de température dans les observations à comparer; mais M. Quet a demandé à la théorie une réponse complète, et cette réponse a résolu la difficulté.

XV

On peut presser davantage la théorie et en tirer une nouvelle conséquence, susceptible d'être soumise au contrôle de l'expérience. Déterminons la hauteur de l'eau pour deux températures très-éloignées, et calculons, sur le pied de la diminution observée, quelle doit être la hauteur de l'eau à une température intermédiaire. Or M. Quet a fait voir que, d'après la théorie, cette hauteur calculée doit être inférieure à celle de l'observation, et que la différence doit s'élever à environ $\frac{1}{3}$ de millimètre pour trois températures très-espacées et convenablement choisies et pour un tube d'un diamètre très-fin et déterminé. MM. Quet et Seguin ont cherché à vérifier cette conséquence, et ils ont trouvé qu'en effet l'observation donne une hauteur plus grande que la hauteur calculée, et que cette différence est, à peu de chose près, celle qui vient d'être indiquée.

Il est sans doute difficile de fonder quelque chose de certain sur une différence aussi petite. Il est cependant remarquable qu'elle se soit manifestée dans le sens de la théorie, et sensiblement avec la valeur prévue. Peut-être n'est-il pas inutile de rappeler cet accord extrêmement minutieux, après toutes les critiques qui ont été successivement accumulées contre la théorie de Laplace[1].

---

[1] Désignons par t, t', t'', trois températures et par H, H', H'', les hauteurs moyennes correspondantes de l'eau. Dans les expériences de MM. Quet et Seguin, on avait :

$$t = 15°,9;\quad t' = 54°,6;\quad t'' = 83°,4;\quad H = 101^{mm},09;\quad H' = 94^{mm},03;\quad H'' = 87^{mm},93.$$

Posons

$$q'' = \frac{H - H''}{t'' - t}.$$

q'' désignera la moyenne diminution de la hauteur capillaire en passant de la température t à la température t'', pour chaque degré de température.

Si l'on désigne par δ, δ', δ'', les trois densités du liquide aux températures t, t', t'', on a

$$\beta'' = \frac{\delta - \delta''}{\delta(t'' - t)},\qquad \beta' = \frac{\delta - \delta'}{\delta(t' - t)},$$

et numériquement

$$\beta'' = 0,000\,428,\qquad \beta' = 0,000\,330.$$

Les calculs que nous avons exposés dans la note précédente et que nous avons rapportés à la température de 0° peuvent aussi se reproduire pour une température quelconque t prise comme point de départ. Alors on a

$$H'' = H\,\{1 - (\mu + \beta'')(t'' - t)\},\qquad H' = H\,\{1 - (\mu + \beta')(t' - t)\}.$$

On tire de là

$$q'' = H(\mu + \beta''),$$

ou bien

$$q'' = H(\mu + \beta' + 0,000\,098).$$

Lorsque la température passe de t à t', si la diminution se faisait suivant la proportion constante q'', qui est égal à 0,190 57, on aurait

$$H' = H - q''(t' - t),$$

$$H' = 93^{mm},71.$$

XVI

Lorsque l'appareil dans lequel l'ascension du liquide se produit est enfermé dans un vase entièrement clos, on peut élever la température au-dessus de l'ébullition et la porter jusqu'au point de volatilisation complète. Alors il se produit des phénomènes nouveaux que l'on n'a pas manqué d'objecter à la théorie de Laplace.

A partir d'une température suffisamment élevée, on remarque que l'angle capillaire cesse d'être nul; la preuve en est très-claire, puisque la surface du liquide devient de moins en moins concave, et finit même par s'aplatir tout à fait. Lorsque ce phénomène se produit, les deux niveaux sont exactement sur le prolongement l'un de l'autre. Ainsi la capillarité cesse de se manifester à cette haute température sous le double rapport de l'ascension du liquide et de l'angle capillaire. C'est M. Wolf qui a remarqué le premier cet effet de la chaleur. Les expériences ont été faites avec l'éther sulfurique, et elles ont montré que la surface cesse d'être concave, au moment où les niveaux extérieur et intérieur ne diffèrent plus. M. Wolf a aussi constaté sur le sulfure de carbone, l'huile de naphte et l'alcool, que l'angle capillaire peut devenir égal à un droit, lorsque la température de ces liquides se rapproche beaucoup de celle de leur volatilisation complète.

Drion, qui a étudié également ces phénomènes, a démontré que

Ce n'est pas suivant la proportion q'' que la hauteur diminue, mais suivant une quantité moindre, c'est-à-dire, suivant la quantité

$$q' = \mu + \beta'.$$

La différence entre q' et q'' est

$$q'' - q' = \text{H}.\ 0{,}000\ 098.$$

On a donc

$$q' = q'' - \text{H}.\ 0{,}000\ 098.$$

D'après cette valeur de q' on doit avoir

$$\text{H}' = \text{H} - q'(t' - t) = \text{H} - q''(t' - t) + \text{H}.\ 0{,}000\ 098\ (t' - t).$$

Donc H' doit être plus fort que la valeur déjà calculée, et il est égal théoriquement à

$$\text{H}' = 93^{\text{mm}},71 + 0{,}38 = 94^{\text{mm}},09;$$

ce qui diffère fort peu de la quantité mesurée $94^{\text{mm}},03$.

l'éther sulfurique, après avoir été amené au même niveau à l'intérieur et à l'extérieur du tube, auquel cas la surface capillaire est plane et horizontale, produit d'abord un nuage dès qu'on élève la température, et ensuite se volatilise complétement, sans aucun autre effet.

D'après la règle incomplète de Laplace que nous avons déjà citée et discutée, ces phénomènes seraient inexplicables; car, si la hauteur du liquide doit être proportionnelle à la densité, cette hauteur ne peut jamais s'annuler; la densité doit en effet conserver toujours une certaine valeur. Mais l'objection tirée de cette règle est-elle admissible, et ne convient-il pas d'examiner directement la théorie pour en tirer ses véritables conséquences? C'est ce qu'a fait M. Quet.

La moitié de l'angle capillaire a pour valeur du carré de son cosinus le produit de deux quotients. L'un de ces quotients s'obtient en divisant la densité du tube par celle du liquide; l'autre est égal au rapport des intensités des actions moléculaires que le liquide exerce sur le tube et sur lui-même. Le carré du cosinus dont il s'agit peut donc être regardé comme égal à une fraction dont les deux termes diminuent avec la température[1].

---

[1] On tire de la formule (3)

$$\cos^2 \frac{1}{2}\omega = \frac{a'^2}{a^2}.$$

D'après les expressions (2) (4) et la transformation que nous avons fait subir à a^2 et que l'on peut reproduire sur a'^2, on a

$$\cos^2 \frac{1}{2}\omega = \frac{d_o(1-\mathfrak{b}'t)(A'-B't)}{d_o(1-\mathfrak{b}t)(A-Bt)},$$

ou bien

$$\cos^2 \frac{1}{2}\omega = \frac{d'_o A'}{d_o A};\quad \frac{1-(\mathfrak{b}'+\mu')t}{1-(\mathfrak{b}+\mu)t}.$$

Les quantités A', B', $\mathfrak{b}'$, μ', sont les analogues de A, B, $\mathfrak{b}$, μ. Tant que la température t est telle que l'on ait

$$d'_o A' - d_o A > t\,\{\mathfrak{b}' + \mu' - (\mathfrak{b}+\mu)\},$$

une couche de liquide restera adhérente au verre. Pour l'eau, l'éther sulfurique, l'alcool et d'autres liquides, cette propriété existe aux températures ordinaires; il faut donc que, pour ces substances, on ait

$$d'_o A > d_o A,$$

Il n'y a pas lieu de tenir compte de ces variations lorsque le tube de verre est couvert d'une couche adhérente du liquide, parce qu'alors les deux termes du quotient restent égaux et l'angle capillaire se maintient nul.

Lorsque la température s'est élevée suffisamment pour que le numérateur de ce quotient, supposé rapporté au verre, devienne égal au dénominateur, la couche liquide, qui était restée adhérente au tube, ne persiste plus, et la surface capillaire s'étend jusqu'à la surface vitreuse. Cette égalité s'étant produite, il faut évidemment que le numérateur ait diminué plus rapidement que le dénominateur. Mais dans ce cas, si la température continue à s'élever, le numérateur de la fraction deviendra plus petit que le dénominateur, la fraction décroîtra, et l'angle capillaire, qui était d'abord nul, deviendra de plus en plus grand. De ce raisonnement M. Quet conclut que la diminution de courbure de la surface capillaire est un fait conforme à la théorie de Laplace.

---

et en outre

$$\beta' + \mu' > \beta + \mu.$$

Alors le numérateur de $\cos^2 \frac{1}{2}\omega$ décroît dans une proportion plus rapide que le dénominateur; lorsque la température aura une valeur t', donnée par cette formule

$$t' = \frac{d'_0 A' - d_0 A}{\beta' + \mu' - (\beta + \mu)},$$

l'angle ω sera nul, et, pour $t > t'$, ω croîtra en même temps que t. Ainsi se trouve expliquée la propriété qu'ont les liquides de ne pas couper sur un angle nul le tube capillaire, et de prendre une surface de moins en moins concave. Quant à la hauteur capillaire, elle est alors donnée par la formule

$$rH = a^2 \cos \omega,$$

et l'on voit que H sera nul en même temps que $\cos \omega$. Mais cette conclusion suppose que l'on fait abstraction de l'influence de la vapeur sur les phénomènes capillaires, et cela n'est plus permis, lorsque la densité de cette vapeur devient comparable à celle du liquide. Dans ces nouvelles conditions, l'approximation des formules précédentes n'est plus suffisante, et il faut avoir recours à d'autres équations.

D'un autre côté, M. Quet fait remarquer que le produit du rayon du tube par la hauteur moyenne n'est plus égal au double de la première constante de la théorie, comme cela a lieu pendant qu'une couche de liquide adhère sur la surface vitreuse. Ce produit est égal à cette constante multipliée par le cosinus de l'angle capillaire. La hauteur moyenne décroît donc avec chacun des facteurs que nous venons d'indiquer, et, comme le cosinus de l'angle capillaire finit par devenir nul, il faut bien qu'alors la hauteur capillaire s'annule aussi. La théorie n'est donc pas en désaccord avec l'expérience.

Pour entrer plus avant dans l'étude théorique de ces phénomènes, il convient de remarquer que des forces, dont on avait pu négliger l'effet dans les conditions ordinaires des expériences, prennent ici un développement notable et qu'on est obligé d'y avoir égard. Le liquide est soumis à la pression de la vapeur, dont la densité est maintenant comparable à celle du liquide même, puisqu'elle lui devient égale au moment de la volatilisation complète. La colonne soulevée perd donc une partie de son poids qui est égale au poids d'un même volume de vapeur. Cette perte, qu'on peut négliger dans les basses températures, influe maintenant d'une manière sensible sur la hauteur du liquide soulevé et tend à l'augmenter. D'ailleurs la vapeur exerce aussi une action capillaire sur le liquide. M. Quet a tenu compte de ces diverses forces, et il a donné des formules propres à représenter les phénomènes capillaires dans ces conditions plus générales[1].

---

[1] Lorsqu'on tient compte de l'influence de la vapeur sur la capillarité, l'équation (1) de la surface capillaire doit être remplacée par celle-ci :

$$z = \frac{1}{2}\gamma\left(\frac{1}{R} + \frac{1}{R'}\right),$$

dans laquelle on a posé

$$\gamma = \varepsilon + \varepsilon' - 2\varepsilon'';$$

$$\varepsilon = \frac{\pi d^2}{4g(d-\delta)}\int_0^\infty \rho^4 f(\rho)\, d\rho;$$

XVII

En dehors de ces recherches, qui se rapportent aux fondements mêmes de la théorie, les forces capillaires ont été étudiées à d'autres points de vue, par exemple dans leurs effets sur le mouvement de la séve. Un tube de 1 millimètre de diamètre soulève l'eau à 30 millimètres de hauteur; mais, s'il pouvait n'avoir que 3 centièmes de millimètre de diamètre, il soutiendrait l'eau à une hauteur d'environ 9 mètres. On conçoit donc que, dans les canaux exces-

---

$$\varepsilon' = \frac{\pi\delta^2}{4g(d-\delta)} \int_0^\infty \rho^4 f'(\rho)\, d\rho$$

$$\varepsilon'' = \frac{\pi d\delta}{4g(d-\delta)} \int_0^\infty \rho^4 f''(\rho)\, d\rho.$$

d est toujours la densité du liquide, δ celle de la vapeur, $f(\rho)$ l'action moléculaire du liquide sur lui-même rapportée à l'unité de masse, $f'(\rho)$ l'action analogue de la vapeur sur elle-même, $f''(\rho)$ celle de la vapeur sur le liquide.

De même il faut remplacer la formule (3) par celle-ci :

$$\cos\omega = \frac{2\lambda - \varepsilon - (2\lambda' - \varepsilon')}{\varepsilon + \varepsilon' - 2\varepsilon''},$$

en posant

$$\lambda = \frac{\pi d d'}{4g(d-\delta)} \int_0^\infty \rho^4 f_1(\rho)\, d\rho$$

$$\lambda' = \frac{\pi d'\delta}{4g(d-\delta)} \int_0^\infty \rho^4 f'_1(\rho)\, d\rho.$$

d' est la densité du tube ; $f_1(\rho)$ et $f'_1(\rho)$ désignent les actions moléculaires exercées par le tube sur le liquide et sur la vapeur, lorsqu'on les rapporte à l'unité de masse.

Enfin l'équation (8) est remplacée par celle-ci :

$$rH = \gamma\cos\omega;$$

ou bien encore par

$$rH = 2\lambda - \varepsilon - (2\lambda' - \varepsilon').$$

Ces diverses formules ne sont en opposition avec aucun des faits que l'expérience a constatés, attendu que les facteurs $f(\rho)$, $f'(\rho)$, $f''(\rho)$, $f_1(\rho)$, $f'_1(\rho)$ dépendent de la température.

sivement fins des végétaux, par le jeu des forces moléculaires, l'eau puisse atteindre d'assez grandes hauteurs. M. Jamin a étudié un phénomène de capillarité qui a trait à cette question.

Lorsqu'un tube fin est rempli d'une série de bulles d'air séparées par de petites colonnes d'eau, et qu'on l'adapte par une de ses extrémités à un réservoir d'air comprimé, on remarque que, malgré un grand excès de pression, l'air du réservoir ne peut s'écouler par le tube; la colonne liquide la plus voisine du réservoir recule d'une certaine longueur, les suivantes sont aussi poussées, mais de moins en moins, jusqu'à celles qui sont le plus éloignées, et qui ne se déplacent pas sensiblement si le nombre des colonnes liquides est suffisant. Ces phénomènes s'expliquent par l'inégalité de courbure qui s'établit sur chaque surface libre des colonnes liquides; les courbures deviennent plus fortes sur les surfaces qui regardent le réservoir, et moins prononcées sur les surfaces opposées. De là une action inégale des ménisques de chaque colonne. Telle est l'origine de la force qui contre-balance la pression de l'air du réservoir. L'expérience est susceptible d'être variée; ainsi un tube rempli de colonnes liquides séparées par des bulles d'air peut servir à fermer un récipient dans lequel on fait le vide.

FIN.

www.ingramcontent.com/pod-product-compliance
Ingram Content Group UK Ltd.
Pitfield, Milton Keynes, MK11 3LW, UK
UKHW020205250726
13967UKWH00003B/1278

9 782011 773487